信息学竞赛丛书

U0728171

C++案例趣学

孙哲南 主审

张森 董晶 主编

陆昀 范仲春 刘跃平 副主编

人民邮电出版社
北 京

图书在版编目（CIP）数据

C++案例趣学 / 张森，董晶主编. -- 北京 ：人民邮
电出版社，2021.1
（信息学竞赛丛书）
ISBN 978-7-115-54723-1

Ⅰ. ①C… Ⅱ. ①张… ②董… Ⅲ. ①C++语言—程序
设计—青少年读物 Ⅳ. ①TP312.8-49

中国版本图书馆CIP数据核字(2020)第160458号

内 容 提 要

本书主要讲解C++语言的语法知识，打破了传统教材中的分章模式，采用按知识点组织
课程的形式，力求更适合中小学教师在人工智能时代背景下的教学以及学生学习。

全书包括22课和1个附录。第1～3课介绍C++基本语法，包括程序框架、数据定义和输
入/输出；第4～6课讲解各种运算符及表达式；第7～12课介绍选择和循环程序结构；第13～
15课讲解数组及其应用；第16～18课介绍字符数组与字符串以及文件操作；第19～20课讲解
函数及其应用；第21课介绍结构体及其应用；第22课介绍类和对象；附录介绍C++集成开发
环境的相关内容。

本书适合作为信息学竞赛的培训教材，也适合对C++感兴趣的中小学生自学。

- ◆ 主　　编　张　森　董　晶
  副主编　陆　昀　范仲春　刘跃平
  主　　审　孙哲南
  责任编辑　吴晋瑜
  责任印制　王　郁　焦志炜
- ◆ 人民邮电出版社出版发行　　北京市丰台区成寿寺路 11 号
  邮编　100164　　电子邮件　315@ptpress.com.cn
  网址　https://www.ptpress.com.cn
  北京瑞禾彩色印刷有限公司印刷
- ◆ 开本：720×960　1/16
  印张：17.25
  字数：322 千字　　　　　　　　　　　　2021 年 1 月第 1 版
  印数：1 – 2 500 册　　　　　　　　　　2021 年 1 月北京第 1 次印刷

定价：89.00 元

读者服务热线：(010)81055410　印装质量热线：(010)81055316
反盗版热线：(010)81055315
广告经营许可证：京东市监广登字 20170147 号

前　言

近几年来，青少年编程教育在世界各国开展得如火如荼。在国内，青少年编程教育方兴未艾，如星星之火一般在祖国大地上蔓延开来。人们逐渐意识到在人工智能技术飞速发展的今天，编程应该成为一种必备的技能。

本书属于信息学竞赛编程入门读本。信息学主要是指利用计算机及其程序设计来分析问题、解决问题的学科，信息学竞赛则是以信息学尤其是编程相关知识为基础的中小学学科竞赛活动。

本书以生动幽默的语言，通过大量的实例，讲述了 C++ 语言面向过程部分的基本语法知识。全书分为 22 课和 1 个附录。第 1 ～ 3 课简述了 C++ 基本语法包括程序框架、数据定义和输入/输出等；第 4 ～ 6 课涉及了各种运算符及表达式；第 7 ～ 12 课阐述了选择和循环程序结构；第 13 ～ 15 课讨论了数组类型及其应用；第 16 ～ 18 课举例说明了字符数组与字符串以及文件操作；第 19 ～ 20 课探讨了函数及其应用；第 21 课解释了结构体及其应用；第 22 课介绍了类和对象。附录说明了 C++ 集成开发环境　Dcv-C++ 的安装和使用。

本书与传统信息学竞赛类教材相比，具有如下特点。

（1）语言通俗易懂，内容风趣幽默，难度适中，既有知识性，又注重趣味性，适合中小学生入门学习。

（2）在内容组织上，打破传统编程教材分章模式，按知识点组织课程，将课程分为知识讲解和实例练习两种，在形式上更接近中小学师生教与学的习惯。

（3）知识讲解通过实际例题介绍知识，从具体到抽象，符合中小学生的认知特点。书中每一节的知识讲解都分为如下六个部分。

① "看一看" 部分通过漫画和故事形式描述例题，引起读者兴趣。

② "想一想" 部分针对本课知识提出问题，启发读者思考。

③ "做一做" 部分给出例题源程序，指导读者实践。

④ "听一听"部分结合例题和图示讲解内容，引领读者构建知识。

⑤ "总结"部分使用简单语句建立知识框架，辅助读者梳理所学。

⑥ "练一练"部分根据本节课程列举相关习题，引导读者复习。

（4）实例练习紧随相关知识讲解之后，用以帮助读者巩固相关知识的学习。

（5）书中例题都分为问题描述、数学分析、算法说明和程序实现4个步骤，循序渐进讲解了例题，符合程序设计的思维方式。

（6）书中练习题在配套资源包中都有源代码及相关说明，可供教师备课和学生自学。

本书主要适用于9～16岁学生，既可以作为学生自学的读本，又可以作为教师教学的参考，还可以作为学校或机构信息学竞赛的培训教材。

如果把本书当作信息学竞赛的培训教材，那么可以根据不同学生的年龄作如下课时安排。

（1）对于9～12岁（小学中、高年级）的学生，建议将"练一练"部分作为课堂内容完成，每一课的教学时间为180分钟（4课时）。如果每周安排2课时，共44个教学周完成。

（2）对于12～16岁（初中以上）的学生，建议将"练一练"部分作为课后作业完成，每一课的教学时间为90分钟（2课时）。若每周安排2课时，共22个教学周完成。

本书在编写和出版期间得到了多方人士的支持和帮助。中国科学院自动化研究所孙哲南研究员总体策划了本项目的实施并审阅了全部书稿。北京市西城区教育研修学院的石沙老师、林志奕老师、熊雪亭老师以及北京教育学院石景山分院的牛静老师帮助联系了各位顾问，并请各位顾问审阅了书稿内容。

在成书过程中，上海它趣教育科技有限公司的李丽、牛宏伟等完成了书中漫画的绘制，王舜谦、张思琪等完成了文字的初次校对工作，苏鹤年等完成了部分程序代码的校对工作；天津中科智能识别产业技术研究院有限公司的矫金鑫、庞晓静、梁颜铭、秦蓉等整理了书中的程序代码，完成了配套资源包的开发以及图书的校对工作。

本书是在中国科学院自动化研究所智能感知与计算研究中心、天津中科智能识别产业技术研究院有限公司等单位的领导关怀和鼓励下出版的。此外，本书的出版离不开人民邮电出版社吴晋瑜编辑的大力支持和协助。

在此谨对所有支持和协助本书编写和出版的人员表示最诚挚的敬意和最衷心的感谢。

由于时间仓促，加之作者水平有限，书中疏漏之处在所难免，希望各位专家和广大读者批评指正。另外，书中部分例题和练习来源于信息学奥林匹克竞赛试题并稍作改动，特此说明。

张 森
于中国科学院自动化研究所

编委会及顾问委员会

资源与支持

本书由异步社区出品，社区（https://www.epubit.com/）为您提供相关资源和后续服务。

配套资源

本书为读者提供源代码。

要获得以上配套资源，请在异步社区本书页面中单击 `配套资源` ，跳转到下载界面，按提示进行操作即可。注意：为保证购书读者的权益，该操作会给出相关提示，要求输入提取码进行验证。

提交勘误信息

作者和编辑尽最大努力来确保书中内容的准确性，但难免会存在疏漏。欢迎广大读者将发现的问题反馈给我们，帮助我们提升图书的质量。

如果读者发现错误，请登录异步社区，按书名搜索，进入本书页面，单击"提交勘误"，输入勘误信息，单击"提交"按钮即可。本书的作者和编辑会对读者提交的勘误进行审核，确认并接受后，将赠予读者异步社区的 100 积分（积分可用于在异步社区兑换优惠券、样书或奖品）。

扫码关注本书

扫描下方二维码，读者将在异步社区微信服务号中看到本书信息及相关的服务提示。

与我们联系

我们的联系邮箱是 contact@epubit.com.cn。

如果读者对本书有任何疑问或建议，请发邮件给我们，并请在邮件标题中注明本书书名，以便我们更高效地做出反馈。

如果读者有兴趣出版图书、录制教学视频，或者参与图书翻译、技术审校等工作，可以发邮件给我们；有意出版图书的作者也可以到异步社区在线投稿（直接访问 www.epubit.com/selfpublish/submission 即可）。

如果读者来自学校、培训机构或企业，想批量购买本书或异步社区出版的其他图书，也可以发邮件给我们。

如果读者在网上发现有针对异步社区出品图书的各种形式的盗版行为，包括对图书全部或部分内容的非授权传播，请将怀疑有侵权行为的链接发邮件给我们。这一举动是对作者权益的保护，也是我们持续为广大读者提供有价值的内容的动力之源。

关于异步社区和异步图书

"异步社区"是人民邮电出版社旗下 IT 专业图书社区，致力于出版精品 IT 图书和相关学习产品，为作译者提供优质出版服务。异步社区创办于 2015 年 8 月，提供大量精品 IT 图书和电子书，以及高品质技术文章和视频课程。更多详情请访问异步社区官网 https://www.epubit.com。

"异步图书"是由异步社区编辑团队策划出版的精品 IT 专业图书的品牌，依托于人民邮电出版社近 40 年的计算机图书出版积累和专业编辑团队，相关图书在封面上印有异步图书的 LOGO。异步图书的出版领域包括软件开发、大数据、人工智能、测试、前端、网络技术等。

异步社区

微信服务号

目录

目录

目录

第1课　梦想启航：初识 C++

看一看

　　卡路和路西是亲兄妹。卡路是哥哥，他心地善良，做事认真，是个真正的"小学霸"。路西是妹妹，她聪明美丽，乖巧可爱，总是把哥哥当作自己的偶像。

　　兄妹俩还有一位共同的好朋友——科迪。科迪是一只机器小熊，从卡路和路西很小的时候起，就开始陪伴兄妹俩了。科迪个头不大，但是它"神通广大"，懂得很多知识。

　　最近，妹妹路西迷上了 C++ 程序设计，整天叫嚷着要成为一名伟大的计算机科学家，用程序改变世界。这不，刚放学回到家，她就坐在计算机前敲来敲去，连哥哥叫她吃饭都不理。

　　这让卡路很有危机感，"我可是妹妹的偶像，不能被她赶超了啊！"他心想，"我也要赶快学会编程，成为更伟大的计算机科学家！"有了这个想法，卡路就去缠着小熊科迪，也要开始学习程序设计。

【例1-1】编写程序，在屏幕上显示"Hello,World!"。

　　输入：无。

输出：1 行：一个字符串 "Hello,World!"。

输入样例： 无

输出样例：

```
Hello,World!
```

- （1）什么是程序设计？ （3）如何进行程序设计？
- （2）为什么要学习程序设计？

例 1-1 的程序实现如代码清单 1-1 所示。

代码清单 1-1

```
1. #include<iostream>
2. using namespace std;
3. int main(){
4.     cout<<"Hello,World!";
5.     return 0;
6. }
```

提示

请先按照附录中的说明，在 Windows 操作系统上安装 Dev-C++ 软件，再按照附录中的说明编辑、编译和执行例 1-1 中的程序。

1.1 什么是程序设计

程序（program）是一些命令的集合。这些命令用于控制计算机完成指定的功能，如写文章、播放音乐和玩游戏等。计算机还可以实现更多的功能，这是多么令人期待和神奇的事情啊！例 1-1 就是一个程序，这个程序的功能是让计算机显示字符串 "Hello,World!"。

要用命令让计算机实现某些功能，就要用计算机的语言与它"对话"。平时我们交流使用的语言，如汉语、英语等，是计算机不能直接理解的，需要有专门的单词和语法来"告诉"计算机该做什么，这就是计算机语言。计算机语言种类非常丰富，包括 C/C++、Java 和 Python 等，不下百种。

程序设计就是使用计算机语言编写程序控制计算机完成相应功能的过程。许多工程师、科学家都是通过程序设计来完成自己的工程任务或科学研究的。你也可以通过程序设计控制计算机实现自己想要的功能，是不是很厉害？

本书介绍的就是 C++ 程序设计语言（以下简称 C++）。C++ 是于 1983 年由美国贝尔实验室的科学家发明的。C++ 最初是作为 C 语言的增强版出现的，被称为"带类的 C"（C with classes）。后来随着 C++ 功能的增强，其逐渐演变成一种独立的程序设计语言。利用 C++，人们开发了许多软件。例如，很多大型游戏是用 C++ 开发的；Windows、macOS 等操作系统，以及谷歌搜索引擎、微软 Office 等也是以 C++ 为主进行开发的。另外，C++ 也是信息学奥林匹克竞赛指定的编程语言之一。

小知识

程序不仅可以控制计算机的工作，还能控制其他电子产品。无论是火箭发射、飞机起飞，还是机器人、电梯，甚至空调、智能电视机等的正常工作，程序均在发挥着重要的作用。

1.2　为什么要学程序设计

在我们身边，有许多"程序"在悄然运行，如清晨的闹钟会叫醒我们，老师用投影仪或者智能电视机播放课件，我们上网查找学习资料……可以说，程序无处不在。为了更好地让程序为我们所用，我们有必要了解一些程序设计的方法。

学习程序设计有助于培养我们的计算思维。计算思维包括数学思维和工程思维两个部分。从小培养我们的计算思维——从现实问题中总结数学模型，然后用计算机语言进行工程实现以解决问题，这种思维方式会让我们一生受益。

学习程序设计也有助于培养我们的创新能力。创新能力是指以新颖、独创的方法解决问题的能力，是我们应对未来最重要的能力之一。在学习程序设计的过程中，我们可以从模仿到创新，不断探索，用自己的方法解决不同的问题。

1.3 第一个C++程序及程序框架

上文介绍了程序设计的概念和学习目的，那么该如何进行程序设计呢？我们先来分析一下例 1-1 的实现程序。

（1）第 1 行——声明本程序包含输入 / 输出流库文件（iostream）。这行代码用于实现声明功能，通常作为程序的第一行，告诉计算机将输入 / 输出流库文件包含在本程序中。这样，在程序中就可以使用基本输入 / 输出语句了，如例 1-1 中的 cout（输出语句）。包含库文件语句的说明如图 1-1 所示。

图1-1 包含库文件语句的说明

注意

这一行的各部分之间通常可以没有空格作为分隔符。

小知识

C++ 程序中的一条命令又叫作一条语句。

（2）第 2 行——使用标准命名空间。命名空间是 C++ 中的一种规则，用来解决不同类库的同名冲突问题。你可以暂时不理解它的具体含义，记住就好。使用命名空间语句的说明如图 1-2 所示。

图1-2 使用命名空间语句的说明

注意

（1）using namespace std;中的前三部分要用空格分隔，第四部分"；"与"std"之间可以没有空格。

（2）在C++中，"；"表示语句结束。除了少数特殊语句，大部分C++语句使用分号作为结束标志。这很重要，因为没有语句结束标志，执行C++程序时就会报错。

（3）第3行——主函数名。这一行是主函数（main function）的名字说明。函数就是完成某种功能的程序段（语句集合）。主函数main()是C++程序运行的起始点。无论主函数在程序的开头、结尾还是中间，主函数中的代码总是在程序开始运行时第一个被执行。主函数头的说明如图1-3所示。

注意

（1）在int和main之间要有一个空格分隔，而main和小括号之间不能有空格。

（2）小括号中即使是空的，也不能省略。

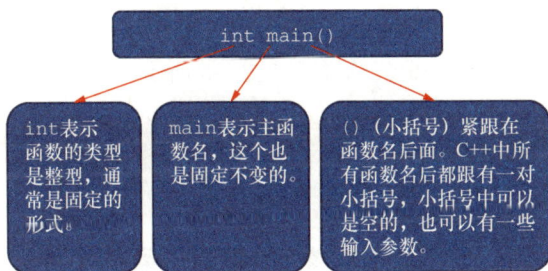

图1-3　主函数头的说明

小知识

主函数main()是一个特殊的函数。一段C++程序可以有一个或多个函数，当它只有一个函数的时候，这个函数必须是主函数；当它有多个函数的时候，也必须有且仅有一个主函数，其他函数统称为"非主函数"。程序的执行总是从主函数开始并以主函数结束。主函数可以调用任何非主函数，非主函数之间可以互相调用，但非主函数不能调用主函数。

（4）第3行和第6行—— 一对大括号"{}"。大括号就像一件衣服把函数语句包裹起来。左大括号表示函数语句的开始，右大括号表示函数语句的结束，二者必须成对出现。

C++ 案例趣学

（5）第 4 行——输出字符串。cout << "Hello,World!";语句是本程序中的核心功能语句。输出语句的说明如图 1-4 所示。

> **注 意**
>
> （1）这条语句的各部分之间通常不加空格，即各部分之间没有分隔符。（2）C++规定由双引号开始和结束的内容叫作字符串。字符串输出时要按原样输出，也就是说，双引号内有什么，屏幕上就显示什么。（3）如果要在程序中使用"cout"，必须在程序开始处声明将头文件"iostream"包括在程序中。

cout <<"Hello,World!";

| cout表示屏幕（标准输出设备）。 | <<是输出后面内容的意思。 | Hello,World! 是一个要输出的字符串。 | ;是语句结束标志。 |

图1-4　输出语句的说明

（6）第 5 行——函数结束返回操作系统。return 0;表示返回语句，一般是函数的最后一条可执行语句。返回语句的说明如图 1-5 所示。

> **注 意**
>
> return和( )之间通常由空格分隔，0和;之间通常没有分隔符。

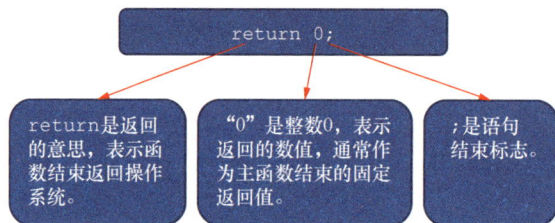

return 0;

| return是返回的意思，表示函数结束返回操作系统。 | "0"是整数0，表示返回的数值，通常作为主函数结束的固定返回值。 | ;是语句结束标志。 |

图1-5　返回语句的说明

由例 1-1 可知，一个简单 C++ 程序的框架如图 1-6 所示。

```
#include<iostream>
using namespace std;
int main(){
    //其他程序语句

    return 0;
}
```

图1-6　一个简单C++程序的框架

顺口溜

井号包含 I/O 流，使用标准命名头；整型紧拽主函数，小大括号不能丢；
函数完成要返回，分号表示语句尾；要想玩转编程序，程序框架要牢记。

总结

本课的主要内容如下。

（1）C++ 程序框架的介绍，包括如何包含库文件、使用命名空间和定义主函数。

（2）本课提到的关键字：using、namespace、int 和 return。

练一练

练习　在屏幕上输出"我爱中国！"。

输入样例： 无

输出样例：

我爱中国！

第 2 课　奇妙的计算：程序格式与数据定义

看一看

最近，妹妹路西学习了周长的概念，把正方形周长、长方形周长和圆形周长等各种相关的公式记得滚瓜烂熟。她觉得很奇妙：给出边长或者半径，就能计算出周长，太有意思了！这引发了科迪的灵感，它兴冲冲地给卡路出了一道程序题：编写一个程序，输入圆的半径 r，求圆的周长，如例 2-1 所示。

【例 2-1】 计算圆周长。

输入样例：

5

输出样例：

圆的周长=31.4

【数学分析】

圆心：是圆的中心。

半径（r）：是圆的边到圆心的直线距离。

圆周率（π）：是圆的周长与直径的比值，一般用希腊字母 π 表示，是一个在数学及物理学中普遍存在的数学常数。其值约等于 3.14。

圆的周长（C）$= 2 \times$ 圆周率 $\times$ 半径 $= 2\pi r$

例如，当半径 r 为 5cm 时，周长 $= 2\pi r = 2 \times 3.14 \times 5 = 31.4$（cm）。

该题的数学解法如下。

解：设圆的半径是 r，周长是 C，π $= 3.14$。　　　　　（定义数据）

$\qquad r = 5$　　　　　　　　　　　　　　　　　　　　　（输入数据）

$\qquad C = 2\pi r = 2 \times 3.14 \times 5 = 31.4$（cm）　　　　（计算处理）

答：圆的周长是 31.4cm。　　　　　　　　　　　　　　　（输出结果）

【算法描述】

在添加程序框架后，在主函数中：

（1）定义圆周率 π（程序实现中为常量 PI），定义圆的半径变量 r 和圆的周长变量 C；

（2）输入圆的半径变量 r；

（3）计算圆的周长 C $= 2\pi r$（注意，程序中以 PI 代替 π）；

（4）输出圆的周长。

（1）程序有没有固定的编写格式呢？

（2）该如何定义程序中用到的圆周率、半径和周长呢？

做一做

计算机圆周长问题的程序实现如代码清单 2-1 所示。

代码清单 2-1

```
1. #include<iostream>          //调用iostream库
2. using namespace std;
3. int main(){
4.     const double PI=3.14;    //PI是符号常量，代表3.14
5.     double r,c;              //定义实型变量
6.     cin>>r;                  //输入半径r的值
7.     c=2*PI*r;                //计算圆的周长
8.     cout<<"圆的周长="<<c;    //显示计算结果
9.     return 0;
10. }
```

小知识

上述程序中"//"后面的部分称为注释。注释不参与程序编译和运行，只起到对代码进行解释说明的作用。

听一听

2.1 程序格式

正如第 1 课提到的，无论一个 C++ 程序有多少个函数，都必须有且仅有一个主函数，这个主函数就是程序主体。例如，计算圆周长的实现程序就只有一个主函数。在后续接触更复杂的程序结构之前，我们见到的程序均只有一个主函数。

那么，对于主函数，有没有一个编写的格式呢？答案是有！

除了基本框架，程序（主函数）主要由 4 个部分组成：定义数据、输入变量、计算处理和输出结果。在编写程序时，我们要针对这 4 个部分思考问题。简单程序的说明如图 2-1 所示。

当然，这 4 个部分不是全都必须要有的，有些部分可以省略。例如，在例 1-1 显示"Hello,World!"的程序中，省略了定义数据、输入变量和计算处理部分，只有输出结果部分。

```
代码清单 2-1 圆周长问题
1.    #include<iostream>            //调用 iostream 库
2.    using namespace std;
3.    int main(){
4.        const double PI=3.14;     //PI 是符号常量，代表 3.14    定义数据
5.        double r,c;               //定义实型变量              输入变量
6.        cin>>r;                   //输入半径 r 的值            计算处理
7.        c=2*PI*r;                 //计算圆的周长              输出结果
8.        cout<<"圆的周长="<<c;     //显示计算结果
9.        return 0;
10.   }
```

图2-1　简单程序的说明

顺口溜

定义数据在前头，后面输入跟着走，计算处理我为主，最后结果要输出。

2.2　定义数据

程序通常是用来处理数据的，程序中的定义部分一般就是指定义数据。在 C++ 中，定义数据是相当灵活的，既可以预先全部定义后再使用，又可以等到使用时再定义。为了使程序结构更整齐和更容易理解，我们建议预先全部定义后再使用，即把数据定义都放在函数开始的部分，如代码清单 2-1 中对半径、周长和圆周率的定义。

程序中的数据分为两种——常量和变量，它们都有各自的特点，即数据类型。在定义数据时，无论是常量还是变量，我们都要给它们起个容易理解的好名字。

2.2.1　稳如泰山的常量

常量就是常数，是指在程序中使用的一些具体的数、字符等。例如，第 1 课中的 "Hello,World!" 是个字符串常量，代码清单 2-1 中出现的 2 和 3.14 都是常量。在程序中，常量一经定义，它的值就不能被更改了，就像泰山不能移动一样。

你可以直接使用常量，也可以给它取个名字——这就是符号常量，其语法格式有以下两种：

```
#define  常量名 常量值
const    数据类型  常量名=常量值;
```

C++ 案例趣学

第一种符号常量的定义形式称为"编译预处理"指令（凡是以"#"开头的均为预处理指令，如 #include、#define 等）。

第二种符号常量的定义形式是 C++ 常量定义语句，代码清单 2-1 中定义的圆周率 PI 就是采用这种定义格式。常量定义的说明如图 2-2 所示。

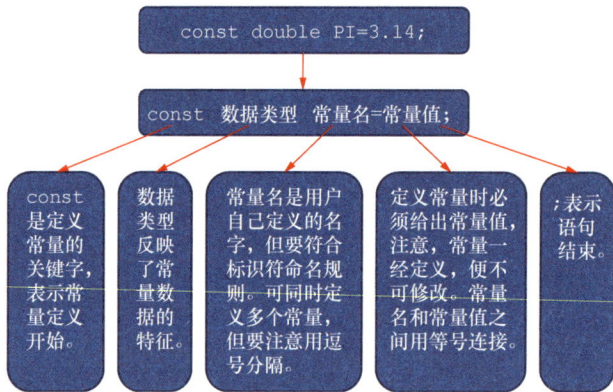

图 2-2　常量定义的说明

小知识

标识符就是用户编程时使用的各种名字。

关键字（keyword）又称保留字，是预先保留的标识符。每个 C++ 关键字都有特殊的含义，用于声明函数、类型、命名空间和对象等。C++ 11 标准中的关键字共有 73 个，都是 C++ 中的关键单词，需要一边学习一边记忆。

2.2.2　灵活多变的变量

变量的"灵活多变"是指变量中的数值可以随时改变。变量就像一个有名字的盒子如图 2-3 所示，程序随时都能存取和修改盒子中的数据，变量一经定义，只需要使用变量名，就可以操作它里面存储的数值。

变量定义的说明如图 2-4 所示。

例如：

```
int  i,j=0,k=1;        //定义i、j和k为整型变量并初始化j为0,k为1
char a,b,c;            //定义a、b和c为字符变量
double x=1.0,y=2.3;    //定义x和y为实型变量，并初始化x为1.0,y为2.3
```

```
double x=1.0,y=2.3;
```

数据类型　变量1=值1，变量2=值2，…，变量n=值n；

| 数据类型反映了变量值的特征。 | 变量名是用户自己定义标识符。可同时定义多个变量，用逗号分隔。 | 可以在定义变量时给出变量初始值，也可以不给。 | ；表示语句结束。 |

图2-4　变量定义的说明

side ——— 变量名

50 ——— 变量值

图2-3　变量就像一个有名字的盒子

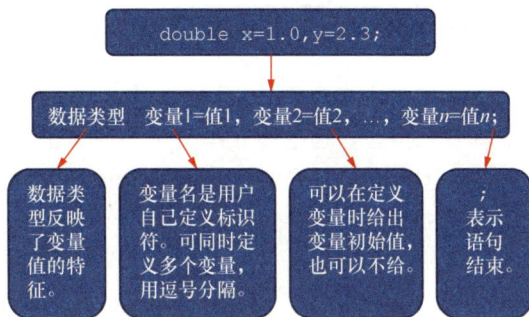

常量名和变量名都是我们自己命名的标识符，那么标识符的命名规则是什么呢？

（1）标识符只能由字母、数字和下划线（"_"）组成，不能以数字开头。

（2）对于变量名的长度，不同的 C++ 语言编译器有不同的规定，建议变量名的长度不要超过 8 个字符。

（3）严格区分标识符的大小写，即标识符 a 和标识符 A 是不同的标识符。

（4）自定义的标识符不能是关键字。

（5）在程序中用到的自定义标识符要"先定义后使用"，通常标识符不能重复定义。

（6）对标识符的命名，建议遵循"见名知义"的原则，即用一些有意义的单词作为变量名，可以用拼音加大驼峰表示法表示标识符。

例如：

判断下列哪个标识符为合法标识符。

```
month、_age、s2、m.k.jack、a<=b、9y
```

解析：

```
month、_age、s2 为合法的标识符；m.k.jack、a<=b、9y 为不合法的标识符。
```

小知识

大驼峰表示法即标识符中每个拼音的首字母大写，这样标识符好像骆驼的驼峰一样，如表示人数的标识符可以写成"RenShu"，表示圆面积的标识符可以写成"YuanMianJi"。

2.2.3　基本数据类型

C++ 提供了丰富的数据类型，如基本数据类型、自定义数据类型等。这里介绍的基本数据类型，包括逻辑型、字符型、整型和实型，其中实型又分单精度实型和双精度实型，它们都是系统定义的简单数据类型。常用的基本数据类型及其所占长度如图 2-5 所示。

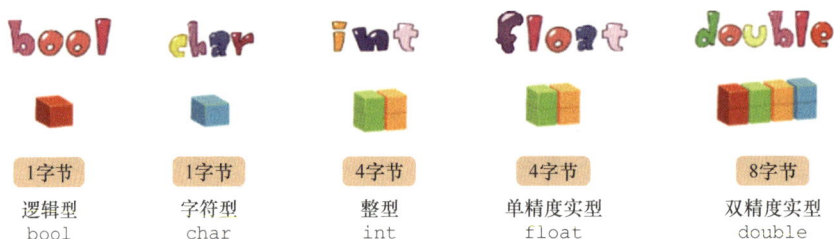

图2-5　常用的基本数据类型及其所占长度

1. 逻辑型（bool）

逻辑型又称为布尔型，用 bool 表示。逻辑型的值只有两个："真"和"假"。在程序中，如果运算结果为逻辑型，那么用"1"表示真，用"0"表示假；如果是运算过程中的逻辑型，那么用"非零"表示真，用"0"表示假。逻辑型的说明如表 2-1 所示。

表 2-1　逻辑型的说明

数据类型	定义标识符	数值范围	占字节数
逻辑型	bool	真（true）或假（false）	1 字节（8 位）

2. 字符型（char）

字符型通常表示的是一个加单引号的字符。存储内容是字符的 ASCII 编码。ASCII（美国国家标准信息交换代码）基本编码共有 128 个字符，如 'a'、'A' 和 '0' 等（注意：ASCII 是区分大小写的）。在 ASCII 中，字符 'A' 的序号是 65，字符 'a' 的序号是 97，字符 '0' 的序号是 48。基于字符型数据的这个特点，它可以和 int 变量一样进行加减运算。ASCII 编码表（节选）如图 2-6 所示。

序号	字符	序号	字符	序号	字符	序号	字符	序号	字符	序号	字符
32	空格	48	0	64	@	80	P	96	`	112	p
33	!	49	1	65	A	81	Q	97	a	113	q
34	"	50	2	66	B	82	R	98	b	114	r
35	#	51	3	67	C	83	S	99	c	115	s
36	$	52	4	68	D	84	T	100	d	116	t
37	%	53	5	69	E	85	U	101	e	117	u
38	&	54	6	70	F	86	V	102	f	118	v
39	'	55	7	71	G	87	W	103	g	119	w
40	(	56	8	72	H	88	X	104	h	120	x
41	)	57	9	73	I	89	Y	105	i	121	y
42	*	58	:	74	J	90	Z	106	j	122	z
43	+	59	;	75	K	91	[	107	k	123	{
44	,	60	<	76	L	92	\	108	l	124	|
45	-	61	=	77	M	93	]	109	m	125	}
46	.	62	>	78	N	94	^	110	n	126	~
47	/	63	?	79	O	95	_	111	o	127	deL

图2-6　ASCII 编码表（节选）

小知识

在 C++ 语言中，a、'a' 和 "a" 这三者含义是不同的。a 是标识符，可以表示一个变量名、常量名或函数名等；'a' 是一个字符常量，代表数字 97(ASCII 码)；"a" 是一个字符串常量。可以用下面这个顺口溜记忆："不带引号标识符，单引表示单字符，双引号内字符串，三者区别要明辨。"

在程序中，还有一种转义字符形式表示控制字符、特殊字符等。常用的转义字符如表 2-2 所示。

表 2-2　常用的转义字符

转义字符	含　义	转义字符	含　义
'\n'	回车换行	'\''	单引号
'\t'	跳到下一区域开始处，一个区域是 4 个字符	'\"'	双引号
'\b'	后退一格	'\\'	一个反斜杠字符
'\0'	空字符		

3. 整型（int）

整型是不带小数点的数字类型，如"123"是整数。在 C++ 中，常用的整数类型主要有 4 种，如表 2-3 所示。其中最常用的整型是基本整型（int）。

表 2-3　常用整型说明

数据类型	定义标识符	数值范围	占字节数
短整型	short	2 字节（16 位）	−32768 ～ 32767
基本整型	int	4 字节（32 位）	−2147483648 ～ 2147483647
长整型	long	4 字节（32 位）	−2147483648 ～ 2147483647
超长整型	long long	8 字节（64 位）	−9223372036854775808 ～ 9223372036854775807

4. 实型（float/double）

实型是带小数点的数字类型，如"123.0""3.14"是实型数。常用的实型有单精度实型（float）和双精度实型（double），二者的区别主要是小数点后数值的位数不同，双精度实型小数点后的位数更多（即精度更高），如表 2-4 所示。

表 2-4　实型说明

数据类型	定义标识符	数值范围	占字节数	小数点后有效位数
单精度实型	float	−3.4E+38 ～ 3.4E+38	4 字节 (32 位)	6 ～ 7 位
双精度实型	double	−1.7E+308 ～ 1.7E+308	8 字节 (64 位)	15 ～ 16 位

5. 求数据类型长度——sizeof

格式：sizeof（标识符）。

功能：用于返回数据类型占用内存字节数。

阅读代码清单 2-2，写输出结果。

代码清单 2-2

```
1. #include<iostream>
2. using namespace std;
3. int main(){
4.     int a;
5.     float b;
6.     double c;
7.     char d;
8.     bool e;
9.     cout<<sizeof(a)<<","<<sizeof(b)<<","<<sizeof(c)
10.        <<","<<sizeof(d)<<","<<sizeof(e)<<endl;
11.    return 0;
12. }
```

输出结果如下：

```
4,4,8,1,1
```

注意

　　sizeof 用于求类型所占内存字节数（即类型长度）而不是数据的位数。因此，在上例中，sizeof(a) 与 sizeof(int) 是等效的，都是求整型的长度。

提示

　　上面示例中程序的第 9 行和第 10 行是一条语句，C++ 程序允许将一条语句分多行书写，也可以将多条语句写在一行。

总结

本课的主要内容如下。

（1）通常程序（函数）包含 4 个部分（有些可省略）。

（2）数据分为常量和变量。

（3）常量和变量的定义。

（4）基本数据类型分为 4 种：逻辑型（bool）、字符型（char）、整型（int）和实型（float/double）。

（5）本章介绍的 C++ 关键字有 const、bool、char、short、int、long、float、double、sizeof、true 和 false。

练一练

练习2-1　显示ASCII码。

输入一个 a～z 的小写字母并存入字符型变量 ch，再将其赋值给一个整型变量 a，输出其 ASCII 码。

输入：一行，一个小写字母。

输出：一行，输入字母对应的 ASCII 码。

样例输入：

b

样例输出：

98

练习2-2　大小写字母的转换。

将小写字母转换成大写字母，将大写字母转换成小写字母。

样例输入：

aA

样例输出：

A a

> **提示**
>
> 　　因为所有小写字母的 ASCII 码值要比对应大写字母的 ASCII 码值大 32，所以小写字母的 ASCII 码值减去 32 后便得到原来小写字母的大写形式。反之，大写字母的 ASCII 码值加上 32 后便得到原来大写字母的小写形式。

练习2-3　计算数据类型占用内存字节数。

定义 int、float 类型的变量各一个，并依次输出其数据类型占用内存字节数（单位：字节）。

输入：无。

输出：一行，两种类型各自占用内存字节数。

样例输入： 无

样例输出：

4 4

> **提示**
>
> 　　使用 sizeof 运算符。

第3课 生日的考验：输入与输出

看一看

　　卡路今天过生日，科迪给他准备了一份大礼。不过在送出礼物之前，科迪给卡路出了一道编程题，卡路只有答对了才能收到礼物。题目是这样的：编写一段程序，按顺序输入妹妹、爸爸和妈妈的生日，然后输出妈妈的生日（生日格式要求以由月和日组成的整数表示，例如，5月17日写成"517"）。大家可以想一想该怎么做？

【例 3-1】 生日问题。

输入样例：

1014 224 517

输出样例：

517

【数学分析】

该程序就是输入 3 个生日数，然后输出第 3 个数。

【算法描述】

添加程序框架后，在主函数中：

（1）定义 3 个生日数变量，s 表示妹妹的生日，f 表示爸爸的生日，m 表示妈妈的生日；

（2）输入 3 个生日数存入 s、f 和 m；

（3）计算处理不需要；

（4）输出最后一个生日数 m。

（1）程序怎样进行输入？　　　　　　（2）程序如何进行输出？

具体程序实现如代码清单 3-1 所示。

代码清单 3-1

```
1. #include<iostream>
2. using namespace std;
3. int main(){
4.     int s,f,m;
5.     cin>>s>>f>>m;
6.     cout<<m;
7.     return 0;
8. }
```

3.1　输入/输出

输入通常是指用键盘（或鼠标）把数据送给程序变量的操作。输出通常是指把数据从程序送到屏幕显示（有时也可以是打印机打印）的操作。在 C++ 中提供数据输入/输出的接口叫作控制台，所以数据输入/输出又叫作控制台输入/输出。C++ 提供了多种输入/输出方式，主要用的是 cin（输入）和 cout（输出）。数据输入/输出如图 3-1 所示。

图3-1 数据输入/输出

> **注意**
>
> 使用cin和cout，要在程序开始包含如下语句：
>
> #include<iostream>
>
> using namespace std;

3.2 变量输入——cin

cin 叫作标准输入流符，表示从键盘输入数据给变量。cin 可以看作键盘，如图 3-2 所示。标准输入语句的说明如图 3-3 所示。

图3-2 cin看作键盘

请阅读代码清单 3-2，并尝试在自己的计算机上运行它。

代码清单 3-2

```
1. int a,b,c;
2. cin>>a>>b>>c;
```

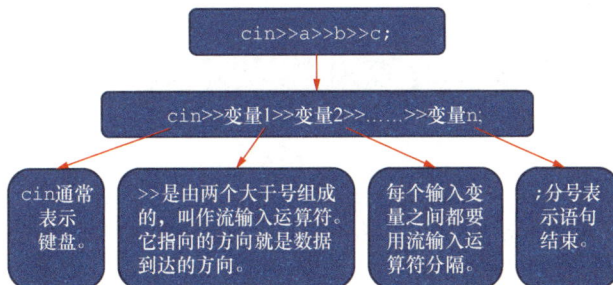

图3-3 标准输入语句的说明

> **注 意**
>
> （1）当输入多个数据时，要求从键盘输入的数据的个数、类型与变量相一致。
>
> （2）输入数据时，多个数据可以用空格或回车换行符分隔。如代码清单3-2的输入可以采用如下两种形式。
>
> - 输入数据以空格键分隔：
>
> 2 4 5
>
> - 输入数据以回车换行符分隔：
>
> 2
>
> 4
>
> 5
>
> 无论哪种形式，输入后程序中都是a = 2，b = 4，c = 5。
>
> （3）在一行输入中可以有多个不同类型的变量，输入数据时要注意类型对应。

请阅读代码清单 3-3，并尝试在自己的计算机上运行它。

代码清单 3-3

```
1. int a;
2. float b;
3. char c;
4. cin>>a>>b>>c
```

如果输入如下数据：

```
5 4.2 x,z
```

则 a = 5，b = 4.2，c='x'。

3.3　结果输出——cout

cout 表示将结果输出到屏幕上，cout 可以看作屏幕，如图 3-4 所示。

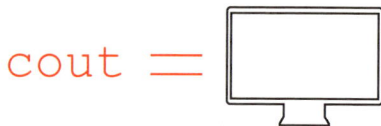

请阅读代码清单 3-4，并尝试在自己的计算机上运行它。

cout =

图3-4　cout 看作屏幕

代码清单 3-4

```
1. a=2;b=3;c=4;
2. cout<<a<<","<<b<<","<<a+c<<endl;
```

输出结果如下：

```
2,3,6
```

语句分析：输出 a 的值、b 的值、a+c 的结果，各个数值之间用逗号","分隔，","是一个字符串里面的内容——逗号原样输出，endl 表示本行结束转到下一行，是不可见字符。输出语句的说明如图 3-5 所示。

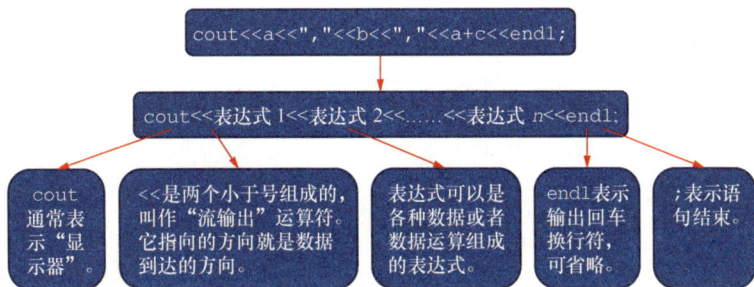

图3-5 输出语句的说明

> **注意**
>
> （1）一个输出语句可以输出多个表达式的值，用流输出运算符"<<"分隔。
>
> （2）程序根据表达式的类型和数值大小，采用默认格式输出，大多数情况下可满足要求。
>
> （3）endl是回车换行符"EndLine"的简写，表示行结束换到下一行开始位置。endl是一个不可见字符（看不到），手写时可用"↵"或<CR>代表。
>
> （4）字符串要用双引号括起来，输出时要原样输出；变量或运算输出时，要输出变量值或运算结果。

请阅读代码清单 3-5，并尝试在自己的计算机上运行它。

代码清单3-5

```
1. int age=12;
2. float s1=99.5,s2=100,s3=98.5;
3. cout<<"卡路"<<endl<<age<<endl<<s1+s2+s3<<endl;
```

输出结果如下：

```
卡路
12
298
```

输出的内容主要有如下 5 个部分。

（1）输出 1：程序中的卡路加双引号表示字符串，原样输出。

（2）输出 2：看不见的回车换行符。

（3）输出 3：age 变量的值为 12；

（4）输出 4：看不见的回车换行符；

（5）输出 5：s1+s2+s3 的运算结果为 298。

> **小知识**
>
> *如何增强信息的可读性？*
>
> 　　为了增强输出信息的可读性，在输出多个数据时可以通过插入空格符、换行符或其他提示信息将数据进行组织，以获得更好的效果。
>
> ```
> x=12;
> cout<< "Tom is my friend,he is"<<x<<"years old";
> ```
> 也可改写成：
> ```
> x=12;
> cout << "Tom is my friend,he is";
> cout << x;
> cout <<"years old";
> ```

3.4　其他形式的输入/输出

除了前面介绍过的 cin 和 cout，C++ 还包括一些其他形式的输入/输出。

3.4.1　格式输入/输出函数

scanf()/printf() 函数是具有 C 语言风格的格式输入/输出函数，也用于输入/输出数据。使用格式输入函数 scanf() 和格式输出函数 printf() 时，要在程序开始部分包含头文件 cstdio。

```
#include<cstdio>
using namespace std;
```

1. 格式输入函数

请阅读代码清单 3-6，并尝试在自己的计算机上运行它。

代码清单3-6

```
1. #include<iostream>
2. #include<cstdio>
3. using namespace std;
4. int main(){
5.     int a;
6.     float b;
7.     char c;
8.     scanf("%d%f%c",&a,&b,&c);
9.     cout<<a<<","<<b<<","<<c;
10.     return 0;
11. }
```

输入如下：

```
5 4.2 x
```

输出结果如下：

```
5,4.2,x
```

其中第 8 行代码为格式输入语句，控制台输入时，输入了一个整数、一个单精度实数和一个字符。整数给 a，实数给 b，字符给 c，整数和实数之间用空格分隔，实数和字符之间不加分隔。格式输入语句的说明如图 3-6 所示。

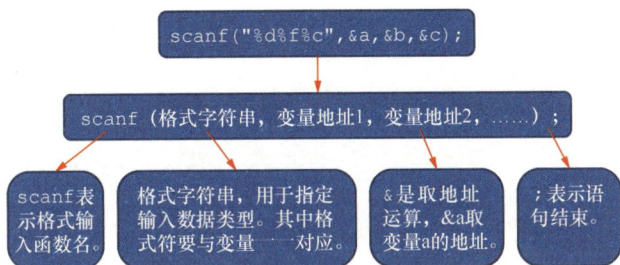

图3-6 格式输入语句的说明

> **注 意**
>
> （1）输入数据如果是整型或实型，则以空格或回车换行符分隔；如果是字符型，则不用分隔符。
>
> （2）格式字符串包含各种格式控制符。格式控制符用于指定各种数据类型。常用的格式控制符如表3-1所示。

表 3-1 常用的格式控制符

数据类型	格式控制符
整型 int	%d
长整型 long	%ld
单精度实型 float	%f
双精度实型 double	%lf
字符型 char	%c
字符串型 string	%s

2. 格式输出函数

请阅读代码清单 3-7，并尝试在自己的计算机上运行它。

代码清单 3-7

```
1. #include<cstdio>
2. using namespace std;
```

```
3. int main(){
4.     int a;
5.     float b;
6.     char c;
7.     scanf("%d%f%c",&a,&b,&c);
8.     printf("输出结果为: \n");
9.     printf("%d%f%c\n",a,b,c);
10.        printf("a=%-5d,b=%-7.4f,c=\'%c\'\n",a,b,c);
11.        return 0;
12. }
```

输入如下：

```
5 4.2x
```

输出结果如下：

```
输出结果为:
54.200000x
a=5    ,b=4.2000 ,c="x"
```

提示

在代码清单 3-7 中，由于只使用了格式输入函数和输出函数，因此程序开头只包含了 cstdio 头文件。

格式输出语句的说明如图 3-7 所示。

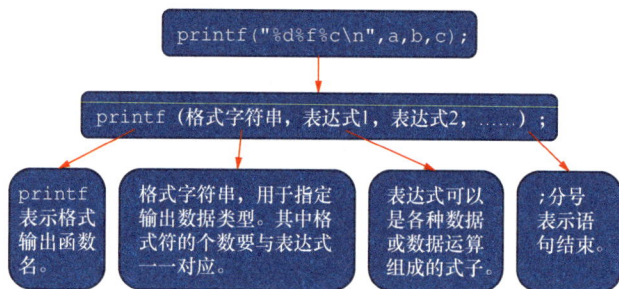

图 3-7　格式输出语句的说明

格式输出语句的说明如下。

（1）如第 8 行，输出函数可以只输出字符串常量，其中 \n 是转义字符表示回车换行。通常只有字符串常量的输出函数起到提示或说明作用。

```
8. printf("输出结果为: \n");
```

（2）如第 9 行，输出函数的常用格式控制符与输入函数的格式控制符规则相类似，所不同的是在输入函数中格式控制符对应的是变量地址，而在输出函数中格式控制符对应的是变量或变量运算等表达式。

```
9. printf("%d%f%c\n",a,b,c);
```

（3）如第 10 行，输出函数的格式字符串中，除格式控制符以外，其余内容原样输出。如第 10 行中的"a="、逗号","、"b=""c="" \ ' "等都要原样输出，其中" \ ' "为转义字符，输出一个单引号" ' "。

```
10. printf("a=%-5d,b=%-7.4f, c=\'%c\'\n",a,b,c);
```

（4）如第 10 行，格式控制符还可以有辅助控制符。常用的辅助控制符如表 3-2 所示。

表 3-2　常用的辅助控制符

辅助符	说　明
%md	m 表示整数所占位数
%-md	数据输出默认为右对齐。- 表示数据左对齐输出（在数据右补空格）
%m.nf	m 表示实数整体所占位数，n 表示小数点后的位数。也可以只指定小数位数，写成 %.nf
%-m.nf	- 表示数据左对齐输出（在数据右补空格）
%mcr	m 表示字符所占位数

> **注意**
>
> （1）在%md中，若m小于实际位数，则数据按实际位数输出；若m大于实际位数，则输出数据占m位，左补空格（称为右对齐）。
>
> 例如：
>
> printf("%3d",x);
>
> 若x = 1234（m小于实际位数），则输出1234。
>
> 若x = 12（m大于实际位数），则右对齐输出（左补空格）输出<空格>12。
>
> printf("%-3d",x);
>
> 若x = 12，则左对齐输出（右补空格）输出12<空格>。
>
> （2）在%.nf中，n表示小数点后面的位数。若n大于实际小数位数，则小数后补0；若n小于实际小数位数，则各种编译器处理的方式略有不同，通常按"四舍五入"去尾。
>
> 例如：
>
> printf("%.3f",f);
>
> 当f = 12.3（n大于实际小数位数），则输出12.300。
>
> 当f = 12.3146（n小于实际小数位数），则输出12.315。

3.4.2　字符输入/输出函数

cin 输入数据时是以"空格"或"回车换行符"作为分隔符号的。如果我们要输入"空格"或"回车换行符"，该怎么办呢？这时，字符输入/输出函数就该大显身手了！

C++ 案例趣学

字符输入函数是 getchar()，字符输出函数是 putchar()，要想使用这两个函数，也必须在程序开始部分包含头文件 cstdio。

```
#include<cstdio>
using namespace std;
```

1. 字符输入函数

getchar() 函数是接收从键盘输入的单个字符数据，包括可见字符和不可见字符等。字符输入语句的说明如图 3-8 所示。

字符变量名=getchar();
输入一个字符给变量。

图3-8　字符输入语句的说明

请阅读代码清单 3-8，并尝试在自己的计算机上运行它。

代码清单 3-8

```
1. #include<iostream>
2. #include<cstdio>
3. using namespace std;
4. int main(){
5.     char c;
6.     c=getchar();
7.     cout<<"xxx"<<c<<"yyy";
8. }
```

当输入空格时，变量 c 存储空格字符，输出结果如下：

```
xxx yyy
```

当输入回车时，变量 c 存储回车换行符，输出结果如下：

```
xxx
yyy
```

注 意

字符输入/输出函数和 cin cout 可以混合使用，但要注意包含不同的头文件。

2. 字符输出函数

请阅读代码清单 3-9，并尝试在自己的计算机上运行它。

代码清单 3-9

```
1. #include<cstdio>
2. using namespace std;
3. int main(){
4.     char ch='a';
5.     putchar(ch);
6.     return 0;
7. }
```

输出结果如下：

```
a
```

putchar() 函数是字符输出函数，功能是向标准输出设备（如显示器）输出单个字符数据。字符输出语句的说明如图 3-9 所示。

> putchar（字符变量）；
> 向显示器输出字符。

图3-9　字符输出语句的说明

本课主要介绍了如下一些输入 / 输出语句。

（1）cin——输入流语句。　　　　（4）printf（ ）——格式输出函数。

（2）cout——输出流语句。　　　　（5）getchar（ ）——输入一个字符。

（3）scanf（ ）——格式输入函数。　（6）putchar（ ）——输出一个字符。

练习3-1　输入两个整数，按每个整数占5个字符的宽度并且右对齐输出。

输入样例：

```
58 162
```

输出样例：

```
   58   162
```

练习3-2　输入一个单精度浮点数，按保留3位小数输出。

输入样例：

```
12.3
```

输出样例：

```
12.300
```

练习3-3　输入一个双精度浮点数，按保留10位小数输出。

输入样例：

```
3.1415926
```

C++ 案例趣学

输出样例：
```
3.1415926000
```

练习3-4　输入3个字符数据，按每个字符占3位且左对齐输出。

输入样例：
```
xyz
```

输出样例：
```
x  y  z
```

练习3-5　输出由星号（"*"）组成的菱形图案。

输入样例： 无

输出样例：
```
   *
  ***
 *****
*******
 *****
  ***
   *
```

练习3-6　输入一个字符，输出由该字符组成的三角形图案。

输入样例：
```
#
```

输出样例：
```
  #
 ###
#####
```

第4课　简单的任务：赋值运算和算术运算

最近电影院正在上映一部精彩绝伦的电影，卡路所在的班级要组织大家去观看。班主任交给卡路一项任务，请他帮忙计算全班同学的总票价。又到了大显身手的时刻，卡路决定编写一段程序完成这项任务——输入单张电影票的票价和观看电影的人数，就能计算出总票价。

【例4-1】　简单的任务。

输入样例：

50 32

输出样例：

1600

【数学分析】

按数学应用题解法如下：

解: 设单张电影票的票价为 r 元，班级人数有 p 人，总票价 t 元。（定义变量）

$r = 50$，$p = 32$　　　　　　　　　　　　　　　　　　（输入数据）

$t = r \times p = 50 \times 32 = 1600$（元）　　　　　　　　　（计算处理）

答: 全体同学观看电影的总票价是 1600 元。　　　　　　（输出结果）

【算法描述】

这个问题可以用以下几个步骤来实现。

（1）根据题设，定义单张电影票的票价变量 r、班级人数变量 p 和总票价变量 t，它们都是整型。

（2）输入单张电影票的票价 r 和班级人数 p。

（3）用公式 t = r*p 计算总票价（说明: 在程序中用星号 "*" 代替 "×" 表示乘法）。

（4）输出总票价 t 的值。

（1）什么是赋值运算？　　　　　（2）什么是算术运算？

例 4-1 的程序实现如代码清单 4-1 所示。

代码清单 4-1

```
1. #include<iostream>
2. using namespace std;
3. int main(){
4.     int r,p,t;      //定义整型变量r单价、p人数、t总价
5.     cin>>r>>p;      //输入单价r和人数p
6.     t=r*p;          //计算总价
7.     cout<<t<<endl;  //输出总价
8.     return 0;
9. }
```

一个程序主体（主函数内）通常包含四部分: 定义数据、输入变量、计算处理和输出结果。在前面我们已经了解了如何定义数据、输入变量和输出结果。从现在开始，我们将逐一介绍计算处理的方法。C++ 语言中有很多运算符和表达式，正是这些

丰富的运算符和表达式使 C++ 语言的功能十分完善，这也是 C++ 语言的主要特点之一。本课就来说说 C++ 语言中最基本的赋值运算和算术运算。

4.1　基本赋值运算（"="的妙用）

想想看，在数学中等号（"="）是怎么用的？

问： 5+5=？

答： 5+5=10

由此可知，数学中的等号是从左向右看的，如图 4-1 所示。

在 C++ 语言中刚好相反，等号（"="）作为赋值运算符会把等号右边的值送到左边，也就是说，它是从右向左运算的，如例 4-1 中的第 6 行。基本赋值语句的说明如图 4-2 所示。

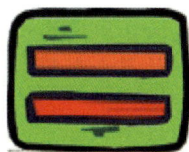

图4-1　等号的妙用

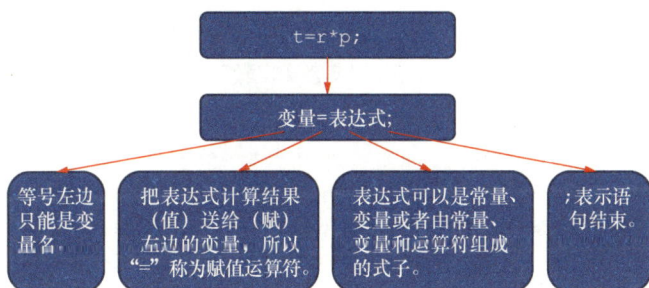

图4-2　基本赋值语句的说明

> ⏰ **注　意**
>
> 在进行赋值运算时，如果等号（"="）两边的数据类型不同，系统会自动进行类型转换，将等号（"="）右边的数据类型转换成左边的变量类型。

例如，当等号（"="）左边是整型而右边是实型时，系统将去掉小数部分只保留整数值，并赋给左侧（结尾取整）。

【例 4-2】 阅读如下程序，并尝试在自己的计算机上运行它。

```
int a;
a=3.56;
cout<<a;
```

输出结果如下：

```
3
```

4.2 算术运算七兄弟

C++ 中的算术运算，与我们在数学课上学习的很类似。不过，除数学中学过的加、减、乘、除四则运算之外，还包括取模、自增和自减运算。为便于记忆，我们把这 7 种运算符称为"算术运算七兄弟"。运算符的说明如图 4-3 所示。

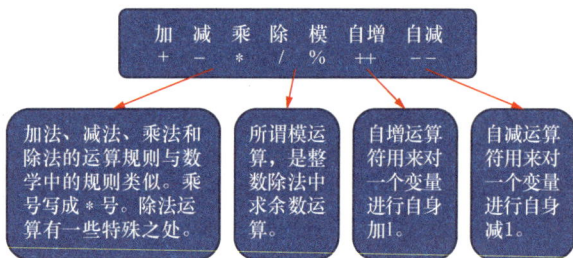

图 4-3 运算符的说明

对于加、减、乘、除这 4 种基本运算，本节不做赘述。需要注意的是，在除法中，C++ 规定"整数/整数"的结果是"整数"，"实数/实数"的结果是"实数"，如例 4-3 所示。

【例 4-3】

```
5/2的结果为2(整数/整数=整数)
5.0/2的结果为2.5(实数/整数=实数) 自动类型转换
```

下面介绍模运算以及自增和自减运算。

1. 模运算

模运算是在整数除法中的求余数运算，运算符用百分号 % 表示。a%b 就是 a 除以 b 的余数，注意，a 和 b 两个操作数都必须是整型数，如例 4-4 所示。

【例 4-4】

```
5%2=1(整数%整数=整数)
5.0%2(错误，小数没有模)
```

这样就可以推导出 5/2 的结果是商，5%2 的结果是余数。

2. 自增和自减运算

（1）基本运算规则。

【例 4-5】

```
x++; //表示在使用x之后，使x的值加1，即x=x+1;
x--; //表示在使用x之后，使x的值减1，即x=x-1.
```

（2）区分 3 种加法运算。

【例4-6】

```
int x=5;
x+1后x的值仍为5不会改变变量x的值
x=x+1后x的值为6
x++后x的值为6
```

（3）前缀自增和后缀自增。

前缀表示变量先加1，再参与其他运算，后缀表示先参与其他运算再让变量加1。

【例4-7】

```
int x=5;
a=(++x)+3;//运算后a=9,x=6
a=(x++)+3;//运算后a=8,x=6
```

分析：

（1）a=(++x)+3；表示 x 先自加 1 变成 6，再与 3 相加，所以 a 的结果为 9。

上式分解成：

```
x=x+1;
a=x+3;
```

（2）a=(x++)+3；表示 x 先与 3 相加，得到 8 送给 a 后，x 再自加 1，所以 a 的结果为 8。

上式分解成：

```
a=x+3;
x=x+1;
```

自减也有前缀和后缀之分，规则同上。

赋值和算术运算的运算顺序可以用一句琅琅上口的顺口溜来帮助记忆。

顺口溜

括号级别最优先，后跟自增和自减，乘除求模紧相随，然后运算是加减。

C++ 的算术运算顺序规则与数学运算顺序规则相同，赋值运算在算术运算之后进行。C++ 的算术运算顺序如图 4-4 所示。

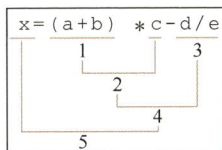

图4-4　C++的算术运算顺序

✏️ 4.3 运算简写和混合运算

4.3.1 运算简写

运算简写是指算术运算和赋值运算的结合，主要有以下 5 种，如表 4-1 所示。

表 4-1 运算简写

简 写	含 义
a+=b	a=a+（b）
a-=b	a=a-（b）
a*=b	a=a*（b）
a/=b	a=a/（b）
a%=b	a=a%（b）

⏰ **注 意**

a-=b+c相当于a=a-(b+c)。注意，这里括号是必需的。

4.3.2 混合运算

混合运算是指不同数据类型的运算对象进行运算，这时需要依据数据类型转换规则进行转换。

（1）多类型混合运算时的类型转换规则是"短向长转"，即占字节少的类型向占字节多的类型转换，也就是说，bool、char 向 int 转换，int 向 float 转换，float 向 double 转换。

【例 4-8】

① a=3时,a+'a' 的结果为100

因为a是整型，初值为3；'a' 是字符型其 ASCII 值是 97。根据"短向长转"原则，字符型向整型转换取其 ASCII 值，原式变为 a=3+97。

② 5+2.5的结果为实型7.5

在上式中，5 是整型，2.5 是单精度实型，根据"短向长转"原则，整型向实型转换，原式变为 5.0+2.5。

（2）赋值时的类型转换规则是"右向左转"，即等号右边的类型向等号左边的类型转换。

【例 4-9 】

```
① int i=4.2+0.6;//i的值为4
```

虽然运算结果为 4.8，但等号左边的 i 是整型，所以把 4.8 截尾取整赋值给 i。

```
② float f=4;//f的结果为4.0
```

（3）所谓强制类型转换，是将某一数据的数据类型临时指定为另一种数据类型。一般形式为：（类型名）表达式。

【例 4-10 】

```
int b=7;
① b/2的结果为3
② (float)b/2的结果为3.5
```

取整的 4 种方法

（1）四舍五入法：与数学规定相同。如 3.4 四舍五入后为 3，3.5 四舍五入后为 4。

（2）截尾取整法：无论小数部分是多少都要舍掉。如 3.5 截尾为 3，–3.5 截尾为 –3。

（3）下取整法：取小于或等于数据的最大整数。在 C++ 中，用 floor（数据）函数完成下取整。如 floor（3.5）结果为 3，floor（-3.5）结果为 –4。

（4）上取整法：取大于数据的最小整数。在 C++ 中，用 ceil（数据）函数完成上取整。如 ceil（3.4）结果为 4，ceil（-3.4）结果为 –3。

> **注 意**
>
> 要想使用 floor（数据）和 ceil（数据）函数，需要在程序开头添加如下头文件：
> ```
> #include<cmath>
> using namespace std;
> ```

本课主要介绍了以下内容。

（1）基本赋值运算 =。

（2）基本算术运算包括 +、–、*、/、%、++ 和 – –。

（3）复合算术赋值运算包括 +=、–=、*=、/= 和 %=。

（4）混合运算优先级是 "短向长转" "右向左转"，强制类型转换加括号。

练一练

练习4-1　请阅读代码清单4-2，思考如下问题，并写出输出结果。

代码清单 4-2

```
1. #include<iostream>
2. using namespace std;
3. int main(){
4.     int a,b,t;
5.     cin>>a>>b;
6.     t=a;
7.     a=b;
8.     b=t;
9.     cout<<a<<" "<<b;
10.    return 0;
11. }
```

设输入：100 200<CR> ，则输出结果为_____。

提示

　　<CR> 表示回车，这是两个整数交换问题。

练习4-2　阅读代码清单4-3，思考如下问题，并写出输出结果。

代码清单 4-3

```
1.#include<iostream>
2. using namespace std;
3. int main(){
4.     int a,b,c,d;
5.     cin>>a>>b>>c;
6.     d=b*b-4*a*c;
7.     cout<<d<<endl;
8.     return 0;
9. }
```

设输入：2 5 3<CR> ，则输出结果为_____。

提示

　　<CR> 表示回车，本程序为输入 3 个整数 a、b、c，计算公式的值。

练习4-3　长方形面积问题。

输入长方形的长 a、宽 b（单位：cm），计算长方形面积。

输入：一行，包含两个单精度实数 a 和 b，数与数之间以一个空格分开，其中 $a >$ 0，$b < 100$。

输出：一行，包含长方形面积，即一个实数。

输入样例：

```
3.2 2.8
```

输出样例：

```
8.96
```

练习4-4　球体积问题。

已知球的半径为 r，则其体积的计算公式为 $\frac{4}{3}\pi r^3$（$\pi = 3.14$）。输入半径 r，求体积 V。

输入：一行，包含球半径，即一个不超过 100.0 的非负实数，类型为 double。

输出：一行，包含球的体积，即一个实数。

输入样例：

```
2
```

输出样例：

```
33.4933
```

练习4-5　温度转换问题。

摄氏度是目前世界使用比较广泛的一种温标，用符号"℃"表示。华氏度也是用来计量温度的单位，用符号"℉"表示。现在请输入一个华氏温度 f，利用公式 $c = 5 *$ $(f-32) / 9$ 计算其对应的摄氏温度 c。

输入：一行，包含一个单精度实数 f，表示华氏温度（$f \geqslant -459.67$）。

输出：一行，包含一个实数，表示对应的摄氏温度，要求精确到小数点后 3 位。

输入样例：

```
100
```

输出样例：

```
37.778
```

练习4-6　卡路的成绩问题。

卡路这学期学习了"人工智能入门"课程。这门课程的总成绩计算方法是：

总成绩 = 作业成绩 ×30% + 小测成绩 ×20% + 期末考试成绩 ×50%

期末考试后，卡路想知道这门课程自己最终能得多少分。

输入：一行，包含 3 个非负整数 a、b、c（a、b 和 c 均大于 0 且小于 100），即卡路的作业成绩、小测成绩和期末考试成绩，3 个数据用空格分隔。

输出：一行，包含一个整数，即卡路这门课程的总成绩，满分也是 100 分。

输入样例：

```
100 100 98
```

输出样例：

```
99
```

第 5 课 卡路的苹果：
3 种程序结构

卡路和路西都很爱吃苹果。这不，妈妈买了一箱苹果（共 n 个）。不过，妈妈发觉买苹果时箱子里混进了一条虫子。这条讨厌的虫子每 x 小时就能吃掉一个苹果，假设虫子在吃完一个苹果之前不会吃另一个，那么经过 y 小时，箱子里还有多少个完整的苹果呢？

【例 5-1】 苹果问题。

输入：一行，包含 n、x 和 y（均为整数）。

输出：一行，剩下的完整苹果个数。

输入样例：

```
10 4 9
```

输出样例：

7

【数学分析】

解： 设共有 n（10）个苹果，虫子每 x（4）小时吃掉一个，共经过 y（9）小时，吃掉 r 个苹果，剩下 m 个苹果，则

$n = 10$（个），$x = 4$（小时），$y = 9$（小时）；

$r = y \div x = 9 \div 4 = 2.25$

因为问有多少个完整的苹果，所以 $r \approx 3$（上取整）；

所以 $m = n - r = 10 - 3 = 7$（个）

答： 还有 7 个完整的苹果。

【算法描述】

（1）定义苹果个数 n，虫子吃完一个苹果时间 x，共经过时间 y，吃过苹果的个数 r，剩下完整苹果个数 m。

（2）输入 n，x，y（10，4，9）。

（3）r = 上取整（(double) y/x）；m = n-r。

（4）输出 m。

> **注意**
>
> 因为C++中规定"整数除以整数还得整数"，所以运算中要用强制类型转换，将y/x变成实数除法。

小知识

C++ 提供了丰富的系统函数供编程者使用，其中用于上取整的函数是 ceil(待取整数据)。要想使用这个函数必须在程序开头声明包含这个函数的头文件如下：

```
#include<cmath>
using namespace std;
```

想一想

（1）程序是怎么执行的？　　（2）程序有没有结构呢？

苹果问题的程序实现如代码清单 5-1 所示。

代码清单 5-1

```
1.  #include<cmath>
2.  #include<iostream>
3.  using namespace std;
4.  int main(){
5.      int n,r,m,x,y;
6.      cin>>n>>x>>y;
7.      r=ceil((double)y/x);
8.      m=n-r;
9.      cout<<m<<endl;
10.     return 0;
11. }
```

5.1　3种程序结构

前面的程序中每条语句按自上而下的顺序依次执行一遍，这种自上而下（又叫作"自顶向下"）执行的程序结构称为顺序结构。除了顺序结构外，程序还有选择结构和循环结构。

为解决现实世界中的各种问题，大部分程序可用这 3 种控制结构实现，即顺序结构、选择结构和循环结构，如图 5-1 所示。

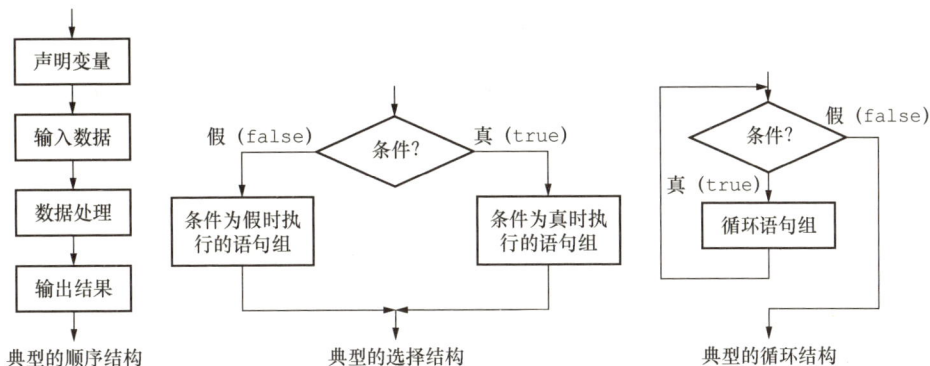

图5-1　3种程序结构

顺序结构是指计算机总是按语句顺序"自顶向下"一条一条地执行。

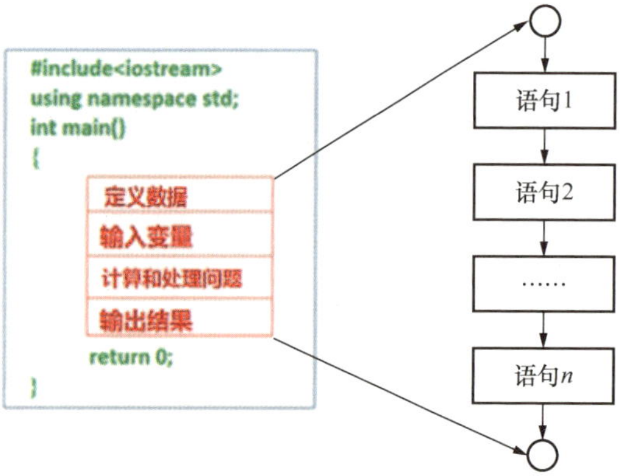

图 5-2　典型的顺序结构

选择结构又称为分支结构。通常是根据一个条件的"真"或者"假"选择程序中一部分语句（一个分支）执行。

循环结构是指当某个条件为真时，反复执行语句的一种结构。这是计算机中使用最多的一种控制结构，用于解决实际应用中需要重复处理的问题。

本节主要介绍顺序结构，其余两种结构会在后续章节中介绍。典型的顺序结构如图 5-2 所示。

5.2　系统函数

在例 5-1 中，求吃掉苹果的数量时，可以用系统提供的上取整函数。在 C++ 系统中，有许多功能库，我们可以直接使用里面的功能函数编程。其中，数学功能库 cmath 是最常用的，上取整函数就属于这个库。要想使用数学功能库中的函数，必须在程序开始包含这个库，包含语句如下所示：

```
#include<cmath>
using namespace std;
```

除了上取整，数学函数库还包含其他一些函数。常用的数学函数如表 5-1 所示。

表 5-1　常用的数学函数

函数名	格式	功能说明	例子
绝对值函数	abs(x)	求一个数 x 的绝对值	abs(-5)=5
向下取整	floor(x)	求不大于实数 x 的最大整数	floor(3.14)=3
向上取整	ceil(x)	求不小于实数 x 的最小整数	ceil(3.14)=4
指数函数	pow(x,y)	计算 x, y 结果为双精度实数	pow(2,3)=8
随机函数	rand()	产生 0 到 RAND-MAX 之间的随机整数	rand()
平方根值函数	sqrt(x)	求实数 x 的平方根	sqrt(25)=5

5.3　顺序结构程序举例

【例 5-2】 数字反转问题。

给定一个 3 位整数，请将该数各位上的数字反转得到一个新数，例如，输入 345，反向输出 543，如图 5-3 所示。

输入：一行，包含一个 3 位整数 n。

输出：一行，反向输出 n。

输入样例：

```
345
```

输出样例：

```
543
```

图 5-3　数字反转

【**数学分析**】

这是一个数位拆分与合并的问题，如图 5-4 所示。

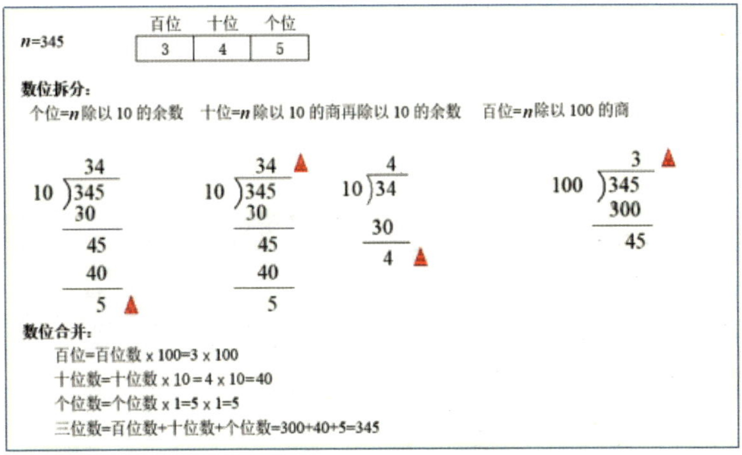

图 5-4　数位拆分与合并

【**算法描述**】

这个问题可以用以下几个步骤来实现。

（1）根据题设，定义三位数 n、反向三位数 m、个位 a、十位 b 和百位 c。

（2）输入三位数 n。

（3）数位拆分：计算 a、b、c；数位合并：将 a、b、c 合并成反向三位数 m。

（4）输出反向三位数 m。

数字反转问题的程序实现如代码清单 5-2 所示。

代码清单 5-2

```
1. #include<iostream>
2. using namespace std;
3. int main(){
4.     int n,a,b,c,m;
5.     cin>>n;
6.     a=n%10;             //取个数
7.     b=n/10%10; //取十位
8.     c=n/100;            //取百位
9.     m=a*100+b*10+c;
10.    cout<<m<<endl;
11.    return 0;
12. }
```

提示

数位拆分与数位合并可以有多种实现方法，你可以想一想还有哪些。

【例 5-3】 歌唱比赛打分问题。

路西妹妹去参加了小歌手大赛（图 5-5）。大赛上，6 名评委给她打分，6 个人打分的平均分为 9.6 分。如果去掉一个最高分，路西的平均分为 9.4 分；如果去掉一个最低分，她的平均分为 9.8 分；如果去掉一个最高分和一个最低分，路西妹妹的平均分是多少？

图 5-5　歌唱比赛打分

输入：无。

输出：一行，包含平均分的浮点数。

输入样例： 无

输出样例：

```
9.6
```

【**数学分析**】

分析： 首先求出 6 名评委的总分，然后根据去掉最高分的总分和最低分的总分，求出最高分的分值和最低分的分值，最后总分减去最高分和最低分除以 4 即是答案。

解： 设 6 名评委总分是 sc_all，去掉最高分的总分是 sc_high，去掉最低分的总分是 sc_low，最高分是 $high$，最低分是 low，去掉最低分和最高分的平均分是 ans。

6 名评委的总分 $sc\_all = 6 \times 9.6 = 57.6$（分）

去掉最高分的总分 $sc\_high = 5 \times 9.4 = 47$（分）

去掉最低分的总分 $sc\_low = 5 \times 9.8 = 49$（分）

最高分 $high = sc\_all - sc\_high = 57.6 - 47 = 10.6$（分）

最低分 $low = sc\_all - sc\_low = 57.6 - 49 = 8.6$（分）

去掉最低和最高的平均分 $ans = (sc\_all - high - low) \div 4 = 9.6$（分）

答： 去掉最低分和最高分，路西妹妹的平均分是 9.6 分。

【**算法描述**】

（1）定义变量，均为 double 型。6 名评委总分是 sc_all，去掉最高分的总分是 sc_high，去掉最低分的总分是 sc_low，最高分是 high，最低分是 low，去掉最低分和最高分的平均分是 ans。

（2）略（此程序没有输入）。

（3）程序如下。

```
sc_all=6*9.6;
sc_high=5*9.4;
sc_low=5*9.8;
high=sc_all - sc_high;
low=sc_all - sc_low;
ans=(sc_all-high-low)/4;
```

（4）输出 ans。

其中，第（3）步也可以写成：

```
high=6*9.6-5*9.4;
low=6*9.6-5*9.8;
ans=(6*9.6-high-low)/4;
```

或

```
ans=((6*9.6)-((6*9.6)-(5*9.4))-((6*9.6)-(5*9.8)))/4;
```

C++ 案例趣学

歌唱比赛打分问题的程序实现如代码清单 5-3 所示。

代码清单 5-3

```
1.  #include<iostream>
2.  using namespace std;
3.  int main(){
4.      double high,low,sc_all,sc_high,sc_low,ans;
5.      sc_all=6*9.6;
6.      sc_high=5*9.4;
7.      sc_low=5*9.8;
8.      high=sc_all-sc_high;
9.      low=sc_all-sc_low;
10.     ans=(sc_all-low-high)/4;
11.     cout<<ans;
12.     return 0;
13. }
```

【例 5-4】 分糖果问题。

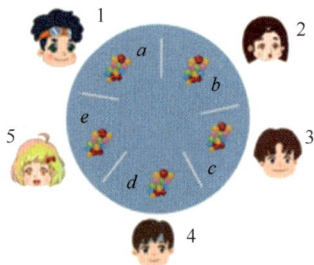

图5-6 分糖果

一天，卡路和 4 位好朋友一起玩一个分糖果的游戏。游戏规则是这样的：设定他们的编号分别为 1、2、3、4、5，并且按编号顺序围坐在一张圆桌旁，如图 5-6 所示。他们每个人都有一些糖果，从 1 号开始，将自己的糖果均分 3 份（如果有多余的糖果，则立即吃掉），自己留一份，其余两份分给他相邻的两位朋友。接着 2 号、3 号、4 号和 5 号做同样的事。问经过一圈后，每个小朋友手上分别有多少糖果？卡路编写了一段程序来求解这个问题。

输入：一行，5 个整数表示每个小朋友原有的糖果数。

输出：一行，5 个整数表示分完后每个小朋友的糖果数。

输入样例：

```
8 9 10 11 12
```

输出样例：

```
11,7,9,11,6
```

【数学分析】

分析： 题目中有 5 位小朋友，他们初始时糖果的数目不确定，用 a、b、c、d、e 分别存储 5 个小朋友的糖果数。

"将自己的糖果均分 3 份（如果有多余的糖果，则立即吃掉）"表明在除以 3 的运算时只做取商运算，而忽略余数。

初始：$a=8$
第1.1步：1号计算，$a=a/3$取商，新$a=2$
第2.2步：2号分糖果，$a=$新$a+$新b，$a=5$
第5.2步：5号分糖果，$a=a+$新e，$a=11$

初始：$b=9$
第1.3步：1号分糖果，$b=b+$新a，$b=11$
第2.1步：2号计算，$b=b/3$取商，新$b=3$
第3.2步：3号分糖果，$b=$新$b+$新c，$b=7$

初始：$e=12$
第1.2步：1号分糖果，$e=e+$新a，$e=14$
第4.3步：4号分糖果，$e=e+$新d，$e=19$
第5.1步：5号计算，$e=e/3$取商，新$e=6$

初始：$c=10$
第2.3步：2号分糖果，$c=c+$新b，$c=13$
第3.1步：3号计算，$c=c/3$取商，新$c=4$
第4.2步：4号分糖果，$c=$新$c+$新d，$c=9$

初始：$d=11$
第3.3步：3号分糖果，$d=d+$新c，$d=15$
第4.1步：4号计算，$d=d/3$取商，新$d=5$
第5.3步：5号分糖果，$d=d+$新e，新$d=11$

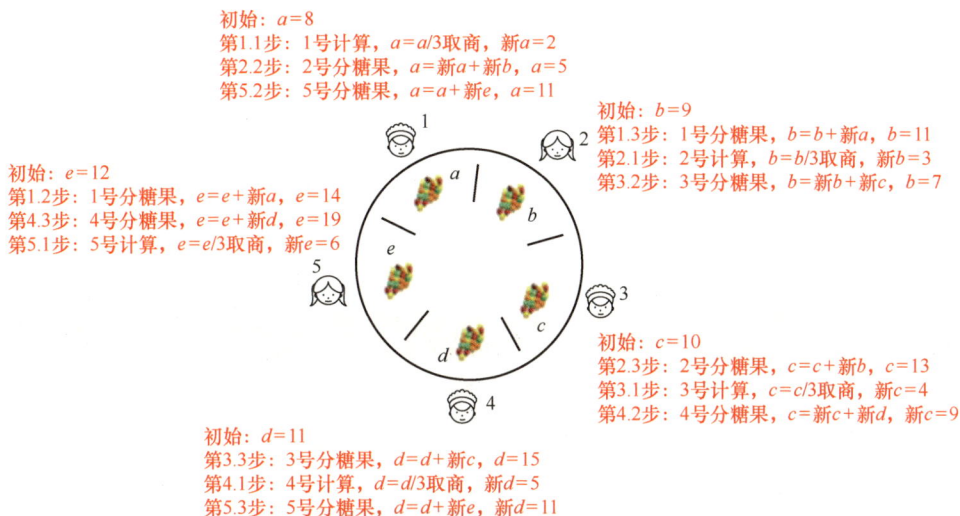

图5-7 分糖果分析

解： 如图 5-7 所示，设 5 位小朋友初始的糖果数目是 $a=8$，$b=9$，$c=10$，$d=11$，$e=12$。

第 1 位小朋友糖果分 3 份（如果有多余的糖果，则立即吃掉）：$a=a\div3$ 取商 $=2$；

第 1 位小朋友自己留一份，其余两份分给他的相邻的两个小朋友：$e=e+2=14$，$b=b+2=11$。

以此类推，

第 2 位小朋友：$b=b\div3$ 取商 $=11\div3$ 取商 $=3$（此时 b 值已经因为 a 的操作而改变）。

第 2 位小朋友分给相邻小朋友：$a=a+b=5$，$c=c+b=13$。

第 3 位小朋友：$c=c\div3$ 取商 $=4$，分给相邻小朋友：$b=b+c=7$，$d=d+c=15$。

第 4 位小朋友：$d=d\div3$ 取商 $=5$，分给相邻小朋友：$c=c+d=9$，$e=e+d=19$（e 又变为 14）。

第 5 位小朋友：$e=e\div3$ 取商 $=6$，分给相邻小朋友：$d=d+e=11$，$a=a+e=11$。

答： 分完糖果后 5 位小朋友的糖果数目分别是 11，7，9，11，6。

【算法描述】

（1）定义整型变量，糖数分别为 a，b，c，d，e。

（2）输入 a，b，c，d，e 的初始值。

（3）a=a/3;b=b+a;e=e+a;

b=b/3;c=c+b;a=a+b;

c=c/3;d=d+c;b=b+c;

d=d/3;e=e+d;c=c+d;

e=e/3;a=a+e;d=d+e。

（4）输出 a,b,c,d,e。

分糖果问题的程序实现如代码清单 5-4 所示。

代码清单 5-4

```
1. #include<iostream>
2. using namespace std;
3. int main(){
4.     int a,b,c,d,e;
5.     cin>>a>>b>>c>>d>>e;
6.     a=a/3;b=b+a;e=e+a;
7.     b=b/3;c=c+b;a+a+b;
8.     c=c/3;d=d+c;b=b+c;
9.     d=d/3;e=e+d;c=c+d;
10.    e=e/3;a=a+e;d=d+e;
11.    cout<<a<<","<<b<<","<<c<<","<<d<<","<<e<<endl;
12.    return 0;
13. }
```

小知识

C++编程语句书写灵活，可以把多条语句写在一行上。

【例 5-5】 分树苗问题。

春天来了，卡路、路西和科迪准备去植树（图 5-8）。他们每个人都有一些不同数量的小树苗，共有 24 棵。为了公平，他们决定重新分配，让每个人的树苗一样多。先由卡路分树苗给路西和科迪两人，所分给的数量和路西、科迪两人已有的数量一样多；接着由路西分给卡路和科迪树苗，分法同前；再由科迪分树苗给卡路和路西，分法也同前。经过上述 3 次分配，每个人拥有的树苗一样多了。请编写一段程序，计算原来每个人有多少棵小树苗？

图5-8　分树苗

输入：无。

输出：一行，包含 3 个整数，表示原来 3 个人拥有的树苗数量。

输入样例： 无

输出样例：

```
13,7,4
```

【数学分析】

分析： 此题可以采用从后向前倒推的方式计算，给 3 个人编号为甲、乙、丙。设甲、乙、丙这 3 个人的树苗数分别为 a、b、c，从最后结果入手，按反向顺序，分步骤推算出每次每人当时的树苗棵数。

（1）最后时：总共 24 棵，每人一样多，则 $a = b = c = 8$。

（2）丙分树苗给甲和乙，所分棵数与甲、乙原有一样多，所以此次分配前：甲的棵数是 $a = a \div 2$；乙的棵数是 $b = b \div 2$；丙的棵数是 $c = a + b + c$。

（3）乙分树苗给甲和丙，所分棵数与甲、丙原有一样多，所以此次分配前：甲的棵数是 $a = a \div 2$；丙的棵数是 $c = c \div 2$；乙的棵数是 $b = a + b + c$。

（4）甲分树苗给乙和丙，所分棵数与甲、丙原有一样多，所以此次分配前：乙的棵数是 $b = b \div 2$；丙的棵数是 $c = c \div 2$；甲的棵数是 $a = a + b + c$。

此时即得甲乙丙的原先树苗棵数。

【算法描述】

（1）定义变量，甲、乙、丙的树苗棵数分别为 a、b、c，均为整型数。

（2）略（此程序没有输入）。

（3）a=b=c=8;

　　　a=a/2;b=b/2;c=a+b+c;

　　　a=a/2;c=c/2;b=a+b+c;

　　b=b/2;c=c/2;a=a+b+c;

（4）输出 a,b,c。

分树苗问题的程序实现如代码清单 5-5 所示。

代码清单 5-5

```
1.  #include<iostream>
2.  using namespace std;
3.  int main(){
4.      int a,b,c;
5.      a=b=c=8;
6.      a=a/2;b=b/2;c=a+b+c;
7.      a=a/2;c=c/2;b=a+b+c;
8.      b=b/2;c=c/2;a=a+b+c;
9.      cout<<a<<","<<b<<","<<c<<endl;
10.     return 0;
11. }
```

提示

　　程序第 5 行称为连续赋值语句，在运算中这是允许的，等价于 a=8，b=8，c=8。但在定义数据时不允许连续初始化，只能逐个变量初始化。例如，int a=b=c=8;（错误）。

本课主要介绍了如下内容。

（1）通常程序有 3 种结构：顺序、选择和循环。

（2）常用的系统数学函数有 abs(x)、floor(x)、ceil(x)、pow(x,y)、rand() 和 sqrt(x)。

（3）几个顺序结构程序举例：数字反转问题、歌唱比赛打分问题、分糖果问题和分树苗问题。

练习5-1　分数转小数问题。

输入两个非 0 整数 a 和 b 分别作为分子和分母，即分数 a/b，求它所对应的实数数值（双精度浮点数）。

　　输入：一行，包含两个整数 a 和 b（$-1000 < a$，$b < 1000$ 且 $a \neq 0$，$b \neq 0$）。

　　输出：一行，一个双精度实数，即分数 a/b 所对应的实数值。

输入样例：

```
5 9
```

输出样例：

```
0.555556
```

练习 5-2　勾股定理问题。

　　已知图 5-9 所示的直角三角形 ABC，编程输入两条直角边的边长 a 和 b，计算斜边 AC 的长度 c。

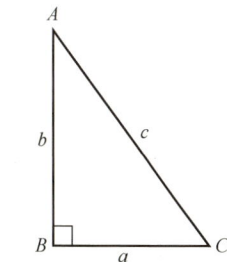

图 5-9　直角三角形 ABC

提示

　　根据勾股定理"直角三角形的两条直角边的平方和等于斜边的平方（$c^2 = a^2 + b^2$）"。可知 $c = \sqrt{a^2 + b^2}$（$\sqrt{x}$ 可以用 sqrt(x) 函数表示）。

　　输入：一行，包含两个单精度实数 a 和 b（$0 < a$，$b < 1000$），即两条直角边边长。

　　输出：一行，一个单精度实数 c，即斜边长度。

输入样例：

```
3.2 5.8
```

输出样例：

```
6.6242
```

练习 5-3　线段长度问题（图 5-10）。

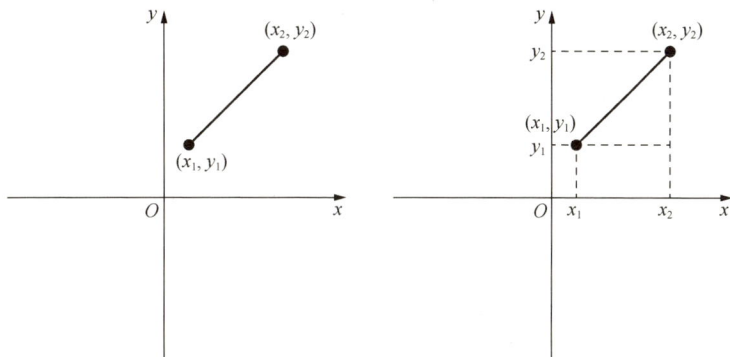

图 5-10　平面直角坐标系中线段两端点的坐标是（x_1, y_1）和（x_2, y_2）

已知平面直角坐标系中线段两端点的坐标是 (x_1,y_1) 和 (x_2,y_2)，则线段长度公式为

$$length = \sqrt{(x_1-x_2)^2+(y_1-y_2)^2}$$

编写程序，输入线段两端点的坐标，计算并输出线段的长度。

输入：一行，包含 4 个整数 x_1、y_1、x_2 和 y_2，数与数之间以一个空格分开 $(-1000 < x_1,x_2,y_1,y_2 < 1000)$。

输出：一行，包含一个双精度实数，即线段的长度。

输入样例：

```
1 2 3 4
```

输出样例：

```
2.82843
```

练习5-4 等差数列问题。

等差数列是指从第二项起，每一项与它的前一项的差等于同一个常数的一种数列，常用 A、P 表示。例如，1,3,5,7,9,…,2n−1。其中，这个常数叫作等差数列的公差，公差常用字母 d 表示，上述等差数列中 $d=2$。

如果一个等差数列的首项为 a_1，公差为 d，那么该等差数列第 n 项的表达式为

$$a_n = a_1 + (n-1) \times d$$

称为等差数列的通项公式。

若一个等差数列的首项为 a_1，末项为 a_n，项数为 n，那么该等差数列前 n 项和表达式为

$$S_n = \frac{n \times (a_1+a_n)}{2}，即（首项 + 末项）\times 项数 \div 2$$

称为等差数列前 n 项和公式。

编写程序输入等差数列的第 1 项 a_1，第 2 项 a_2，项数 n，计算等差数列的前 n 项之和。

输入：一行，包括 3 个整数 a_1，a_2，n，数与数之间以一个空格分开。（$0 < a_1,a_2,n < 10000$）

输出：一行，包含一个整数，即等差数列的前 n 项之和。

输入样例：

```
1 3 4
```

输出样例：

16

> **提示**
>
> 先根据 a_1 和 a_2 求公差 d，再根据通项公式计算 a_n，最后根据前 n 项和公式，计算前 n 项和。

练习5-5 加法原理问题。

加法原理又称分类计数原理，是排列组合中的一种基本原理。具体是指：完成一件事情有 n 类方式，第一类方式有 M_1 种方法，第二类方式有 M_2 种方法……第 n 类方式有 M_n 种方法，那么完成这件事情共有 $M_1 + M_2 + \cdots + M_n$ 种方法。注意，每种方法都能独立完成这件事情。

已知从北京到上海有乘汽车、火车和飞机 3 种交通方式可供选择，乘汽车有 k_1 种路线到达，乘火车有 k_2 个班次可以到达，乘飞机有 k_3 个班次到达，那么从北京到上海共有 $k_1+k_2+k_3$ 种方式可以到达。

编写程序，输入 k_1、k_2 和 k_3，计算从北京到上海共有几种方式到达。

输入：一行，包含 3 个整数 k_1、k_2 和 k_3，数与数之间以一个空格分开。（ $0 < k_1$，k_2，$k_3 < 1000$ ）

输出：一行，包含一个整数，即从北京到上海的到达方式个数。

输入样例：

9 8 7

输出样例：

24

练习5-6 乘法原理问题。

乘法原理是排列组合中的另一种基本原理。具体是指：做一件事，完成它需要分成 n 个步骤，做第一步有 m_1 种不同的方法，做第二步有 m_2 种不同的方法……做第 n 步有 m_n 种不同的方法，那么完成这件事共有 $N = m_1 \times m_2 \times m_3 \times \cdots \times m_n$ 种不同的方法。注意，每种方法不能独立完成这件事情。例如，利用数字 1、2、3、4、5 组成不重复的 3 位数，那么百位数有 5 种选择，十位数有 4 种选择，个位数有 3 种选择，所以共有 $5 \times 4 \times 3 = 60$ 种不重复的 3 位数组合。

已知从北京到上海中间必须经过济南，从北京到济南城共有 k_1 条路线，从济南

邮电

C++ 案例趣学

到上海共有 k_2 条路线，那么从北京经过济南到达上海共有 $k_1 \times k_2$ 条路线。

编写程序，输入 k_1 和 k_2，计算从北京经过济南到达上海共有几条路线。

输入：一行，包含两个整数 k_1 和 k_2，数与数之间以一个空格分开，其中 $0 < k_1$, $k_2 < 1000$。

输出：一行，包含一个整数，即从北京经过济南到达上海的路线数。

输入样例：

```
3 6
```

输出样例：

```
18
```

第 6 课　艰难的任务：程序格式与数据定义

　　最近展览馆正在举办一场精彩的人工智能科技展。卡路的好朋友约他下周去看展览，但卡路太忙了，他每周一、三、五都要完成老师布置的任务，不能去看展览。卡路编写了一段程序：输入朋友约定的星期几，以判断自己能否接受朋友的邀请，如果能就输出 YES，如果不能就输出 NO。

【例 6-1】 艰难的约定。

　　输入：一行，包含一个整数，用数字 1 到 7 表示星期一到星期日，即朋友约定去看展览的日子。

　　输出：一行，包含一个字符串，如果卡路可以接受邀请，输出 YES；否则，输出 NO。

C++ 案例趣学

样例输入：

```
2
```

样例输出：

```
YES!
```

【数学分析】

解： 设星期几是 *day*。

如果 *day* = 1 或者 *day* = 3 或者 *day* = 5，卡路必须做任务不能去，则输出 NO；

如果 *day* = 2 或者 *day* = 4 或者 *day* = 6 或者 *day* = 7，卡路不用做任务可以去，接受邀请，则输出 YES。

答： 根据 *day* 的输入，可以得到 NO 或者 YES 两个中的一个。

【算法描述】

（1）定义表示星期几变量 day；

（2）输入 day；

（3）判断，如果 day=1 或者 day=3 或者 day=5，输出 NO；否则只能是 day=2 或者 day=4 或者 day=6 或者 day=7，输出 YES；

（4）输出在处理中。

（1）怎么进行判断呢？　　　　（2）判断的结果都有哪些呢？

具体程序实现如代码清单 6-1 所示。

代码清单 6-1

```
1. #include<iostream>
2. using namespace std;
3. int main(){
4.     int day;
5.     cin>>day;
6.     if(day==1||day==3||day==5)
7.         cout<<"NO!"<<endl;
8.     else
9.         cout<<"YES!"<<endl;
10.    return 0;
11. }
```

听一听

要解决现实世界中的各种问题，大部分程序可用 3 种控制结构实现：顺序结构、选择结构和循环结构。

在选择结构和循环结构中，通常需要根据条件的"真"和"假"来选择或重复执行部分语句。这就需要用到关系运算和逻辑运算，例 6-1 中的选择结构 if 语句就综合应用了这两种运算。

6.1　关系运算

关系运算规则与数学中的比较运算相似，主要用于数值大小的比较。关系运算符号包括以下 6 种，如图 6-1 所示。关系运算的结果只能是两种逻辑值之一，即 true（真）和 false（假）。通常在运算结果中用"1"表示真，用"0"表示假。

	大于	大于或等于	小于	小于或等于	等于	不等于
数学中：	>	≥	<	≤	=	≠
C++中：	>	>=	<	<=	==	!=

图6-1　关系运算符号

C++ 中的关系运算规则比较简单但也有些独特之处，下面通过几个例题加以介绍，先来看代码清单 6-2。

代码清单 6-2

```
1. #include<iostream>
2. using namespace std;
3. int main(){
4.     int n1=4,n2=5;
5.     cout<<(n1>n2)<<endl;
6.     cout<<(n1<n2)<<endl;
7.     cout<<(n1==4)<<endl;
8.     cout<<(n1!=4)<<endl;
9.     cout<<(n1==1+3)<<endl;
10.    return 0;
11. }
```

输出结果：＿＿＿＿＿＿＿＿＿＿

答案为：

0

```
1
1
0
1
```

【例 6-2】 写出下列运算的结果。

（1）已知 $a = 5$，$b = 4$，$c = 3$，则 $a > b > c$ 的结果为＿＿＿＿＿＿＿＿＿＿。

解析： 结果为 0。

关系运算属于双目运算，也就是说，同时只能求两个数之间的关系。原式会按从左到右的顺序两两运算，先算 $a > b$，结果为 1，再算 $1 > c$，结果为 0。这是与数学运算规则的不同之一，注意区别！

（2）已知 int a, b, c=3，则 $a < b < c$ 的结果为＿＿＿＿＿＿＿＿＿＿。

解析： 结果为 1。

虽然这里的 a 和 b 没有值，但根据关系运算是双目运算的规则，无论 a、b 是什么值，"$a < b$" 的结果只能是 1 或 0，而这个结果永远小于 c，所以最终结果为真（即 1）。

（3）已知 int a, b=5，则执行 a=（b= =4）后 a 的值为＿＿＿＿＿＿＿＿＿＿。

解析： a 的值为 0。

双等 "= =" 与单等 "=" 的区别在于，双等 "= =" 表示关系判断两个数是否相等，单等 "=" 表示赋值。本式先判断相等，再赋值。这与数学运算写法不同，初学者容易混淆。

小知识

双目运算是指有两个操作数参与的运算，前面介绍的算术运算（除自增和自减）、关系运算等都属于双目运算。

6.2 逻辑运算

C++ 语言提供了 3 种逻辑运算——非、与、或。逻辑运算的操作数是逻辑值，结果也是逻辑值，逻辑运算符号如图 6-2 所示。

逻辑非	逻辑与	逻辑或
!	&&	||

图6-2 逻辑运算符号

3 种逻辑运算的规则如表 6-1 所示。

表6-1 3种逻辑运算规则

运 算	符 号	规 则	示 例
逻辑非	!	非真为假，非假是真	!true 的结果是 false !false 的结果是 true
逻辑与	&&	"同时为真，结果为真，其余为假" 或者可以说成"有假即为假"	true&&true 的结果为 true true&&false 的结果为 false false&&true 的结果为 false false&&false 的结果为 false
逻辑或	||	"同时为假，结果为假，其余为真" 或者可以说成"有真即为真"	true||true 的结果为 true true||false 的结果为 true false||true 的结果为 true false||false 的结果为 false

　　逻辑非（!）属于单目运算符，逻辑与（&&）和逻辑或（\|\|）属于双目运算符。在这3种逻辑运算中，逻辑非（!）优先级别最高，逻辑与（&&）的优先级高于逻辑或（\|\|）。参与运算的表达式可以用"非0"表示真，"0"表示假；而逻辑运算结果，用"1"表示真，"0"表示假。

小知识

　　单目运算是指只有一个操作数参与的运算，如前面介绍的自增（++）、自减（--）和逻辑非（!）都是单目运算。

　　"优先级"是指在同时出现多个运算符时，执行运算的先后顺序。优先级高的先计算。

　　再来看代码清单6-3。

代码清单6-3

```
1. #include<iostream>
2. using namespace std;
3. int main(){
4.     int n1=4,n2=0;
5.     cout<<!n1<<" "<<!n2<<endl;
6.     cout<<(n1&&!n2)<<" "<<(n1&&n2)<<" "<<(!n1&&!n2)<<" "<<(!n1&&n2)<<endl;
7.     cout<<(n1||!n2)<<" "<<(n1||n2)<<" "<<(!n1||!n2)<<" "<<(!n1||n2)<<endl;
8.     return 0;
9. }
```

　　输出结果为＿＿＿＿＿＿＿＿。

　　答案为：

```
0 1
1 0 0 0
1 1 1 0
```

6.3　其他常用运算

除了关系和逻辑运算，其他常用运算还包括条件运算和逗号运算。

6.3.1　条件运算——"? :"

条件表达式如图 6-3 所示。条件运算过程：3 个表达式可以是任何类型的表达式，先求解表达式 1；若表达式 1 结果非 0（真），则将表达式 2 的值作为整个表达式的结果；若表达式 1 的结果为 0（假），则将表达式 3 的值作为整个表达式的结果。

> 表达式1? 表达式2：表达式3

图6-3　条件表达式

【例 6-3】

    (1) max=(a>b)?a:b

就是将 a 和 b 二者中较大的一个赋给 max。

    (2) min=(a<b)?a:b

就是将 a 和 b 二者中较小的一个赋给 min。

6.3.2　逗号运算——","

逗号表达式如图 6-4 所示。逗号运算中的表达式可以是任意类型的表达式。多个表达式用逗号分开，每个表达式单独计算，整个逗号表达式的结果是最后一个表达式的值。

> 表达式1，表达式2，……，表达式

图6-4　逗号表达式

【例 6-4】

已知 b=2, c=7, d=5，则执行 a1=(++b,c--,d+3) 后的结果为＿＿＿＿＿＿。

解析： 结果 a1=8，其他各变量的值分别为 b=3，c=6，d=5。

6.4　混合运算

在 C++ 中允许多种运算组合出现，这时要注意计算过程和优先级。

6.4.1　经典混合运算举例

（1）x 是 5 和 10 之间的一个数，在程序中的表达式为_____。

解析： 在程序中的表达式为 (5 < x) && (x < 10)。

在数学中表示为 $5 < x < 10$ 即可，但在 C++ 语言中，$5 < x < 10$ 的结果永远为 1（true）。这是因为根据计算过程，会先算 $5 < x$，无论 x 为何值，结果只能是 0 或者 1，而 0 或者 1 永远都小于 10，所以结果为 1。

（2）如何判断 x 是否是偶数？

解析： 用 x%2==0 为真判断。

我们知道，偶数除以 2 的余数都是 0，所以可以用下列 4 种表示中的一种。

- x%2==0 为真表示偶数，为假表示奇数。
- x%2==1 为真表示奇数，为假表示偶数。
- x%2!=0 为真表示奇数，为假表示偶数。
- x%2!=1 为真表示偶数，为假表示奇数。

（3）如何表示"x 能被 n 整除"？

解析： 用 x%n==0 为真表示。

如果 x 能被 n 整除，则说明 x 除以 n 的余数为 0，否则余数不为 0，所以我们只需用 x%n==0 为真来表示 x 能被 n 整除即可。

（4）如何表示"x 既能被 n 整除又能被 m 整除"？

解析： 用 (x%n==0) && (x%m==0) 为真表示。

"既……又……"是逻辑与关系，我们可以用 (x%n==0) && (x%m==0) 表示。

（5）如何表示字符变量 ch 是大写字母？

解析： 用 ch>='A'&&ch<='Z' 为真表示。

如果 ch 是大写字母，则 ch 大于或等于 'A' 并且 ch 小于或等于 'Z' 为真。当然，也可以有其他写法，同学们可以自行研究。

（6）已知 $a = 0$，$n = 3$，则执行 a &&(n=5) 后 n 的值为_____。

解析： n 的值为 3。

这是因为 a 为 0，而 0 与任何操作数"逻辑与"的结果都为 0，系统就不会再计算 n=5 了，这称为"逻辑与的短路运算"。

（7）已知 $a = 1$，$n = 3$，则 all(n=5) 后 n 的值为＿＿＿＿＿＿＿＿＿。

解析： n 的值为 3。

这是因为 a 为 1，而 1 与任何操作数 "逻辑或" 的结果都为 1，系统也不会再计算 n=5 了，这称为 "逻辑或的短路运算"。

类似这种混合运算，在 C++ 中还有很多，这里只是简单介绍了几个。

6.4.2 混合运算时的优先级

在 C++ 中，运算的优先级反映了计算过程的先后顺序。几种运算的优先级关系如图 6-5 所示。括号的优先级最高，一个操作数的运算（如自增、自减或逻辑非等）的优先级位列第二，两个操作数的算术运算优先级居于第三位，关系运算的优先级居于第四位，两个操作数的逻辑运算优先级居于第五位，而赋值运算的优先级更低。同级运算按照由左至右的顺序进行。

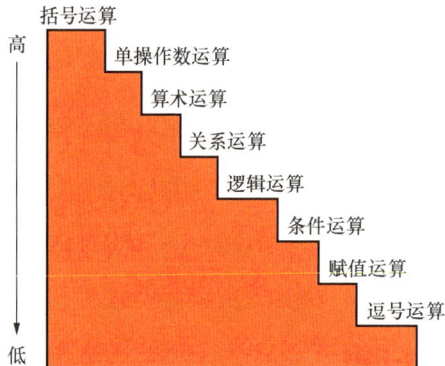

图6-5 运算的优先级关系

小知识

括号是可以嵌套的。例如，在数学中写成 "{[(a+b)*c]+d}/e" 的算式，在 C++ 中需要写成 (((a+b)*c)+d)/e。

当括号嵌套多层时，左括号和右括号一定要配对使用，即有几个左括号，就要有几个右括号，否则程序出错。

顺口溜

常用运算优先级可用如下顺口溜辅助记忆：

括号级别最优先，单目跟在它后面，算术关系和逻辑，条件赋值和逗号。

本课主要介绍了如下内容。

（1）关系运算 6 种：大于 >、大于或等于 >=、小于 <、小于或等于 <=、等于 == 以及不等于 !=。

（2）逻辑运算 3 种：逻辑非 !、逻辑与 &&、逻辑或 ‖。

（3）条件运算：表达式 1？表达式 2：表达式 3。

（4）逗号运算：表达式 1,表达式 2,…,表达式 n。

（5）各种混合运算及其优先级。

练习6-1　阅读代码清单6-4，写结果。

代码清单 6-4

```
1. #include<iostream>
2. using namespace std;
3. int main(){
4.     int a,b,d=241;
5.     a=d/100%9;
6.     b=(-1)&&(-1);
7.     cout<<a<<","<<b;
8.     return 0;
9. }
```

结果为_____。

练习6-2　阅读代码清单6-5，写结果。

代码清单 6-5

```
1. #include<iostream>
2. using namespace std;
3. int main(){
4.     int a=5,b=6,w=1,x=2,y=3,z=4;
5.     (a=w>x)&&(b=y>z);
6.     cout<<a<<","<<b;
7.     return 0;
8. }
```

结果为_____。

C++ 案例趣学

练习6-3　阅读代码清单6-6，写结果。

代码清单6-6

```
1. #include<iostream>
2. using namespace std;
3. int main(){
4.      int a,b;
5.      cin>>a;
6.      b=a>12?a+10:a-12;
7.      cout<<b;
8.      return 0;
9. }
```

已知输入：

```
12
```

则结果为＿＿＿＿＿＿＿＿＿＿。

练习6-4　阅读代码清单6-7，写结果。

代码清单6-7

```
1. #include<iostream>
2. using namespace std;
3. int main(){
4.      int m=1,a=2,b=3,c=4;
5.      m=(m>a) ?m:a;
6.      m=(m>b) ?m:b;
7.      m=(m>c) ?m:c;
8.      cout<<m;
9.      return 0;
10. }
```

结果为＿＿＿＿＿＿＿＿＿＿。

练习6-5　阅读代码清单6-8，写结果。

代码清单6-8

```
1. #include<iostream>
2. using namespace std;
3. int main(){
4.      int a=1,b,c;
5.      a*=3+2;
6.      cout<<a<<endl;
7.      a*=b=c=6;
8.      cout<<a<<endl;
9.      a=b==c;
10.     cout<<a<<endl;
11.     return 0;
12. }
```

结果为＿＿＿＿＿＿＿＿＿＿。

练习6-6　阅读代码清单6-9，写结果。

代码清单6-9

```
1. #include<iostream>
2. using namespace std;
3. int main(){
4.      int x1,x2,y1,y2;
5.      int a=5,b=7,c=0;
6.      x1=!c;
7.      x2=a!=b;
8.      cout<<x1<<","<<x2;
9.      y1=c && b;
10.     y2=c || b;
11.     cout<<y1<<","<<y2;
12.     return 0;
13. }
```

结果为_____。

第7课 队长的计划：选择结构

又到了暑假，卡路报名参加了一个夏令营。这是他第一次独自外出，感觉好极了！

今天是正式开营的第一天，老师给他安排了两个伙伴——贝贝和小虎，就这样他们3个组成了一个"无敌小队"。老师给这个"无敌小队"分配了一项艰巨的任务，并要求他们制订一个行动计划。

很快，3个小伙伴都说出了自己的计划。不过，该听谁的呢？每个计划各有特色，有点难以取舍。卡路灵机一动，想出一个绝妙的主意：按照他们3人年龄排序，年龄最大的就是队长，就按队长的计划执行。这个主意得到了另外两位伙伴的一致同意。于是，卡路编写了一段程序：输入他们3人的年龄，输出其中最大的年龄数。

【例7-1】 队长的计划。

输入：一行，包含3个整数，即3个人的年龄。

输出：一行，包含一个整数，即最大的年龄。

样例输入：

```
13 10 14
```

样例输出：

```
14
```

【数学分析】

分析： 此问题可以先用两个人年龄比较大小，再用两个人中的较大年龄与第三个人比较，就可以得到最大的年龄数。

解： 设他们 3 人的年龄分别是 b_age、r_age 和 s_age，最大年龄是 max。

（1）比较前两个人的年龄，会有如下 3 种情况。

- b_age>r_age 时，max=b_age。
- b_age=r_age 时，max=b_age 或者 max=r_age 均可。
- b_age<r_age 时，max=r_age。

此时，max 存放了前两个人年龄中的最大数。

（2）用 max 与第三个人的年龄比较，会有如下 3 种情况。

- max>s_age 时，max=max（自身等于自身，可以省略）。
- max=s_age 时，max=max 或 max=s_age 均可。
- max<s_age 时，max=s_age。

这一轮比较中，只需考虑 max<s_age 的情况即可。

答： 最大的年龄数是 max。

【算法描述】

（1）定义 3 个表示年龄的整型变量和最大值变量 b_age、r_age、s_age 和 max。

（2）输入 b_age、r_age 和 s_age。

（3）一次判断，如果 b_age>r_age，那么 max=b_age；否则，max=r_age。二次判断，如果 max<s_age，那么 max=s_age；否则，省略。

（4）输出 max。

想一想

（1）用于大小判断的结构控制语句是什么？　（3）该如何使用选择结构控制语句？

（2）选择结构控制语句有哪些？

具体的程序实现如代码清单 7-1 所示。

代码清单 7-1

```
1. #include<iostream>
2. using namespace std;
3. int main(){
4.      int b_age,r_age,s_age;
5.      int max;
6.      cin>>b_age>>r_age>>s_age;
7.      if(b_age>=r_age)
8.      max=b_age;
9.      else
10.     max=r_age;
11.     if(max<=s_age)
12.     max=s_age;
13.     cout<<max<<endl;
14.     return 0;
15. }
```

📝 7.1 选择结构

选择结构，又称分支结构，通常是根据判断条件的"真"或者"假"选择程序中一部分语句（一个分支）执行。这种程序在编程时要考虑所有条件为"真"和"假"的可能情况，分别编写条件为真时的语句分支和条件为假时的语句分支。执行时，只能根据当时实际条件为"真"还是为"假"的情况，选择一个分支执行。通常选择结构用来解决实际应用中按不同情况进行不同处理的问题。典型的选择结构如图 7-1 所示。

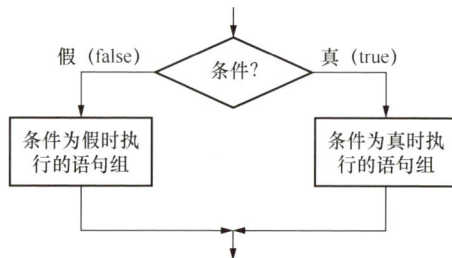

图 7-1　典型的选择结构

选择结构控制语句常用的有两种：if-else语句和switch-case语句，下面逐一加以说明。

7.2 if-else语句

7.2.1 基本 if-else语句

在例7-1中的第7～10行使用了if-else选择结构。if表示如果，else表示否则，if-else语句在程序中无论有多少行都看作一条语句使用，表示"如果……那么……否则……"含义。if-else选择结构如图7-2所示。if-else选择结构的说明如图7-3所示。

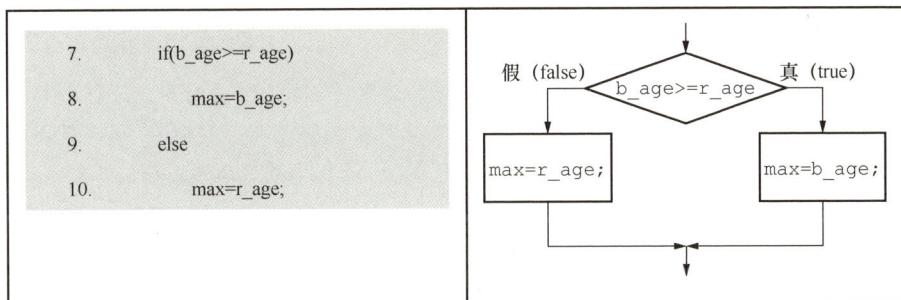

图7-2 if-else选择结构

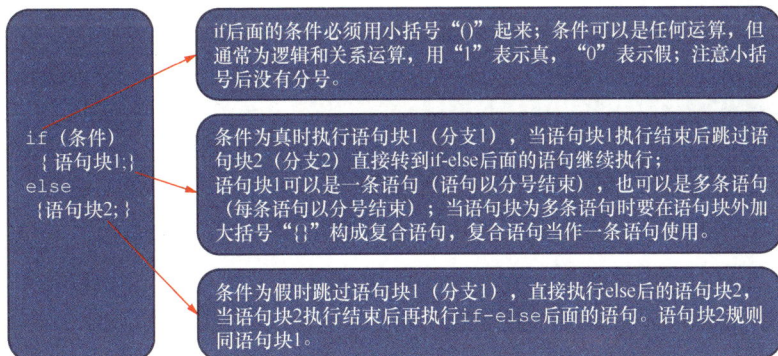

图7-3 if-else选择结构的说明

【例 7-2】 比较代码清单 7-2 和代码清单 7-3 的功能。

代码清单 7-2	代码清单 7-3
| ```
1. int a=6,b=5,t=3;
2. if(a>b){
3.     t=a;
4.     a=b;
5.     b=t;
6. }
``` | ```
1. int a=6,b=5,t=3;
2. if(a>b)
3.         t=a;
4.         a=b;
5.         b=t;
``` |

解析： 比较后发现，这两段代码中的各变量值不同。

代码清单 7-2 中，第 3 ～ 5 行外加了 "{}" 构成了复合语句，当作一条语句，所以当 a>b 真时执行复合语句，为假时不执行，结果输出 a=6，b=5，t=3。

代码清单 7-3 中，因为没加 "{}"，所以只有第 2 和第 3 行构成一个选择结构，而第 4 行和第 5 行属于选择结构后面的语句，故正常执行，结果 a=5，b=3，t=3。

这就是复合语句的威力了！

> **小知识**
>
> 书写 if-else 语句时，结构可以很灵活，通常 if 和 else 要对齐，语句块 1 可以直接写在条件括号后，语句块 2 也可以直接写在 else 后面，这时 else 后面必须加一个空格。如果换行书写语句块 1 和语句块 2，最好要缩进两格，如例 7-3 所示。

【例 7-3】 分析代码清单 7-4 和代码清单 7-5 所示的两个代码片段。

代码清单 7-4	代码清单 7-5
| ```
1. if(b_age>=r_age)
2.         max=b_age;
3. else
4.         max=r_age;
``` | ```
1. if(b_age>=r_age)  max=b_age;
2. else  max=r_age;
``` |

这两段代码的功能等价，仅书写格式不同。

7.2.2　省略else的if语句

来看例 7-1 中的第 11 行和第 12 行语句的含义。

```
11. if{max<=s_age>}
12. max=s_age;
```

若条件 max<=s_age 为真，则说明 s_age 的值大或二者一样大，所以把 s_age 赋值给 max；若条件 max<=s_age 为假，则说明 max 的值大，此时应该把 max 赋值给 max，但二者是一个变量，没有必要，所以省略了 else 部分。

C++ 是允许省略 else 部分的，这时构成 if 语句的单分支结构，表示当条件为真时执行分支 1，条件为假时什么都不做，然后继续后面的程序执行。单分支结构也是常用的一种选择结构。if 语句单分支结构的说明如图 7-4 所示。

```
if (条件) {
    语句块1;
}
```

图7-4 if语句单分支结构的说明

7.2.3 if-else 语句嵌套

if-else 语句结构中的语句块 1 和语句块 2 还可以是另一个 if-else 结构，这叫作 if-else 语句嵌套。当 if-else 语句嵌套时，C++ 规定 else 语句总是和"离它最近且尚未配对"的 if 语句配对使用。

【例 7-4】 分析代码清单 7-6 ～代码清单 7-8。

代码清单 7-6	代码清单 7-7	代码清单 7-8
1. a=5,b=4,c=6; 2. if(a>b) 3. if(b>c) y=a; 4. else y=c; 5. else y=b;	1. a=4,b=5,c=6; 2. if(a>b) 3. y=b; 4. else if (b>c) y=a; 5. else y=c;	1. a=4,b=5,c=6; 2. if(a>b){ 3. if(b>c) y=a; 4. } 5. else y=c;

解析： 代码清单 7-6 中，在语句块 1 的位置嵌套另一个 if-else 结构。其执行过程是：(a>b) 为真，那么执行第 3 行 (b＞c) 为假，则执行第 4 行 y=c，结束，最后输出 y=6。

代码清单 7-7 中，在语句块 2 的位置嵌套了另一个 if-else 结构。其执行过程是：(a>b) 为假，那么执行第 4 行 (b＞c) 为假，则执行第 5 行 y=c，结束，最后输出 y=6。

代码清单 7-8 中，由于有大括号构成复合语句，因此在语句块 1 的位置嵌套了一个单分支 if 语句，第 5 行的 else 与第 2 行的 if 配对。其执行过程是：(a＞b) 为假，那么直接执行第 5 行 y=c，结束，最后 y=6。

其中，代码清单 7-7 构成了 if 嵌套的经典格式，如图 7-5 所示。

该格式的含义如下。

- 如果条件 1 为真，则执行语句块 1；否则，如果条件 2 为真，则执行语句块 2，以此类推。
- 如果条件 n 为真，则执行语句块 n；否则，如果全部条件为假，执行语句块 n+1。

```
if (条件 1)
{ 语句块 1; }
else if (条件 2)
{ 语句块 2; }
……
else if (条件 n)
{ 语句块 n; }
else
{ 语句块 n+1; }
```

图7-5 if嵌套的经典格式

【例 7-5】 分制转换问题。

给定一个百分制的成绩 s，转为五分制成绩输出。

百分制转成五分制的规则如下：

100 分～ 90 分（含 100 分和 90 分） 对应 A；

89 分～ 80 分（含 89 分和 80 分） 对应 B；

79 分～ 70 分（含 79 分和 70 分） 对应 C；

69 分～ 60 分（含 69 分和 60 分） 对应 D；

＜ 60 分 对应 E；

输入：一行，一个单精度实数 s（$0 \leqslant s \leqslant 100$），即百分制的成绩。

输出：一行，一个字符，即对应的 5 分制成绩。

样例输入：

88.5

样例输出：

B

分制转换问题的程序实现如代码清单 7-9 所示。

代码清单 7-9

```
1. #include<iostream>
2. using namespace std;
3. int main(){
4.     float s;
5.     cin>>s;
6.     if(s<=100&&s>=90) cout<<'A';
7.       else if(s<=89&&s>=80) cout<<'B';
8.         else if(s<=79&&s>=70) cout<<'C';
9.           else if(s<=69&&s>=60)  cout<<'D';
10.            else cout<<'E';
11.  return 0;
12. }
```

C++ 中也可以进行多重嵌套，也就是在 if 中嵌套 if、if 再嵌套 if……通常，多重嵌套的深度没有限制。

7.3 switch-case 语句

switch 语句可以实现多分支选择结构，可以由 if-else 的多重嵌套代替，所以这里只简单介绍其格式。switch 语句的格式如图 7-6 所示。

```
switch（表达式）
{
    case  常量表达式 1：语句序列 1；break;
    case  常量表达式 2：语句序列 2；break;
    ……
    case  常量表达式 n：语句序列 n；break;
    default：语句序列 n+1;

}
```

图7-6 switch 语句的格式

（1）switch-case 语句的执行过程如下。

- 计算出 switch 后面小括号内表达式的值，假定为 R，若它不是整型，系统将自动舍去其小数部分，只取其整数部分作为结果值。

- 依次计算出每个 case 后常量表达式的值，假定它们为 R1、R2，…同样，若它们的值不是整型，则自动转换为整型。

- 让 R 依次同 R1、R2，…进行比较，一旦遇到 R 与某个值相等，则从对应标号的语句开始执行，并在遇到第一个 break 语句结束。如果没有遇到 break，则执行到 switch 语句结束；在遇不到相等的情况下，若存在 default 子句，就执行其冒号后面的语句序列，否则不执行任何操作；当执行到复合语句最后的右大括号时，就结束整个 switch 语句的执行。

（2）break 是一个保留字，在 switch 中执行到它时，该 switch 语句将结束，系统接着向下执行其他语句。

（3）case 语句后的各常量表达式的值不能相同，否则会出现错误码。

（4）每个 case 或 default 后，可以包含多条语句，不需要使用 "{" 和 "}" 括起来。

（5）各 case 和 default 子句的先后顺序可以变动，这不会影响程序执行结果。

（6）default 子句可以省略，default 后面的语句末尾可以不必写 break。

（7）switch-case 语句都可以用 if-else 嵌套代替，反之不行。

提示

　　写 switch 语句时，switch（表达式）单独占一行，各 case 分支和 default 分支要缩进两格并对齐，分支处理语句要相对再缩进两格，以体现不同层次的结构。

C++ 案例趣学

本课主要介绍了如下内容。

（1）选择结构的概念。　　　　　　（3）switch-case 语句简介。

（2）if-else 语句及其应用。

本课用到的关键字包括 if、else、switch、case、break 和 default。

练习7-1　阅读代码清单7-10，写结果。

代码清单 7-10

```
1. #include<iostream>
2. using namespace std;
3. int main(){
4.     int n;
5.     cin>>n;
6.     if(n>0) cout<<"positive"<<endl;
7.       else if (n==0) cout<<"zero"<<endl;
8.           else cout<<"negative"<<endl;
9.     return 0;
10. }
```

设输入为：

-5

则输出结果为＿＿＿＿＿＿＿＿＿＿＿。

> **提示**
>
> <CR>表示回车。本段代码用于解决正负判断问题，即给定一个整数 n，判断其正负。如果 $n > 0$，输出 positive；如果 $n = 0$，输出 zero；如果 $n < 0$，输出 negative。

练习7-2　数位问题。

给定一个正整数 n，判断该数是否是三位数（即 $100 \sim 999$ 的数），若该正整数是三位数，输出 YES，否则输出 NO。

输入：一行，包含一个正整数 n（$0 < n < 10000$）。

输出：一行，一个字符串，如果 n 是三位数，输出 YES；否则输出 NO。

样例输入：

```
168
```

样例输出：

```
YES
```

> **提示**
>
> 三位数的表示：(100<=n)&&(n<=999) 为真。

练习7-3 整除问题。

给定一个正整数 n，判断该数是否能同时被 3、5、7 整除。如果该数能同时被 3、5、7 整除，则输出 YES；否则，输出 NO。

输入：一行，包含一个正整数 n（$0 < n < 10000$）。

输出：一行，一个字符串，如果 n 能同时被 3、5、7 整除，输出 YES；否则，输出 NO。

样例输入：

```
105
```

样例输出：

```
YES
```

> **提示**
>
> 能同时被 3、5、7 整除的表示：(n%3= =0)&&(n%5= =0)&&(n%7= =0) 为真。

练习7-4 闰年问题。

通常平年的 2 月只有 28 天，而闰年的 2 月是有 29 天的。请输入具体的某一年，判断其是否是闰年。

输入：一行，包含一个正整数 y（$0 < y < 10000$），即具体的某一年。

输出：一行，包含一个字符串，如果是闰年输出 YES，不是闰年输出 NO。

样例输入：

2016

样例输出：

YES

> **提示**
>
> 　　闰年的科学判定方法是：如果能被 4 整除并且不能被 100 整除或者能被 400 整除，则这一年就是闰年。也可以记为"四年一闰，百年不闰，四百年又闰"。

那么闰年判定公式"能被 4 整除并且不能被 100 整除或者能被 400 整除"，在 C++ 中怎么表示呢？如表 7-1 所示。

表 7-1　闰年的表述

汉语描述	数学描述	C++ 描述
x 能被 4 整除	$x/4$ 的余数为 0	x%4==0 结果为真
x 不能被 100 整除	$x/100$ 的余数不为 0	x%100!=0 结果为真
x 能被 400 整除	$x/400$ 的余数为 0	x%400==0 结果为真

（1）汉语描述公式：能被 4 整除并且不能被 100 整除或者能被 400 整除。

（2）数学公式：(x 除以 4 的余数为 0) 与 (x 除以 100 的余数不为 0) 或 (x 除以 400 的余数为 0)。

（3）C++ 描述：(x%4==0)&&(x%100!=0)|| (x%400==0)。

练习 7-5　三角形问题。

由同一平面内不在同一直线上的 3 条线段首尾相接围成的封闭图形叫作三角形，三角形任意两边的和大于第三边。给定 3 条线段的长度（正整数），判断它们是否能够围成一个三角形。如果能围成三角形，则输出 YES；否则，输出 NO。

输入：一行，包含 3 个正整数 a、b 和 c（$0 < a$，b，$c < 10000$），即 3 条线段的长度，3 个数用空格分隔。

输出：一行，包含一个字符串，如果能围成三角形，输出 YES；否则，输出 NO。

样例输入：

3 4 5

样例输出：

YES

提示

三角形的表示：(a+b>c)&&(a+c>b)&&(b+c>a) 为真。

练习7-6 大小写转换问题。

给定一个字符 ch，如果它是一个大写字母，则把它变成小写字母；如果它是一个小写字母，则把它变成大写字母；其他字符不变。

输入：一行，包含一个字符 ch（char 类型），即带转换字符。

输出：一行，包含一个字符，即转换后的字符。

样例输入：

B

样例输出：

b

提示

大写字母表示：(ch>='A')&&(ch<='Z') 为真。

小写字母表示：(ch>='a')&&(ch<='z') 为真。

大写转小写运算：ch=ch+32。

小写转大写运算：ch=ch-32。

第8课　卡路的历练1：选择程序举例

学习了选择结构，卡路准备认真做几道题，巩固学过的知识。

【例8-1】 奇偶判断。

给定一个整数 n，判断该数是奇数还是偶数。如果是奇数，输出 odd；如果是偶数，输出 even。

输入：一行，包含一个整数 n（$-10000 < n < 10000$）。

输出：一行，包含一个字符串，如果 n 是奇数，输出 odd；如果 n 是偶数，输出 even。

样例输入：

5

样例输出：

odd

【数学分析】

所有整数不是奇数（单数），就是偶数（双数）。若某数是 2 的倍数，它就是偶数（双数），可表示为 2n，即偶数（双数）除以 2 的余数是零；否则，它就是奇数（单数），可表示为 2n+1（n 为整数），即奇数（单数）除以 2 的余数是 1。

偶数可以用 n%2==0 为真表示。

【算法描述】

（1）定义一个整型变量 n。

（2）输入一个 n 值。

（3）如果 n 除以 2 的余数是零，那么 n 是偶数输出 even；否则，n 是奇数输出 odd。

（4）输出包含在（3）中。

奇偶判断的程序实现如代码清单 8-1 所示。

代码清单 8-1

```
1. #include<iostream>
2. using namespace std;
3. int main(){
4.     int n;
5.     cin>>n;
6.     if(n%2==0)
7.         cout<<"even"<<endl;
8.     else
9.         cout<<"odd"<<endl;
10.     return 0;
11. }
```

【例 8-2】 单位阶跃函数问题。

$$f(t)=\begin{cases}1, & t>0 \\ 0.5, & t=0 \\ 0, & t<0\end{cases}$$

在人工智能算法中经常会用到单位阶跃函数，它有多种定义，其中一种定义为当自变量 t 取值大于 0 时，函数值 $f(t)=1$；当 t 取值小于 0 时，函数值 $f(t)=0$；当 t 取值等于 0 时，函数值 $f(t)=0.5$。现在要求给定一个自变量 t 值，计算并输出函数值 $f(t)$。

输入：一行，包含一个双精度实数 t（$-1000<t<1000$）。

输出：一行，包含一个实数，t 大于 0 时输出 1；t 等于 0 时输出 0.5；t 小于 0 时

C++ 案例趣学

输出 0。

样例输入 :
```
0
```
样例输出 :
```
0.5
```

【数学分析】略

【算法描述】

（1）定义一个双精度变量 t。

（2）输入一个 t 值。

（3）如果 t > 0 为真，输出 1；如果 t==0 为真，输出 0.5。否则，输出 0。

（4）输出包含在（3）中。

注　意

这是一个if-else嵌套问题，t的取值只能有3种：大于0、等于0和小于0。当t>0和t=0都为假时，t一定小于0，所以省略最后一个if条件。

具体的程序实现如代码清单 8-2 所示。

代码清单 8-2

```cpp
1.  #include<iostream>
2.  using namespace std;
3.  int main(){
4.      double t;
5.      cin>>t;
6.      if(t>0)
7.          cout<<1;
8.      else if(t==0)
9.          cout<<0.5;
10.     else
11.         cout<<0;
12.     return 0;
13. }
```

【例 8-3】 笔记本问题。

期末来临了，班长卡路用剩余班费 x 元购买若干个笔记本，以奖励给一些学习好、表现好的同学。已知商店里有 3 种笔记本，它们的单价为 6 元、5 元和 4 元。卡路想买尽量多的笔记本（奖励尽量多的同学），同时他又不想有剩余钱，于是他编了一段程序，制订出一种买笔记本的最佳方案。

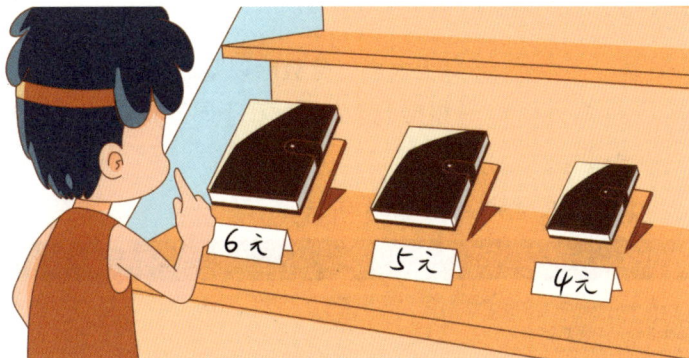

　　输入：一行，包含一个整数 x（$0 < x < 1000$），即剩余的班费。

　　输出：一行，包含 3 个整数，即 6 元本、5 元本和 4 元本的数量，3 个整数用空格分开。

样例输入：

```
29
```

样例输出：

```
0 1 6
```

【**数学分析**】

　　对于以上的实际问题，要买尽量多的笔记本，易知都买 4 元的笔记本肯定可以买最多笔记本。因此最多可买的笔记本为（x 除以 4 的商）本。因为卡路要把钱用完，故我们可以按以下方法将钱用完：

　　（1）如果买完（x 除以 4 的商）本 4 元本，还剩 0 元，则 5 元本和 6 元本就不买了；

　　（2）如果买完（x 除以 4 的商）本 4 元本，还剩 1 元，则 4 元本少买 1 个，换成一个 5 元本即可；

　　（3）如果买完（x 除以 4 的商）本 4 元本，还剩 2 元，则 4 元本少买 1 个，换成一个 6 元本即可；

　　（4）如果买完（x 除以 4 的商）本 4 元本，还剩 3 元，则 4 元本少买 2 个，换成一个 5 元本和一个 6 元本即可。

　　从以上对买笔记本方案的调整，可以看出笔记本的数目都是（x 除以 4 的商），因此该方案为最优方案。

【**算法描述**】

　　（1）定义 5 个整型变量 a、b、c、x 和 y，其中 a、b、c 分别表示 6 元本数、5 元本数和 4 元本数，x 表示剩余的班费，y 表示整除 4 后的余数。

C++ 案例趣学

（2）输入 x。

（3）计算 4 元本数 c=x/4（根据"整数除以整数结果还是整数"可知 c 表示 x 除以 4 的商），计算 y=x%4，并根据前述判断 y 在不同值时 a、b、c 的变化。

（4）输出 a、b、c。

具体的程序实现如代码清单 8-3 所示。

代码清单 8-3

```
1.  #include<iostream>
2.  using namespace std;
3.  int main(){
4.      int a,b,c,x,y;
5.      cin>>x;
6.      c=x/4;
7.      y=x%4;
8.      if(y==0)  {a=0;b=0; }
9.      else if(y==1){a=0;b=1;c--;}
10.     else if(y==2){a=1;b=0;c--;}
11.     else if(y==3){a=1;b=1;c-=2;}
12.     cout<<a<<" "<<b<<" "<<c<<endl;
13.     return 0;
14. }
```

【例 8-4】 共享单车问题。

近几年，共享单车逐渐融入了我们的生活，小蓝车、小红车、小黄车……种类繁多，方便了人们的出行。但实际上并非骑车总会快于走路，因为骑车总要找车、开锁、停车、锁车等，要耽误一些时间。

卡路发现了这个问题，并测算了时间，从找到自行车到开锁并骑上单车的平均时间为 27s、停车锁车的平均时间为 23s、步行每秒行走 1.2m、骑车每秒行走 3m。卡路决定编一段程序完成骑车快还是走路快的判断：给定一次要行走的距离，判断是骑车快还是走路快。如果骑车快，输出 Bike；如果走路快，输出 Walk；如果一样快，输出 Equ。

输入：一行，包含一个整数（0 ＜整数＜ 10000），即一次要行走的距离。

输出：一行，包含一个字符串，如果骑车快，输出 Bike ；如果走路快，输出 Walk ；如果一样快，输出 Equ。

样例输入：

```
120
```

样例输出：

```
Bike
```

【数学分析】

首先设距离为 *distance*，步行时间为 *walktime*，骑车时间为 *biketime* ；

然后根据速度公式：时间 = $\dfrac{距离}{速度}$，计算：$walktime = \dfrac{distance}{1.2}$ s ；

$biketime = \dfrac{distance}{3.0} + 27 + 23$ ；

最后判断出，如果 *walktime* < *biketime* 为真，说明步行快；如果 *walktime* > *biketime* 为真，说明骑车快；如果 *walktime* = *biketime* 为真，说明一样快。

【算法描述】

（1）定义距离整型变量 distance、步行时间以及骑车时间两个浮点变量 walktime 和 biketime。

（2）输入 distance。

（3）计算 walktime 和 biketime。如果 walktime<biketime 为真，那么输出 Walk ；如果 walktime>biketime 为真，那么输出 Bike ；如果 walktime=biketime 为真，那么输出 Equ，说明一样快。

（4）输出包含在（3）中。

具体的程序实现如代码清单 8-4 所示。

代码清单 8-4

```
1.  #include<iostream>
2.  using namespace std;
3.  int main(){
4.      int distance;
5.      double walktime,biketime;
6.      cin>>distance;
7.      walktime=distance/1.2;
8.      biketime=distance/3.0+27+23;
9.      if(walktime<biketime) cout<<"Walk"<<endl;
10.     else if(walktime==biketime)cout<<"Equ"<<endl;
11.     else cout<<"Bike"<<endl;
12.     return 0;
13. }
```

C++ 案例趣学

【例 8-5】 圆的运算问题。给定圆的半径 r 和运算类型 f，按照运算类型进行指定的运算。运算类型如表 8-1 所示。

表 8-1　运算类型

运算类型 f	运　算
s	面积
l	周长
a	面积和周长

输入：一行，包含两个数据，第 1 个数据为一个双精度实数 r（$0 < r < 1000$），即圆的半径，第 2 个数据为一个字符，即运算类型。两个数据用空格分隔。

输出：一行，包含一或两个双精度实数。如果运算类型为 s，则输出面积；如果运算类型为 l，则输出周长；如果运算类型为 a，则输出面积和周长，二者用逗号分隔。

样例输入：

5 a

样例输出：

78.5,31.4

【**数学分析**】

圆的面积公式为 πr^2，圆的周长公式为 $2\pi r$。

【**算法描述**】

（1）定义 PI=3.14，半径为 r（double），面积为 s（double），周长为 l（double）、运算类型为 f（char）；

（2）输入 r 和 f；

（3）如果 f 为 s 运算类型，则计算并输出面积 s；如果 f 为 l 运算类型，则计算并输出周长 l；如果 f 为 a 运算类型，则计算并输出面积 s 和周长 l；

（4）输出包含在（3）中。

具体程序实现如代码清单 8-5 所示。

代码清单 8-5

```
1. #include<iostream>
2. using namespace std;
3. int main(){
4.     const double PI=3.14;
5.     double r,s,l;
6.     char f;
7.     cin>>r>>f;
```

```
8.      if(f=='s'){
9.      s=PI*r*r;
10.     cout<<s;
11.     }
12.     if(f=='1') {
13.     l=2*PI*r;
14.     cout<<l;
15.     }
16.     if(f=='a'){
17.     s=PI*r*r;
18.     l=2*PI*r;
19.     cout<<s<<","<<l;
20.     }
21.     return 0;
22.  }
```

本课主要介绍了如下内容。

（1）奇偶判断问题。　　　　　　（4）共享单车问题。

（2）单位阶跃函数问题。　　　　（5）圆的运算问题。

（3）笔记本问题。

练习8-1　整除判定问题。

给定一个非 0 整数 n，判断它是否既是 3 又是 7 的整数倍。如果是，则输出这个数，否则输出 0。

输入：一行，包含一个非 0 整数 n（$-10000 < n < 10000$ 且 $n \neq 0$）。

输出：一行，如果 n 能同时被 3 和 7 整除，则输出 n，否则输出 0。

样例输入：

```
21
```

样例输出：

```
21
```

练习8-2　比较大小问题1。

给定两个整数 a 和 b，要求输出它们当中较大者。

输入：一行，包含两个整数 a 和 b（ $-10000 < a$，$b < 10000$ ），两个整数用空格分隔。

输出：一行，一个整数，即 a 和 b 中的较大者。

样例输入：

```
27 58
```

样例输出：

```
58
```

练习8-3　比较大小问题2。

给定 3 个整数 a、b 和 c，要求按从大到小的顺序（降序）输出它们。

输入：一行，包含 3 个整数 a、b 和 c（ $-10000 < a$，b，$c < 10000$ ），3 个整数用空格分隔。

输出：一行，包含 3 个整数，即降序排列的 a、b 和 c，这 3 个整数用空格分隔。

样例输入：

```
2 3 4
```

样例输出：

```
4 3 2
```

练习8-4　计算一元二次方程问题。

给定 3 个整数 a、b 和 c，计算一元二次方程 $ax^2 + bx + c = 0$ 的根。

输入：一行，包含 3 个整数 a、b 和 c（ $-10000 < a$，b，$c < 10000$ ），3 个整数用空格分隔。

输出：一行，如果方程无实数解，输出字符串"方程无实数解"。如果方程有一个实解，输出字符串"有一个实数解："和一个实数（即方程的一个解）；如果方程有两个实数解，输出字符串"有两个实数解："和两个实数（即方程的两个解），两个实数用逗号分隔。

样例输入 1：

```
2 3 4
```

样例输出 1：

```
方程无实数解
```

样例输入 2：

```
2 4 2
```

样例输出 2：

有一个实数解:-1

样例输入 3：

2 5 3

样例输出 3：

有两个实数解:1,-1.5

> **提示**
>
> 公式法求解一元二次方程。
>
> 先计算 $\Delta=b^2-4ac$；然后判断：
>
> 若 $\Delta<0$，原方程无实根；
>
> 若 $\Delta=0$，原方程有两个相同的解为：$x=\dfrac{-b}{2a}$;
>
> 若 $\Delta>0$，原方程有两个不同的解：$x_1=\dfrac{-b+\sqrt{\Delta}}{2a}, x_2=\dfrac{-b-\sqrt{\Delta}}{2a}$。
>
> 在 C++ 中，$\sqrt{\Delta}$ 用 sqrt(Δ) 表示，需要包含数学函数库 cmath。

练习8-5　简单计算器。

请设计一个最简单的计算器，仅支持实数的加（＋）、减（－）、乘（＊）、除（／）这 4 种运算。

该计算器规定：数据和运算结果不会超过 double 表示的数据范围；如果出现除数为 0 的情况，则输出"除数不能为 0!"；如果出现无效的运算符（即不为 ＋、－、＊和 / 之一），则输出"错误的运算符！"。

输入：一行，包含 3 个数，其中第 1 个、第 2 个数为双精度实数，第 3 个数为字符型数——表示运算符（+，－，＊，/），这 3 个数用空格分隔。

输出：一行，一个实数，即运算结果。

样例输入：

4 5 +

样例输出：

9

C++ 案例趣学

练习8-6　快递计费问题。

某快递公司对快递包裹有如下规定：若包裹的长、宽、高任一尺寸超过 1000mm 或重量超过 30kg，不予快递；对可以快递的包裹，每件收取手续费 20 元，再加上表 8-2 据重量计算的费用。

表 8-2　据重量计算的费用

重量 /kg	收费标准 / 元
$w \leqslant 10$	5
$10 < w \leqslant 20$	10
$20 < w \leqslant 30$	15

现给定货物的长、宽、高和重量，判断该货物是否可以快递，如果可以，快递费总计多少元。

输入：一行，包含 4 个单精度正实数 a、b、c 和 w（$0 < a$，b，$c < 10000$），单位：mm；$0 < w < 100$，单位：kg），即货物的长、宽、高和重量，这 4 个数据用空格分隔。

输出：一行，如果货物超出标准，输出"不予快递"；否则，输出货物的快递费。

样例输入 1：

```
1200 500 200 50
```

样例输出 1：

```
不予快递!
```

样例输入 2：

```
500 300 200 18.5
```

样例输出 2：

```
30
```

第 9 课　路西的美梦：for 循环

最近，路西妹妹迷上了《白雪公主》的故事，满脑子想的都是白雪公主和 7 个小矮人。这天晚上，路西做了一个美梦，她梦见自己变成了美丽善良的白雪公主，跟 7 个小矮人快乐地玩耍。在梦里 7 个小矮人开采宝石的矿工，所以他们送给路西一堆自己开采的宝石。每个小矮人都送出了自己的宝石，而且他们每个人送的数量是遵循了一定规律的。

第二天早上，路西妹妹把这个美梦分享给了卡路和科迪，并让哥哥帮她算算到底有多少颗宝石？科迪决定编写一段程序，帮助路西计算。

【例 9-1】 路西妹妹的美梦。

输入：无。

输出：一个整数，即满足条件的最少宝石颗数。

样例输入： 无

样例输出：

28

【数学分析】

7 个小矮人各自送的宝石数量都不同，求路西最少能得到的宝石数，则从第一个小矮人送 1 颗宝石开始，每人送出的宝石数加 1，本质上就是一个累加的过程。

$$\sum_{i=1}^{7} i = 1+2+3+\cdots+7$$

在这个过程中重复进行加操作，而两个加数每次改变，一个加数是上一次的计算结果，另一个加数是 1，2，3…的规律变化。

结果= 加数 1（上次结果） + 加数 2（1，2，3…规律变化）

解： 设小矮人编号是 i，每人送出宝石数是 $count$，宝石总数是 sum，则用列表法解答如表 9-1 所示。

表 9-1　列表法解答

编号 i	每人送出宝石数	宝石总数	每次结果
1	1	宝石数 $sum =sum+count=0+1$	宝石数为 1
2	2	宝石数 $sum =sum+count=1+2$	宝石数为 3
3	3	宝石数 $sum =sum+count=3+3$	宝石数为 6
4	4	宝石数 $sum =sum+count=6+4$	宝石数为 10
5	5	宝石数 $sum =sum+count=10+5$	宝石数为 15
6	6	宝石数 $sum =sum+count=15+6$	宝石数为 21
7	7	宝石数 $sum =sum+count=21+7$	宝石数为 28

$sum = 0$（初始为 0）

答： 路西至少能得到 28 颗宝石。

提示

编号 i 可以看作重复的次数。宝石总数量 sum 在每次计算都会改变——用新值代替旧值。

【算法描述】

（1）定义 3 个整型变量，i 表示循环数，$count$ 表示一个加数，sum 表示每次加结果。

（2）赋值 sum=0。

（3）for 循环，循环次数 7 次，i 为 1～7，循环体中 sum=sum+count。

（4）输出循环后的 sum，即累加的和。

（1）如何实现重复执行呢？　　　　（3）循环结构控制语句该怎样用？

（2）循环过程中各变量是怎么变化的呢？

具体的实现程序如代码清单 9-1 所示。

代码清单 9-1

```
1.  #include<iostream>
2.  using name space std;
3.  int main(){
4.      int sum,count,i;
5.      count=1,sum=0;
6.      for(i=1;i<=7;i++){
7.          sum=sum+count;
8.          count=count+1;
9.      }
10.     cout<<sum<<endl;
11.     return 0;
12. }
```

9.1 循环结构

通常程序具有 3 种控制结构：顺序结构、选择结构和循环结构。

循环结构用于在程序中控制某些运算重复执行，是计算机中使用最多的一种控制结构，可以解决实际应用中需要重复处理的问题。如果需统计全班同学的总分，就需要重复地把每个人的分数加起来，这就需要用到循环结构。

在程序设计中，会有许多重复执行的操作，我们都可以用循环结构来实现。在循环中每次的运算是相同的（如例 9-1 中的加法），而参与运算的变量会有规律地变化（如例 9-1 中的 *sum* 和 *count*）。

C++ 中常用的循环控制语句有 3 种：for 循环（又称"已知次数型循环"）、while 循环（又称"当型循环"）和 do-while 循环（又称"直到型循环"）。它们各自的执行流程如图 9-1 所示。今天我们只介绍第一种 for 循环，其余的将在后面课程中介绍。

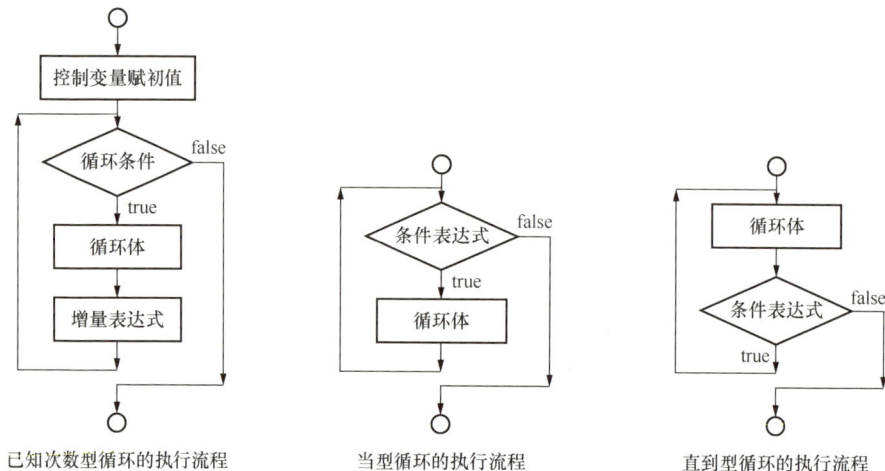

图9-1　3种常用循环的执行流程

9.2　for循环

在例 9-1 中，我们根据问题知道要执行循环 7 次，这种叫作已知次数型循环，用 for 循环语句实现。

例 9-1 给出了 for 循环语句的格式，for 循环通常包括 5 个部分，即关键字 for、初值、终止条件、改变初值和循环体。for 循环语句的说明如图 9-2 所示。

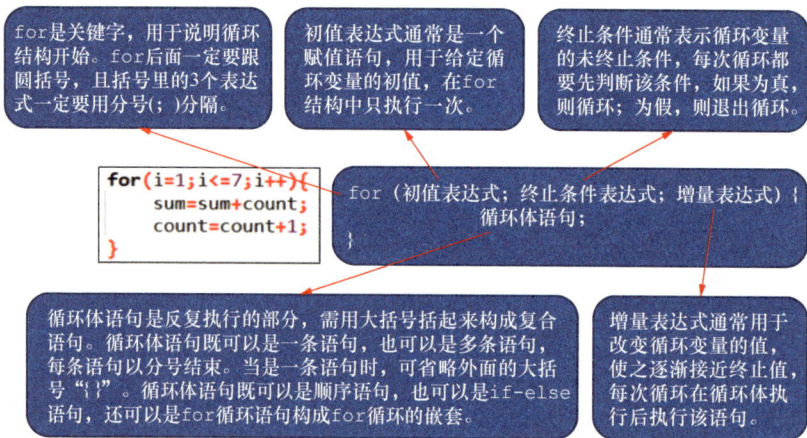

图9-2　for循环语句的说明

例 9-1 中 for 循环语句的执行过程如图 9-3 所示，具体步骤如下。

（1）执行初值表达式——设置循环变量 i 的初值为 1，该语句只执行一次。

（2）执行终止条件表达式——如果 i 小于等于 7 为真，则执行循环体；如果为假，则退出循环，执行循环后面的语句。

（3）执行增量表达式——i 自加 1。

（4）自动转至（2）步，执行终止条件表示式——如果 i 小于等于 7 为真，则执行循环体；如果为假，则退出循环，执行循环后面的语句。

以此类推，i 的值经历了 1、2、3、4、5、6、7、8 的变化。当执行终止条件表示式——如果 i（=8）小于等于 7 为假时，循环结束。

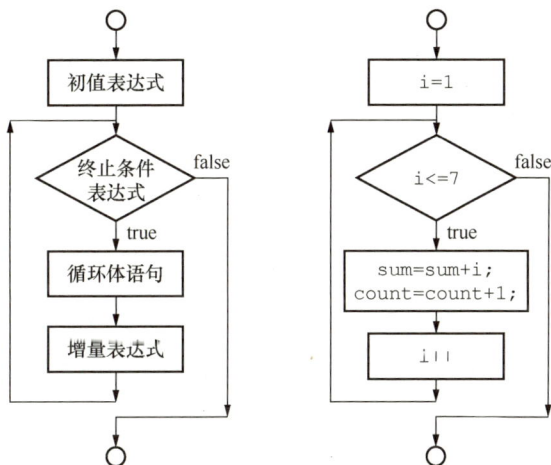

图9-3 for循环的执行过程

> **提示**
>
> 写 for 循环语句时，循环体的语句相对于 for 缩进两格。

【例 9-2】 偶数问题。

输出 1 和 100 之间（包含 100）的所有偶数。

输入：无。

输出：1 和 100 之间的偶数，如下所示。

| 2 | 4 | 6 | 8 | 10 |

12	14	16	18	20
22	24	26	28	30
32	34	36	38	40
42	44	46	48	50
52	54	56	58	60
62	64	66	68	70
72	74	76	78	80
82	84	86	88	90
92	94	96	98	100

【数学分析】

思路 1：可以设定循环变量 i 初值为 2，循环终止条件是 i 小于等于 100 或者小于 101，改变循环初值是每次 i 自身加 2，循环体为每次输出 i，如代码清单 9-2 所示。

代码清单 9-2

```
1. #include<iostream>
2. using namespace std;
3. int main(){
4.    int i;
5.    for(i=2;i<=100;i+=2){
6.        cout<<i<<"\t";
7.    }
8.    return 0;
9. }
```

思路 2：也可以设定循环变量 i 初值为 1，循环终止条件为 i 小于等于 100 或者小于 101，改变循环初值为每次 i 自身加 1，循环体为每次先判断 i 是否能被 2 整除是否为真，若为真输出 i，如代码清单 9-3 所示。

代码清单 9-3

```
1. #include<iostream>
2. using namespace std;
3. int main(){
4.    int i;
5.    for(i=1;i<=100;i++){
6.        if(i%2==0 )
7.            cout<<i<<"\t";
8.    }
9.    return 0;
10. }
```

> **提示**
>
> '\t' 是转义字符，用于一次跳过 8 个空格，常用于格式对齐。

9.3 循环结构的 4 个要素

循环结构通常有 4 个要素：循环初值、循环终止条件、使循环趋于结束的语句以及循环体。这 4 个要素构成了循环结构的核心，缺一不可，如图 9-4 所示。

循环初值和循环终止条件就像线段的两端，限定了循环的起始和结束；使循环趋于结束的语句通常是改变循环初值的语句（即增量语句），这 3 个部分决定了循环的次数。最后一部分循环体是重复执行的内容。

进行循环编程时，只要从这 4 个部分思考如何编写循环语句，就能写出规范的循环程序了。

在 for 循环语句中，通常将前 3 项放在 for 后面的括号中，循环初值通常是循环初值，在 for 语句中只执行一次；循环终止条件通常是循环终值，用于每次判断循环是否结束；使循环趋于结束的语句（改变初值的语句）通常是循环变量的增量，用于每次使循环趋于结束。这 3 个部分相互配合，用于控制循环执行次数。

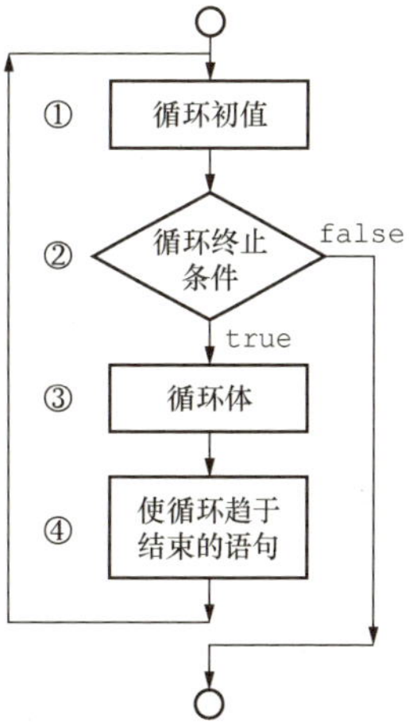

① 循环初值
② 循环终止条件　false
　true
③ 循环体
④ 使循环趋于结束的语句

图 9-4　循环结构四要素

$$循环执行次数 = \frac{终值 - 初值 + 1}{增量}$$

一旦有一部分出现问题，很容易造成无限循环或者不循环。

【例 9-3】 循环控制举例。

（1）将控制变量从 1 变到 100，增量为 1。

```
for(i=1;i<=100;++i)
```

$$此循环执行次数 = \frac{终值 - 初值 + 1}{增量} = 100$$

（2）将控制变量从 100 变到 1，增量为 -1。

```
for(i=100;i>=1;--i)
```

此循环执行次数 =（1-100-1）/（-1）=100

（3）控制变量从 7 变到 77，增量为 7。

```
for(i=7;i<=77;i+=7)
```

此循环执行次数 =（77-7+7）/（7）=11

（4）控制变量从 20 变到 2，增量为 – 2。

```
for(int i=20;i>=2;i-=2)
```

此循环执行次数 =（2-20-2）/（-2）=10

C++ 案例趣学

（5）按所示数列改变控制变量值：99、88、77、66、55、44、33、22、11、0，增量为 -11。

```
for(int j=99;j>=0;j - =11)
```

> **提示**
>
> 可以在 for 循环"控制变量初始化语句"中定义变量（如上面最后两个例子），这些变量只在 for 循环结构中有效，离开了该 for 结构，变量就无效了。

本课主要介绍了以下内容。

（1）循环结构的概念。

（2）for 循环语句的格式。

（3）for 循环语句的执行过程。

（4）循环结构的 4 个要素：初值、终值、增量和循环体。

（5）本课用到的关键字：for。

练习9-1　阅读代码清单9-4，写结果。

代码清单 9-4

```
1. #include<iostream>
2. using namespace std;
3. int main(){
4.     int i;
5.     for(i=3;i<6;i++){
6.         if(i%2)
7.             cout<<"@@"<<i;
8.         else
9.             cout<<"$$"<<i<<endl;
10.    }
11.    return 0;
12. }
```

结果为_____。

练习9-2　阅读代码清单9-5，写结果。

代码清单 9-5

```
1. #include<iostream>
2. using namespace std;
```

```
3. int main(){
4.     int x,y,i;
5.     x=y=0;
6.     for(i=1;i<10;i+=2){
7.         x+=i;
8.         y+=i+1;
9.     }
10.    cout<<x<<" "<<y<<endl;
11.    return 0;
12. }
```

结果为_____。

练习9-3 阅读代码清单9-6，写结果。

代码清单9-6

```
1. #include<iostream>
2. using namespace std;
3. int main(){
4.     int max,n,i,x;
5.     cin>>n>>x;
6.     max=x;
7.     for(i=1;i<n;i++){
8.         cin>>x;
9.         if(max<x)
10.                max=x;
11.    }
12.    cout<<max<<endl;
13.    return 0;
14. }
```

已知程序输入：

```
5 1 2 3 9 5<CR>
```

结果为_____。

练习9-4 阅读代码清单9-7，写结果。

代码清单9-7

```
1. #include<iostream>
2. using namespace std;
3. int main(){
4.     for(int i=0;i<=3;i++){
5.        for(int j=0;j<=5;j++)
6.        {
7.           if(i==0||j==0||i==3||j==5)
8.               cout<<"#";
9.          else cout<<" ";
10.        }
11.       cout<<endl;
12.    }
13.    return 0;
14. }
```

结果为＿＿＿＿＿＿＿＿＿＿。

练习9-5　7的倍数问题。

计算 1 至 100 中是 7 的倍数的数的和。

输入：无。

输出：一个整数，即 1 至 100 中是 7 的倍数的数的和。

样例输入： 无

样例输出：

```
735
```

> **提示**
>
> 　　本题是 for 循环嵌套 if 结构。可以设定循环变量 i 初值为 1；循环终止条件是 i 小于等于 100，改变循环初值是每次 i 自身加 1。7 的倍数表示为 i%7==0。

练习9-6　神奇的算式问题。

已知一个算式 $abc + bcc = 458$，其中 abc 和 bcc 是两个三位数，求 a、b、c 分别是多少？

输入：无。

输出：3 个整数，即 a、b、c 的值。

样例输入： 无

样例输出：

```
3 1 4
```

> **提示**
>
> 　　本题是三重 for 循环嵌套 if 结构。a 从 1 到 9，b 从 0 到 9，c 从 0 到 9。a、b、c 组成三位数的表达式为"a*100+b*10+c"。b、c、c 组成三位数同理。

第 10 课　卡路的历练 2：for 循环举例

学习了已知次数型循环（for），卡路决定再练习几道题，巩固学过的知识。

期末考试后，数学科的李老师要根据全班同学的数学分数（整数）计算平均成绩，已知班上学生的人数，请帮助李老师完成这个任务。

【例 10-1】　平均成绩问题。

输入：共两行，第一行有一个整数 n（$1 \leqslant n \leqslant 100$），表示学生的人数。第二行有 n 个整数，表示每个学生的数学分数，取值为 0 到 100。

输出：共 1 行，该行包含一个浮点数，为要求的平均成绩。

样例输入：

```
5
99 98 97 96 95 100
```

C++ 案例趣学

样例输出：

```
97
```

【数学分析】

设有 n 个学生，每个学生的成绩为 x_1，x_2，x_3，$\cdots$，x_n

则平均成绩 $= \dfrac{x_1+x_2+x_3+\cdots+x_n}{n}$

【算法描述】

（1）定义循环变量 i，整型变量 n 为学生数，定义一个浮点变量 x 为成绩，定义一个浮点变量 average 为平均成绩。

（2）输入学生数 n（此为循环的终止值）。

（3）循环 n 次，每次实现的功能有：

　　　　输入一个学生的成绩；

　　　　累加总成绩；

　　　　平均成绩 = 累加总成绩 /n。

（4）输出平均成绩 average。

平均成绩问题的程序实现如代码清单 10-1 所示。

代码清单 10-1

```
1.  #include<iostream>
2.  using namespace std;
3.  int main(){
4.      int n,i;
5.      double x,sum=0,average;
6.      cin>>n;
7.      for(i=0;i<n;i++){
8.          cin>>x;
9.          sum+=x;
10.     }
11.     average=sum/n;
12.     cout<<average<<endl;
13.     return 0;
14. }
```

接下来，卡路要解决的是水仙花数字问题、打印图形问题、幂的末尾问题和救援问题。

【例 10-2】 水仙花数字问题。

水仙花数字的定义是：n 位数的每个数位的 n 次方之和等于数字本身，例如，三位数的 3 个数位上的数字的立方加起来等于该三位数，四位数的 4 个数位上的数字的 4 次方加起来等于该 4 位数，……这种数字有个有趣的英文名叫 narcissistic number，原意是"自恋数"。英语 narcissistic 这个词又是源自希腊神话中的自恋美少年 Narcissus，后来他变成了水仙花，narcissus 就是 "水仙花" 的意思，于是有人放弃 "自恋数" 而取了这个比较好听的名字。

请编写一段程序输出 100～999 中的水仙花数。若三位数 ABC，$ABC=A^3+B^3+C^3$，则称 ABC 为水仙花数。例如 153，$1^3+5^3+3^3=1+125+27=153$，则称 153 是水仙花数字（图 10-1）。

图 10-1　水仙花数字 153

【数学分析】

该题可以采用列举所有可能的值（穷举法）的方法，循环从 100 到 999。在循环体中将三位数拆分成个位、十位和百位，然后判断各个位的立方和是否等于自身，如果等于则输出，否则继续循环。

【算法描述】

（1）定义循环变量 i，分别定义个位、十位和百位变量 a、b、c。

（2）输入无。

（3）循环变量 i 介于 100 和 999 之间。

- 求个位、十位、百位，a=i%10；b=i%100/10；c=i/100；
- 判断如果 i=a*a*a+b*b*b+c*c*c，那么输出 i；
- 继续循环。

（4）输出包含在（3）中。

具体程序实现如代码清单 10-2 所示。

代码清单 10-2

```
1.  #include<iostream>
2.  using namespace std;
3.  int main(){
4.      int i,a,b,c;
5.      for(i=100;i<1000;i++){
6.          a=i%10;           //个位
7.          b=(i%100)/10;      //十位
8.          c=i/100;          //百位
9.          if(a*a*a+b*b*b+c*c*c==i)
10.            cout<<i<<" ";
11.        }
12.     return 0;
13. }
```

C++ 案例趣学

【例 10-3】 打印图形问题。

利用 for 循环语句输出图 10-2 所示的三角形。

【数学分析】

这是最经典的循环程序之一。通常用双重循环实现图形，外层循环用于控制图形的行数，内层分不同字符按规律用循环处理。分析本例图形，共 4 行，所以外层循环 4 次。若图形每

```
   *
  ***
 *****
*******
```

图 10-2　打印三角形

一行由 3 部分组成——空格、星号和回车换行符，则外层循环体分为 3 部分——空格的处理、星号的处理和回车换行符的处理。寻找每一行的规律：

第 1 行，空格 3 个，星号 1 个，回车换行符 1 个；

第 2 行，空格 2 个，星号 3 个，回车换行符 1 个；

第 3 行，空格 1 个，星号 5 个，回车换行符 1 个；

第 4 行，空格 0 个，星号 7 个，回车换行符 1 个；

综上所述，第 i 行有（4-i）个空格、（2i-1）个星号，以及 1 个回车换行符。

输出（4-i）个空格，可以用循环 1～（4-i）来表示，输出（2i-1）个星号，可以用循环 1～（2i-1）来表示。

【算法描述】

（1）定义循环变量 i 和 j。

（2）输入无。

（3）循环 i 为 1～4（控制行数）；循环 j 为 1～（4-i）输出空格；循环 k 为 1～（2*i-1）输出星号；输出一个回车换行符。

（4）输出包含在（3）中。

🔔 注 意

此程序要注意循环控制边界问题。

打印图形问题的程序实现如代码清单 10-3 所示。

代码清单 10-3

```
1. #include<iostream>
2. using namespace std;
3. int main(){
4.     int i,j;
5.     for(i=1;i<=4;i++){
6.         for(j=1;j<=4-i;j++)
```

```
7.          cout<<' ';
8.      for(j=1;j<=2*i-1;j++)
9.      cout<<'*';
10.      cout<<endl;
11.    }
12.    return 0;
13. }
```

【例10-4】 幂的末尾问题如图10-3所示。

幂 a^b 的末尾三位数是多少？

输入：一行，两个正整数 a 和 b。$1 \leqslant a \leqslant 100$，$1 \leqslant b \leqslant 10000$。

输出：一行，从高位到低位输出幂的末3位数字，中间无分隔符。若幂本身不足3位，在前面补零。

幂 ← a^b → 指数

底数

$a^b = a \times a \times a \times a \times \cdots \times a$

b个a

图10-3　幂的末尾问题

样例输入：

```
7 2011
```

样例输出：

```
743
```

【数学分析】

根据题意，直接计算 $a^b = \overbrace{a \times a \times a \times \cdots \times a}^{b个a相乘}$ 几乎是不可能的任务，因为数据太大。

我们可以循坏 b 次，每次提取运算结果的末3位与 a 相乘，这样会大大减少运算量。

最后还要判断结果的位数：如果结果是三位数，那么直接输出结果；如果结果是两位数，那么输出一个零再输出结果；对于其他情况，输出两个零再输出结果。

【算法描述】

（1）定义循环变量 i，底数变量 a，指数变量 b，结果变量 r=1。

（2）输入 a 和 b。

（3）循环 i 从1到 b：

- r=（r*b）取模1000；

- 如果 r > 100，那么输出 r；

- 如果 r > 10，那么输出 0，再输出 r；

- 对于其他情况，输出 00，再输出 r。

（4）输出包含在（3）中。

具体程序实现如代码清单10-4所示。

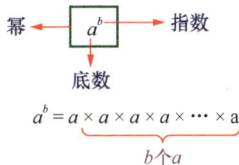

代码清单 10-4

```
1. #include<iostream>
2. using namespace std;
3. int main(){
4.     int i,r,a,b;
5.     cin>>a>>b;
6.     r=1;
7.     for(i=1;i<=b;i++){
8.         r=(r*a)%1000;
9.     }
10.    if(r>100) cout<<r<<endl;
11.    else if(r>10) cout<<'0'<<r;
12.        else  cout<<"00"<<r;
13.    return 0;
14. }
```

【例 10-5】 救援问题。救生船从大本营出发，营救若干屋顶上的人回到大本营，屋顶数目以及每个屋顶的坐标和人数都将由输入决定，求出所有人到达大本营并登陆所用的时间。

救援坐标如图 10-4 所示，在直角坐标系的原点是大本营，救生船每次从大本营出发，救了人之后将人送回大本营。坐标系中的点代表屋顶，每个屋顶由其位置坐标和其上的人数表示。救生船每次从大本营出发，以速度 50m/min 驶向下一个屋顶，到达一个屋顶后，救下其上的所有人，每人上船需用 1min，船原路返回，达到大本营，每人下船需用 0.5min。假设原点与任意一个屋顶的连线不穿过其他屋顶。

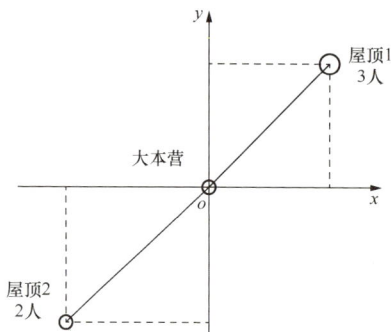

图 10-4　例题示意

输入：$n+1$ 行，第一行是一个整数，表示屋顶数 n。接下来依次有 n 行输入，每一行上包含两个表示屋顶相对于大本营的平面坐标位置的实数（单位：m）、一个表示人数的整数。

输出：一行救援需要的总时间，精确到分钟（向上取整）。

样例输入：

```
2
30 40 3
-30 -40 2
```

样例输出：

```
12
```

【数学分析】

设屋顶个数为 n，屋顶的坐标是 x、y，大本营到屋顶的距离是 d，屋顶的人数是 m，所有人到达大本营并登陆所用的时间 time，则大本营到屋顶的距离 d，根据勾股定理 $d=\sqrt{x^2+y^2}$ 求出一次救援时间 = 大本营到屋顶时间 + 上人时间 + 屋顶到大本营时间 + 下人时间，即

$$time=\frac{d}{50}+m\times1+\frac{d}{50}+m\times0.5=2\times\frac{d}{50}+(m\times1)+(m\times0.5)$$

n 个屋顶且原点与任意一个屋顶的连线不穿过其他屋顶表明，循环 n 次，将 time 累加即可。

【算法描述】

（1）定义循环变量 i，屋顶数 n，屋顶坐标 x、y，屋顶人数 m，均为整型。定义距离 d，救援时间 time 为浮点型，并设 time 初值为 0.0；

（2）输入 n。

（3）循环 i 从 1 到 n：

- 输入每个屋顶的坐标和人数：x、y 和 m；
- 计算距离 d；
- 计算 time。

（4）输出 ceil(time)，即时间上取整，调用系统数学函数需包含 cmath.h 头。

具体程序实现如代码清单 10-5 所示。

代码清单 10-5

```
1. #include<iostream>
2. #include<cmath>
3. using namespace std;
4. int main(){
5.     int n,x,y,m,i;
6.     double d,time=0.0;
7.     cin>>n;
8.     for(i=1;i<=n;i++){
9.         cin>>x>>y>>m;
10.        d=sqrt(pow(x,2)+pow(y,2));
11.        time+=m*1+2*(d/50)+m*0.5;
12.    }
13.    cout<<ceil(time);
```

C++ 案例趣学

```
14.    return 0;
15. }
```

总结

本课主要介绍了如下问题的解决方法。

（1）平均成绩问题。　　　　　　　（4）幂的末尾问题。

（2）水仙花数字问题。　　　　　　（5）救援问题。

（3）打印图形问题。

练一练

练习10-1　求解算式问题。

请编写一段程序，计算 1-3+5-7+…+97-99 的结果。

输入：无。

输出：一个整数，算式的结果。

样例输入： 无

样例输出：

```
-50
```

练习10-2　3位奇数问题。

请编写一段程序，统计用 0 到 9 可以组成多少个没有重复的 3 位奇数。

输入：无。

输出：一个整数，没有重复的 3 位奇数的个数。

样例输入： 无

样例输出：

```
320
```

练习10-3　整数的因数问题。

因数又称约数，是一个常见的数学名词。一个数的因数，就是所有可以整除这个数的数。例如，18 的因数（约数）有 1、2、3、6、9、18 共 6 个因数。现要求输入

一个整数 n，求出它的所有因数。

　　输入：一个整数 n，即待求因数的整数（$1 < n < 10000$）。

　　输出：若干个整数，即 n 的所有因数。

样例输入：

```
18
```

样例输出：

```
1 2 3 6 9 18
```

提示

　　本题是 for 循环嵌套 if 结构。本题的 for 循环可以有多种形式：

　　（1）循环变量 a 从 1 到 n，a 每次增 1，列举全部 1 到 n 的数据；

　　（2）循环变量 a 从 1 到 sqrt(n)（$\sqrt{n}$），a 每次增 1。因为对于 n=a*b，如果 a<b，则必然存在 a<=sqrt(n) 且 b>=sqrt(n)，这样我们只需判断 a 并计算 b=n/a 即可。

　　判定（if 结构）的条件是 n%a==0。

练习10-4　鸡兔同笼问题。

　　鸡兔同笼问题是我国古代著名的趣味算术题之一。大约在 1500 年前，《孙子算经》记载了这个有趣的问题。大体是说，一个笼子里既有鸡又有兔子，已知鸡、兔共有 35 只，脚共有 94 只，问鸡、兔各有多少只。请编写一段程序，计算鸡和兔子共有多少只？

　　输入：无。

　　输出：两个整数，即鸡和兔子的数量。

样例输入： 无

样例输出：

```
23 12
```

提示

　　本题有多种解法，既可以不用循环求解，又可以利用 for 循环列举所有可能的鸡数 a 和兔子数 b 求解。

　　利用 for 循环求解时是 for 循环嵌套 if 结构。for 循环中鸡数 a 从 1 到 34，每次增 1，兔子数 b 等于（35 - 鸡数 a）。if 结构是如果"a*2+b*4==94"，则输出 a 和 b。

C++ 案例趣学

练习10-5　完全数问题。

完全数（又称完美数或完备数）是一些特殊的自然数，即如果一个数恰好等于除它本身以外的因子之和，则称该数为"完全数"。例如，第一个完全数是 $6 = 1 + 2 + 3$，第二个完全数是 $28 = 1 + 2 + 4 + 7 + 14$ 等。

请编写一个程序，统计 10000 以内的完全数。

输入：无。

输出：若干个整数，即 10000 以内的完全数。

样例输入： 无

样例输出：

```
6 28 496 8128
```

练习10-6　花束问题。

花店里新购入一批鲜花，五颜六色非常好看。路西妹妹准备从其中的 4 枝蓝花、5 枝红花和 6 枝黄花中取出 8 枝花组成一束花，且她必定会选择红花。请编写一段程序，统计共有多少种选择方案。

输入：无。

输出：一个整数，即方案数。

样例输入： 无

样例输出：

```
23
```

> **提示**
>
> 采用穷举法：
> 方案数初始为 0
> for（蓝花数 =0 ～ 4）
> 　　for（红花数 =1 ～ 5）{
> 　　　　黄花数 =8- 蓝花数 - 红花数；
> 　　　　　　如果黄花数 >=0&& 黄花数 <=6, 则方案数加 1;
> 　　}

第 11 课　神奇的圆周率：
当型循环与直到型循环

　　卡路的班主任刘老师是一位严肃认真又和蔼可亲的数学老师。她经常给学生布置一些任务，让大家在班里分享一些数学知识。这天，她找到卡路，让他查找一下圆周率 π 的求法并讲给同学们听。卡路不以为然，心想："不就是圆的周长与直径的比值吗？太简单了吧！"卡路痛快地接受了任务。为了不在同学们面前丢脸，回到家，他马上找来科迪，一起研究圆周率的求法。这一研究才发现不得了！原来圆周率的求法有好多种：割圆术、马青公式、拉马努金公式、莱布尼兹级数公式等，每一种的原理都复杂无比，卡路看得头都大了！

　　"这么多啊，有点难度！"卡路开始后悔接受这个任务了，向科迪求助道，"科迪，该怎么办呢？"科迪胸有成竹地说道："不急，不急，咱们详细介绍一种就可以了。"于是它给卡路介绍了莱布尼兹级数求圆周率的方法。

C++ 案例趣学

级数是指一个有穷或无穷的序列 u_0，u_1，u_2，…的元素和。1674 年，德国数学家莱布尼兹发现了一种级数并提出利用这种级数求圆周率 π。后来经过多位数学家的改进，这种级数求圆周率的方法终于得以完善。人们为了纪念莱布尼兹的贡献，就把这种级数叫作"莱布尼兹级数"了。

莱布尼兹级数计算圆周率的公式为

$$\frac{\pi}{4} = 1 - \frac{1}{3} + \frac{1}{5} - \frac{1}{7} + \cdots + (-1)^n \frac{1}{2n+1}，\text{其中 } n \in \{0,1,2,\cdots\}$$

"这就能求出圆周率 π？！"卡路终于有信心跟同学们分享这个神奇的数学常数了，"真那么神奇吗？"他还是有点不太相信，于是他决定编写一段程序验证一下这个公式。科迪要求这个公式精确度为 10^{-6}，即公式中某项的绝对值小于等于 0.000001。

【例 11-1】 神奇的圆周率。

样例输入： 无

样例输出：

```
3.14159
```

> ### 小知识
>
> 绝对值表示数据的非负部分。正数的绝对值是它本身，负数的绝对值是它的相反数，0 的绝对值还是 0。例如，3 的绝对值为 3，−3 的绝对值也为 3。

【数学分析】

分析公式：

$$\frac{\pi}{4} = 1 - \frac{1}{3} + \frac{1}{5} - \frac{1}{7} + \cdots + (-1)^n \frac{1}{2n+1}$$

这个公式需要反复进行加减运算，每次判断公式中待加减项的绝对值是否大于 0.000001，如果大于为真就继续加减运算，否则就结束运算。

执行中，我们不知道循环次数，只知道循环条件（待加减项的绝对值＞ 0.000001），此时可以使用当型循环进行编程，当待加减项的绝对值＞ 0.000001 为真时循环，否则退出循环。

变量设置如图 11-1 所示。

初始时，各变量如下。

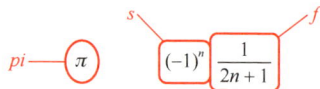

图 11-1　变量设置

（1）用变量 pi 表示要计算的结果 π。设 pi 初值为 0（还没开始计算）。

（2）用变量 s 表示每项符号 $(-1)^n$（其中 $n = 0,1,2,\cdots$）。设 s 初值为 1。

（3）用变量 f 表示每项绝对值 $\dfrac{1}{2n+1}$（其中 $n = 0,1,2,\cdots$）。设 f 初始值为 1。

（4）循环终止条件是 $f > 0.000001$，当这个条件为真时循环，为假结束循环。

循环中，各变量如下。

$pi = s_1 f_1 + s_2 f_2 + s_3 f_3 + \cdots$；循环完成后别忘了结果要乘以 4，即结果为 $4pi$。

在上述算式中，$s_1=1$，$s_2=-1$，$s_3=1,\cdots$，可以用 s = -s; 语句表示符号交替。

在上述算式中，$f_1=1=1/1$，$f_2=1/3$，$f_3=1/5$，$\cdots$，$f_n=1/n$，可以用 n+=2;f=1/n；语句计算。

综上所述，我们通过循环结构的 4 个要素梳理下这个问题的主要部分，如表 11-1 所示。

表 11-1　主要部分

循环初始条件（初值）	pi=0,s=1；n=1；f=1/n；
循环终止条件（终止值）	f>0.000001
循环体	pi+=s*f;s=-s;
改变初始条件的语句（增量）	n+=2;f=1/n

🕐 注　意

各变量的类型都是实数型。

【算法描述】

（1）定义结果变量 pi=0，符号变量 s=1，项数绝对值分母变量 n=1，项数绝对值变量 f=1/n。

（2）输入无。

（3）当 f > 0.000001 时，循环

- 累加项数 pi=pi+s*f；
- 改变符号 s=-1；
- 项数绝对值分母变量 n=n+2；
- 改变项数绝对值 f=1/n；

（4）输出 pi*4。

（1）循环开始时不知道循环次数怎么办？

（2）除了 for 循环，还有其他循环吗？

（3）当型循环和直到型循环执行的流程是怎样的？

神奇的圆周率问题的程序实现如代码清单 11-1 所示。

代码清单 11-1

```
1.  #include<iostream>
2.  using namespace std;
3.  int main(){
4.      double pi=0,n=1,s=1,f;
5.      f=1.0/n;
6.      while(f>=0.000001){
7.          pi+=s*f;
8.          s=-s;
9.              n+=2;
10.         f=1/n;
11.     }
12.     cout<<pi*4<<endl;
13.     return 0;
14. }
```

除了已知次数型循环，有的循环是不知道循环次数的，如例 11-1 所示。这时可以使用当型循环或直到型循环来完成程序。当型循环和直到型循环也可以用于次数型循环，不过比 for 循环略显麻烦。此外，3 种循环都可以在循环过程中强行退出，这时需要使用 break 或 continue 语句。

📝 11.1 当型循环

在不知道循环次数时，也可以进行循环操作，这时可以用到当型循环。当型循环又称 while 循环，表示当循环条件为真时，执行循环体（条件为假时结束循环）。当型循环格式的说明如图 11-2 所示。

while是关键字，用于说明当型循环开始。while后面一定要跟小括号，小括号后面没有分号。

小括号里的循环条件可以是各种表达式，用非0表示真，用0表示假。执行时每次循环都要先判断条件，如果为真，则执行循环体；为假，则退出循环。

```
while (循环条件) {
    循环体;
}
```

同for循环一样，循环体语句是反复执行的部分，需用大括号{}构成复合语句。循环体既可以是一条语句，也可以是多条语句，每条语句以分号结束。当循环体是一条语句时，可省略外面的大括号{}。循环体语句既可以是顺序语句，也可以是if-else语句，还可以是循环语句构成循环的嵌套。另外，通常在循环体中具有改变循环条件的语句，保证循环能够趋于结束，这很重要。

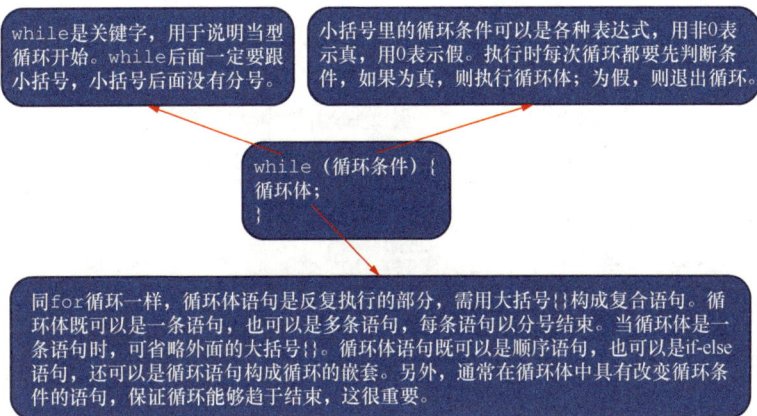

图11-2　当型循环格式的说明

提示

　　尽管while语句本身没有明确指定循环初值和使循环趋于结束的语句，但while循环依然必须包含循环结构的4个要素（循环初值、循环终止条件、使循环趋于结束的语句和循环体）。在使用时，同学们需要添加没有的部分。

当型循环的执行过程如图11-3所示。

【例11-2】　求最大公约数。

约数：4能被2整除，则2就叫作4的约数（又称因数或因子），即如果数a能被数b整除，b就叫作a的约数。

公约数：12、16都能被4整除，所以4叫作12和16的公约数，即几个整数公有的约数，叫作这几个数的公约数。

图11-3　当型循环的执行过程

最大公约数：公约数通常不是只有一个，例如，12、16的公约数有1、2和4。那么其中最大的一个，叫作这几个数的最大公约数。例如，4是12与16的最大公约数，一般记为（12，16）=4。

求两个自然数的最大公约数方法很多，辗转相除法是其中一种方法，基本过程为：反复用除数代替被除数，余数代替除数，当余数为0时，除数即为最大公约数。

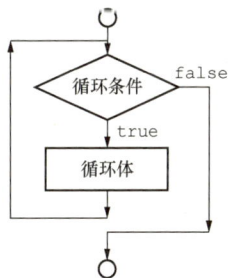

例如，求（12，16）:

16÷12＝1（余4），代替后（12，4）；

12÷4＝3（余0）；所以（12，16）最大公约数为4。

又如，求（12，32）:

因为32÷12＝2（余8），（12，8）代替（12，32）；

因为12÷8＝1（余4），（8，4）代替（12，8）；

因为8÷4＝2（余0），所以（12，32）＝4。

编程利用辗转相除法求两个正整数m和n的最大公约数。

样例输入：

12 32

样例输出：

最大公约数=4

【数学分析】

设两个整数为 m 和 n，余数为 r，则辗转相除法如下：

求 $m \div n$ 的余数 r；

当 $r \neq 0$ 时，执行第 3 步；若 $r＝0$，则 n 为最大公约数，算法结束；

将 n 的值赋给 m，将 r 的值赋给 n；再求 $m \div n$ 的余数 r；

转到第 2 步，继续。

【算法描述】

（1）定义整数变量 m、n 和余数变量 r，均为整型。

（2）输入 m 和 n。

（3）计算 m÷n 的余数 r。当 r≠0 时，执行将 n 的值赋给 m；将 r 的值赋给 n；再求 m÷n 的余数 r。

（4）r=0，循环结束，输出 n。

求最大公约数问题的程序实现如代码清单 11-2 所示。

代码清单 11-2

```
1. #include <iostream>
2. using namespace std;
3. int main(){
4.    int m,n,r;
5.    cin>>m>>n;
```

```
6.    r =m % n;
7.    while (r!=0){
8.      m=n;
9.      n=r;
10.     r=m % n;
11.   }
12.   cout<<"最大公约数 ="<<n<<endl;
13.   return 0;
14. }
```

提示

　　代码清单 11-2 中 cout 的 "最大公约数 =", 起到提示结果是什么的作用。在编程时，同学们应多加提示，这样可以增强程序的可读性。

11.2　直到型循环

　　直到型循环又叫 do-while 循环，表示执行循环体，直到条件为假结束（条件为真继续循环）。它与 while 循环的不同在于，do-while 循环先执行循环体再判断，所以循环体至少执行一次。while 循环是先判断再执行循环体，所以可能一次也不执行。对于直到型循环，这里仅解释说明，不做举例。直到型循环的说明如图 11-4 所示。

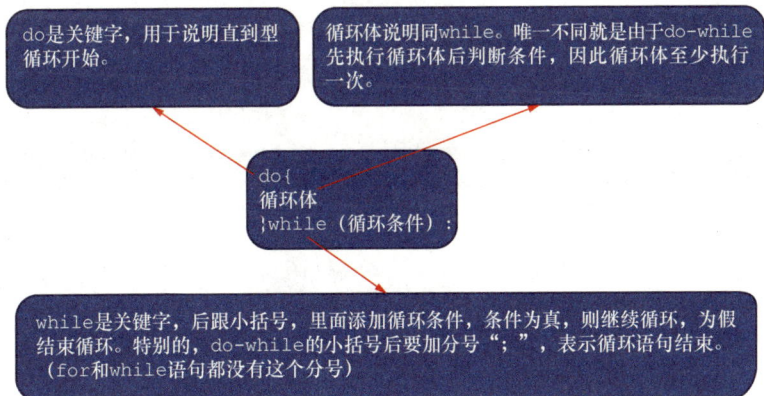

图 11-4　直到型循环的说明

　　直到型循环的执行过程如图 11-5 所示。

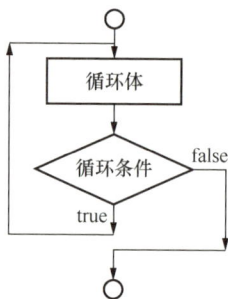

图 11-5　直到型循环的执行过程

11.3　break 和 continue

在 for、while 和 do-while 循环体中，可以使用 break 语句和 continue 语句终止循环。

break 语句的作用是强制结束循环体（即使循环还没有执行完），转向执行循环外的下一条语句。

continue 语句的作用是强制结束本次循环，开始下次循环，即跳过循环体中 continue 语句之后的语句，重新判断循环条件。

break 和 continue 都是强制结束循环，所不同的是 break 是完全终止循环，而 continue 只终止本次循环，重新判断条件以继续下次循环。

当有多层循环嵌套时，break 和 continue 只对当前循环层（即包含这两个语句的循环层）起作用，而不影响其他层循环的执行。

阅读代码清单 11-3，写输出结果。

代码清单 11-3

```
1. for(i = 0 ; i < 10 ; i++){
2.     if(i==2)break;
3.     cout << i << endl;
4. }
```

解析：输出 01，这是因为当 i 为 2 时，执行 break 语句将终止循环。

阅读代码清单 11-4，写输出结果。

代码清单 11-4

```
1. for(i = 0 ; i < 10 ; i++){
2.     if(i % 2 == 0) continue;
3.     cout << i << endl;
4. }
```

第 11 课　神奇的圆周率：当型循环与直到型循环

解析：输出 13579，这是因为当 i 为 2 的倍数时，执行 continue 语句结束本次循环，开始下次循环。当 i 为 2 的倍数时，后面的输出语句并没有执行。

小知识

break 除了在循环中用于终止循环，还可以用于多分支选择结构的 switch-case 语句，作用是跳出分支。

总结

本课主要介绍了以下内容。

（1）不需要知道循环次数的当型循环的格式和举例。

（2）直到型循环的格式。

（3）用于终止循环的 break 和 continue 语句。

（4）本次课介绍的关键字包括 while、do、break 和 continue。

练一练

练习11-1　阅读代码清单11-5，写结果。

代码清单 11-5

```
1. #include<iostream>
2. using namespace std;
3. int main(){
4.     int i=0,sum=0;
5.     while(i<=10){
6.         sum+=i;
7.         i+=1;
8.     }
9.     cout<<sum<<endl;
10.    return 0;
11. }
```

结果为＿＿＿＿＿＿＿＿。

练习11-2　阅读代码清单11-6，写结果。

代码清单 11-6

```
1. #include<iostream>
```

```
2. using namespace std;
3. int main(){
4.     int n=0;
5.     while(n<=2){
6.         n++;
7.         cout<<n<<endl;
8.     }
9.     return 0;
10. }
```

　　　　结果为_____。

练习11-3　阅读代码清单11-7，写结果。

代码清单 11-7

```
1. #include<iostream>
2. using namespace std;
3. int main(){
4.     inta= 1,b=10;
5.     do{
6.         b-=a;
7.         a++;
8.     }while(b-- < 0);
9.     cout << a << "  " << b << endl;
10.    return 0;
11. }
```

　　　　结果为_____。

练习11-4　阅读代码清单11-8，写结果。

代码清单 11-8

```
1. #include<iostream>
2. using namespace std;
3. int main(){
4.     int i;
5.     for(inti=1;i<=5; i++){
6.         if(i%2)cout<<"@";
7.         else continue;
8.         cout<<"!";
9.     }
10.     cout <<"." <<endl;
11.     return 0;
12. }
```
　　　　结果为_____。

练习11-5　阅读代码清单11-9，写结果。

代码清单 11-9

```
1. #include<cmath>
```

```
2.  #include<iostream>
3.  using namespace std;
4.  int main(){
5.      float a,b,c;
6.      cin>>a>>b;
7.      c=a/b;
8.      while(1){
9.          if(fabs(c)>1){
10.             a=b;
11.             b=c;
12.             c=a/b;
13.         }else
14.             break;
15.     }
16.     cout<<b<<endl;
17.     return 0;
18. }
```

设程序输入为：

```
3.6 2.4<CR>
```

则输出结果为＿＿＿＿＿＿＿＿。

练习11-6　卖桃子问题。

水果店新购入一批桃子，足足有 1020 个。第一天卖了一半多两个，以后每天卖剩下的一半多两个，问几天以后能卖完这些桃子？

输入：无。

输出：一个整数，即卖完桃子的天数。

样例输入： 无

样例输出：

8

第12课 卡路的历练3：
循环综合举例

学习了已知次数型循环（for）、当型循环（while）和直到型循环（do-while）后，卡路决定做些练习，巩固学过的知识。

【例12-1】 质数问题。

质数又称素数，是一个大于1的自然数，除了1和它自身外，不能整除其他自然数，如图12-1所示。请编写一段程序，输出100和200之间的所有质数。

我们都是质数

图12-1 质数

输入：无。

输出：若干个整数，即100 ～ 200的质数。

样例输入： 无

样例输出：

101	103	107	109	113	127	131	137	139	149	151
157	163	167	173	179	181	191	193	197	199	

> **提示**
>
> 每行输出数据的个数是由屏幕的宽度决定的，不一定与上例相同。

【数学分析】

我们可以采用穷举法实现这个程序。穷举法也称枚举法，其基本思想是根据题目的部分条件确定答案的大致范围，并在此范围内对所有可能的情况逐一验证，直到全部情况验证完毕。若某个情况验证符合题目的全部条件，则为本问题的一个解；若全部情况验证后都不符合题目的全部条件，则本题无解。

本题可以穷举 100 和 200 之间的每一个整数（第一层 for 循环），然后进行判断，若它是素数，则输出。而对于任意整数 i，根据素数定义，我们从 2 开始，到 sqrt(i)，找 i 的第一个约数（第二层 for 循环），若找到第一个约数，则 i 必然不是素数。i 是否是质数可以用一个标志判断，如果标志为 1 说明是质数，否则不是质数。

【算法描述】

（1）定义循环变量 i、j 和质数标志 flag。

（2）输入：无。

（3）循环 i 从 100 到 200。设置 flag 为 1；循环 j 从 2 到 $\sqrt{i}$；如果 i 能被 j 整除（i 除以 j 的余数为 0）；那么 i 不是质数，flag 改为 0，并终止 j 循环。在 j 循环后，如果 flag 仍等于 1，那么说明 i 不能被任何 j 整除，则 i 是质数，输出。

（4）输出包含在（3）中。

质数问题的程序实现如代码清单 12-1 所示。

代码清单 12-1

```cpp
1. #include <iostream>
2. #include<cmath>
3. using namespace std;
4. int main (){
5.    int i,j,flag;
6.    for (i=100;i<=200;i++) {
7.      flag=0;
8.      for(j=2;j<=sqrt(i);j++)
9.        if(i%j==0){
10.           flag=1;
11.           break;
12.        }
13.      if(flag==0)
14.          cout<<i<<"\t";
15.   }
16.    return 0;
17. }
```

C++ 案例趣学

【例 12-2】 百人百砖。

一百块砖，一百人搬。男搬四块砖，女搬三块砖，两个小孩搬一块砖，如图 12-2 所示。若要求一次全搬完，问男、女和小孩各多少人？

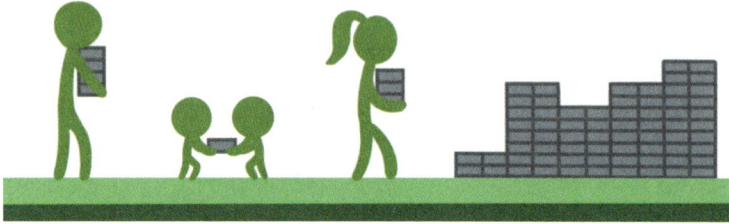

图 12-2　搬砖

输入：无。

输出：若干个整数，即满足条件的男、女、小孩的人数（可以有多组）。

样例输入： 无

样例输出：

```
5,13,82
10,6,84
```

【数学分析】

本题依然是穷举法的应用。列举男、女、小孩的所有可能，从中找到满足条件的可能组合。

（1）一共 100 块砖，因为男人一次可以搬 4 块砖，所以男人最多 25 人，最少 1 人。

（2）一共 100 块砖，因为女人一次可以搬 3 块砖，所以女人最多 33 人，最少 1 人。

（3）一共 100 块砖，因为两个小孩可以搬 1 块砖，所以小孩最多 200 人，但因为最多 100 人，所以小孩只能最多 100 人，且只能是 2、4、6、8 这样的偶数。

将上述所有可能加以组合，判断是否满足题目中的条件，条件有两个：

（1）男人数 + 女人数 + 小孩数 =100 人；

（2）男人数 ×4+ 女人数 ×3+ 小孩数 /2=100 块砖；

如果满足条件，则输出。

【算法描述】

（1）定义循环变量 i、j 和 k，分别表示男人、女人和小孩的人数。

（2）输入：无。

（3）3层循环列举所有可能的值：

- 循环 i 从 1 到 25（男人数量）；
- 循环 j 从 1 到 33（女人数量）；
- 循环 k 从 2 到 100 的偶数（小孩数量）；
- 如果 (i+j+k==100)&&(4*i+3*j+k/2==100)；
- 输出 i、j 和 k。

（4）输出包含在（3）中。

百人百砖问题的程序实现如代码清单 12-2 所示。

代码清单 12-2

```
1.  #include <iostream>
2.  using namespace std;
3.  int main (){
4.    int i,j,k;
5.    for (i=1;i<=25;++i) {
6.      for(j=1;j<=33;j++) {
7.        for(k=2;k<100;k+=2) {
8.          if(i+j+k==100&&4*i+3*j+k/2==100)
9.            cout<<i<<","<<j<<","<<k<<endl;
10.       }
11.     }
12.   }
13.   return 0;
14. }
```

【例 12-3】 猴子吃桃问题。

如图 12-3 所示，猴子摘了一堆桃，当天吃掉一半，觉得不过瘾，又多吃了一个；第二天，它吃了剩下的桃子的一半又多一个，以后每天都这样吃下去，直到第 8 天要吃时，它发现只剩下一个桃子了。问猴子第一天共摘下了多少个桃子？

图12-3　猴子吃桃

输入：无。

输出：一个整数，即猴子第一天摘下的桃子数。

样例输入： 无

样例输出：

```
382
```

【数学分析】

这是一个递推问题。递推是一种简单的算法，即通过已知条件，利用特定关系得出中间推论，直至得到结果的算法。递推算法分为顺推和逆推两种。

猴子吃桃属于逆推问题。先从最后一天的桃子数推算出倒数第二天的桃子数，再从倒数第二天的桃子数推算出第三天的桃子数……。设第 n 天的桃子数为 x_n，那么它是前一天的桃子数的 x_{n-1} 的一半减 1，递推公式为：$x_n = x_{n-1}/2 - 1$ 即 $x_{n-1} = (x_n + 1) * 2$。

【算法描述】

（1）定义循环变量 i，桃子数量 peach，初值为第 8 天的数量 1。

（2）输入：无。

（3）循环 i 从 7 到 1：peach=（peach+1）*2

（4）输出 peach 的值。

具体程序实现如代码清单 12-3 所示。

代码清单 12-3

```
1. #include <iostream>
2. using namespace std;
3. int main (){
4.     int peach=1,i;
5.     for(i=7;i>=1;i--)
6.         peach=(peach+1)*2;
7.     cout<<peach;
8.     return 0;
9. }
```

【例 12-4】 质因数分解问题。

已知正整数 n 是两个不同的质数的乘积，试求出较大的那个质数。

输入：一行，包含一个正整数 n（$0 < n \leq 10000$）

输出：一行，包含一个正整数 a，即较大的那个质数。

样例输入：

```
21
```

样例输出：

```
7
```

【数学分析】

这个题具有很大的欺骗性，由于题目名为质因数分解，可能会让你马上想到判断质数。但在问题描述中已经确定 "n 是两个不同质数的乘积"，实际上不需要判断质数。按顺序求两个乘数，则后一个乘数一定大于或等于前一个乘数。因此这个题目就变成一个整数可以拆成两个数相乘，输出第二个乘数。

【算法描述】

（1）定义循环变量 i 和正整数 n。

（2）输入 n。

（3）循环 i 从 2 到 n/2：如果 n/i==0（说明找到第一乘数）；那么输出 n/i（第二个乘数），终止循环。

（4）输出包含在（3）中。

质因数分解问题的程序实现如代码清单 12-4 所示。

代码清单 12-4

```
1. #include <iostream>
2. using namespace std;
3. int main(){
4.     int n,i;
5.     cin>>n;
6.     for(i=2;i<=n/2;i++){
7.         if(n%i==0)        {
8.             cout<<n/i;
9.             break;
10.         }
11.     }
12.     return 0;
13. }
```

【例 12-5】 数字统计问题。

请统计某个给定范围 [l, r] 的所有整数中，数字 2 出现的次数。比如，给定范围 [2, 22]，数字 2 在数 2 中出现了 1 次，在数 12 中出现 1 次，在数 20 中出现 1 次，在数 21 中出现 1 次，在数 22 中出现 2 次，所以数字 2 在该范围内一共出现了 6 次。

输入：一行，为两个正整数 l 和 r,（$0 \leqslant l < r \leqslant 1000$），两个整数之间用一个空格隔开。

输出：一行，表示数字 2 出现的次数。

样例输入：

```
2 22
```

样例输出：

```
6
```

C++ 案例趣学

【数学分析】

本题是数位拆分的应用。循环从 l 到 r，对于其中每个数字拆分出个、十、百位，判断是否等于 2，如果等于 2，则次数加 1。对于数字拆分，由于不知数字位数，也可以由一个循环实现，如图 12-4 所示。

图 12-4　数字拆分示例

【算法描述】

（1）定义循环变量 i、上下边界 l 和 r、正整数 n 以及个数 count。

（2）输入 l 和 r。

（3）循环 i 从 l 到 r：n=i；当 n!=0 时循环：如果 n%10==2，那么 count++；n=n/10。

（4）输出 count。

具体程序实现如代码清单 12-5 所示。

代码清单 12-5

```cpp
1.  #include <iostream>
2.  using namespace std;
3.  int main(){
4.      int l,r,i,k,y;
5.      cin>>l>>r;
6.      k=0;
7.      for(i=l;i<=r;i++) {
8.          y=1;
9.          while(1) {
10.             if(i/y%10==2)
11.                 k++;
12.             y*=10;
13.             if(i/y==0)
```

```
14.             break;
15.         }
16.     }
17.     cout<<k<<endl;
18.     return 0;
19. }
```

本课介绍了如下内容：

（1）质数问题；

（2）百人百砖问题；

（3）猴子吃桃问题；

（4）质因数分解问题；

（5）数字统计问题。

练习12-1　阅读代码清单12-6，写结果。

代码清单 12-6

```
1. #include <iostream>
2. using namespace std;
3. int main(){
4.   int a,b=19;
5.   while(a=b-1){
6.       b-=3;
7.       if(b%5==0){
8.           a++;continue;
9.       }else if(b<5)break;
10.      a++;
11.   }
12.   cout<<a<<" "<<b<<endl;
13.   return 0;
14. }
```

结果为_____。

练习12-2　末尾的3位数问题。

请编写一段程序，计算 99^{99} 末尾的三位数。

输入：无。

输出：一个3位整数 n（即 99^{99} 末尾的三位数）。

样例输入：无

C++ 案例趣学

样例输出：

```
899
```

练习12-3　求自然常数e问题。

已知自然常数 e ≈ 2.718，计算公式如下：

$$e = 1 + \frac{2}{2!} + \frac{3}{3!} + \cdots$$

编程求 e 的近似值，精度要求为 10^{-6}。

> **提示**
>
> $n! = 1 \times 2 \times 3 \times \cdots \times n$

输入：无。

输出：一个双精度实数，即 e 的近似值。

样例输入： 无

样例输出：

```
2.71828
```

练习12-4　数据统计问题。

输入一些正整数，保证这些数都是不超过 1000 的整数（输入大于等于 1000 的数时，结束程序），求出它们的最小值、最大值和平均值。

输入：若干个正整数，以 1000 为结束。

输出：三部分内容，即最小值、最大值和平均值。

样例输入：

```
2 8 3 5 1 7 3 6 1000
```

样例输出：

```
min=1,max=8,average=4.375
```

练习12-5　买苹果问题。

最近水果店新购入一批苹果，每个苹果 0.8 元。卡路第一天买 2 个苹果，从第二天开始，每天买前一天的 2 倍，直到当天购买的苹果个数达到且不超过 50 个，请编写程序，求每天平均花多少钱买苹果？

输入：无。

输出：一个单精度实数，即每天平均花的钱数。

样例输入： 无

样例输出：

```
9.92
```

练习12-6　找5的倍数问题。

从键盘输入 n 个整数（ $n \leqslant 10$ ），找到第一个能被 5 整除的数。如果找到了，则输出此数；如果没找到，则输出"未找到"。

输入：n 个整数，即待判断数据，最多 10 个。

输出：1 个整数或"未找到"，1 个整数为输入中第一个能被 5 整除的数。

样例输入 1：

```
1
2
3
4
5
```

样例输出 1：

```
5
```

样例输入 2：

```
1
2
3
4
6
7
8
9
11
12
```

样例输出 2：

```
未找到
```

第13课 美味的石榴：一维数组

卡路家的院子里有一棵石榴树。每当石榴成熟，卡路就会跑去摘石榴，然后跟路西和科迪一起分享。

今年树上结了 10 个石榴，卡路又来采摘了。请编写一段程序，已知石榴到地面的高度分别是 100cm、200cm、150cm、140cm、129cm、134cm、167cm、198cm、200cm 和 111cm。输入卡路把手伸直时能够达到的最大高度，计算他能够摘到的石榴的数量。假设他碰到石榴，石榴就会掉下来。

【例 13-1】 美味的石榴。

输入：一行，一个整数 t（$100 \leqslant t \leqslant 150$），即卡路把手伸直的时候能够达到的最大高度。

输出：一行，一个整数 c，即卡路能够摘到的石榴的数量。

样例输入：

160

样例输出：

6

【数学分析】

本程序只需比较每个石榴到地面的高度与卡路伸手的高度即可，如果前者小于等于后者，则摘到个数加 1。

【算法描述】

（1）定义具有 10 个元素的数组 h[10]，存放 10 个石榴的高度；定义循环变量 i 和卡路高度 t，并设摘到石榴个数 c 初值为 0。

（2）输入卡路的高度 t。

（3）从 0～9 循环 i：如果石榴高度 h[i]≤t 为真，那么 c=c+1。

（4）输出 c。

（1）当有许多类型相同、性质相同的数据时，程序如何存储？

（2）对于这些类型相同、性质相同的数据，该如何统一操作它们？

美味的石榴问题的程序实现如代码清单 13-1 所示。

代码清单 13-1

```
1. #include <iostream>
2. using namespace std;
3. int main(){
4.     int h[10]={100,200,150,140,129,134,167,198,200,111};
5.     int i,t,c;
6.     c=0;
7.     cin>>t;
8.     for(i=0;i<10;i++){
9.         if(h[i]<=t)
10.            c++;
11.     }
12.     cout<<c<<endl;
13.     return 0;
14. }
```

13.1 数组的概念

数组就是一组数。数组是一种新的数据类型，它把多个数据按顺序组合在一起并起了一个名字（数组名）。其中，每个数据称为数组中的一个元素，所有元素的数据类型相同。例 13-1 中的第 4 行定义了数组用于存放石榴距地面高度的数据。它具有10 个元素，每个元素的类型为整型，数组名是 h，如图 13-1 所示。

4.　　　int h[10]={100,200,150,140,129,134,167,198,200,111};

图 13-1　数组初始化

组成数组的各个数据称为数组的分量，也称为数组的元素，有时也称为下标变量，用于区分数组的各个元素的数字编号称为下标。例 13-1 中的第 8 行～第 11 行就是利用循环访问数组的每个元素，其中 h[i] 表示数组中的一个数组元素，如图 13-2 所示。

```
8.          for(i=0;i<10;i++){
9.              if(h[i]<=t)
10.                 c++;
11.         }
```

图 13-2　数组元素访问方法

数组可以有一维数组、多维数组、字符数组和可变长数组之分。

13.2 一维数组的定义

如图 13-3 所示，如果数组名后跟一个方括号，则称之为一维数组。一维数组的说明如图 13-3 所示。

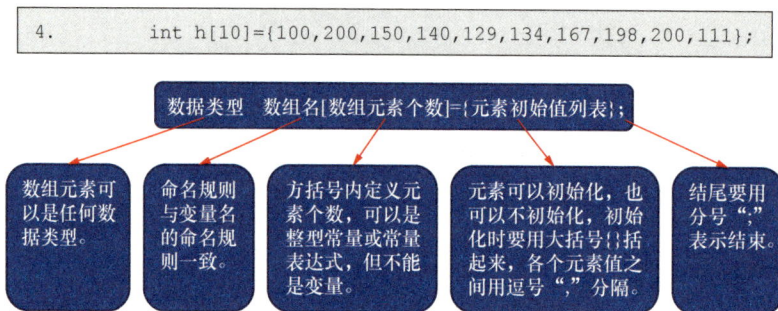

```
4.          int h[10]={100,200,150,140,129,134,167,198,200,111};
```

数据类型　数组名[数组元素个数]={元素初始值列表};

| 数组元素可以是任何数据类型。 | 命名规则与变量名的命名规则一致。 | 方括号内定义元素个数，可以是整型常量或常量表达式，但不能是变量。 | 元素可以初始化，也可以不初始化，初始化时要用大括号{}括起来，各个元素值之间用逗号","分隔。 | 结尾要用分号";"表示结束。 |

图 13-3　一维数组的说明

例如：

```
int a[10];          //数组a定义是合法的
int b[n];           //数组b定义是非法的，元素个数不能是变量
```

13.3　一维数组的初始化

同变量初始化一样，数组初始化就是在定义数组时为数组中的各元素赋初值。如例 13-1 第 4 行在定义数组时即初始化。数组初始化有如下几种形式。

1. 全部元素初始化

（1）可以给数组全部元素赋初值。例如，

int x[5]={0,1,2,3,4}; 表示全部元素初始化

（2）数组全部元素初始化时，可以省略元素个数。例如，

int x[ ]={0,1,2,3,4}; 表示全部元素初始化时元素个数可省略

2. 部分元素初始化

可以只给部分元素初始化，此时不能省略元素个数。例如，

int x[5]={0,1,2 }; 表示部分元素初始化

3. 数组定义时没有初始化

（1）没有初始化时，各元素值为随机值（不确定值），数组定义吋部分元素初始化，那么未初始化的部分默认为 0。例如，

int x[5]={3,4}; 表示 $x[0]=3, x[1]=4, x[2]$、$x[3]$ 和 $x[4]$ 都为 0。

（2）对数组元素全部初始化为 0，可以简写为 {0}。例如，

int a[5]={0}; 表示将数组 a 的 5 个元素都初始化为 0。

无论何种初始化形式，初始化后，要加分号表示结束。

> **提示**
>
> 　　这种为数组每个元素整体赋值的形式，只能出现在定义数组时，在使用数组的过程中不能这样赋值，只能通过循环逐个为元素赋值。

✏️ 13.4　一维数组的使用及举例

一般来说，程序中无法直接使用整个数组进行计算处理，而要逐个元素进行操作。数组元素可以像同类型的普通变量那样使用，对其进行各种运算的方法和普通变量完全相同。

一维数组元素的使用格式：

数组名 [下标]

方括号中的下标可以是常量、变量或表达式，表示这个元素在数组中的位置编号，从 0 开始到"元素个数 –1"结束。

> **提示**
>
> 在定义数组时，方括号内为数组元素个数，只能使用常量或简单的常量表达式表示；而在使用数组时，方括号内为数组元素下标，可以使用常量、变量或表达式表示。

【**例 13-2**】 数组元素说明。

有一维数组定义如下：

```
int  a[10];
```

其中，*a* 是一维数组的数组名，该数组有 10 个元素，每个元素都是整型数据。一旦定义了数组，就会为该数组分配一串连续的存储单元。数组 *a* 的存储格式如图 13-4 所示。

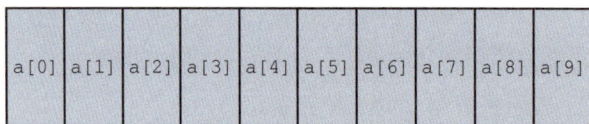

图 13-4　数组 *a* 的存储格式

> **注意**
>
> 上述数组中没有 *a*[10] 元素，数组从下标 0 开始到下标 9（10 –1）结束。如果使用了 *a*[10] 元素，则会出现超出范围错误。

在程序中可以使用 *a*[0] ～ *a*[9] 之中的任意一个元素，每个元素相当于一个变量使用。当对数组中的所有元素进行相同操作时（即整体操作），可以采用循环形式逐个对数组元素进行操作，而不能使用数组名。例如，可以进行如下操作：

```
for(i=0;i<=9;i++)
a[i]=5;                    //数组a的所有元素均赋值为5
```

【**例 13-3**】 元素移动问题。

已知数组 *a* 包含 5 个整型元素：0、1、2、3 和 4。请编写一段程序，将数组 a 中的第一个元素移到数组末尾，其余数据依次向前移一个位置，如图 13-5 所示。

图 13-5　数组 *a* 中的 5 个整型元素

样例输入： 无

样例输出：

```
1 2 3 4 0
```

【**数学分析**】

注　意

包含 *N* 个元素的数组，其下标为 0～*N*-1。

（1）把第一个元素的值取出放在一个临时单元 *t* 中；

（2）通过 $a[1] \rightarrow a[0]$, $a[2] \rightarrow a[1]$, $a[3] \rightarrow a[2]$, …, $a[n-1] \rightarrow a[n-2]$, 实现其余元素前移。

（3）将 *t* 值送入 $a[n-1]$。

【**算法描述**】

（1）定义符号常量 N=5，定义整型数组 a[N] 并初始化；定义循环变量 i 和临时变量 t。

（2）输入无。

（3）t=a[0];

　　　i 从 1 到 N-1 循环：a[i-1]=a[i] ;

　　　a[N-1]=t。

（4）i 从 0 到 N-1 循环：输出数组元素 a[i]。

元素移动问题的程序实现如代码清单 13-2 所示。

代码清单 13-2

```
1. #include <iostream>
2. using namespace std;
3. int main(){
```

137

```
4.      const int N=5;
5.      int a[N]={0,1,2,3,4};
6.      int i,t;
7.      t=a[0];
8.      for(i=1;i<N;i++)
9.          a[i-1]=a[i];
10.     a[N-1]=t;
11.     for(i=0;i<N;i++)
12.         cout<<a[i]<<' ';
13.     return 0;
14.  }
```

【例 13-4】 数组逆序。

输入 n 个数，要求程序按逆序把这 n 个数打印出来，如图 13-6 所示。已知输入不超过 100 个整数，按逆序打印这 n 个数。

图 13-6　数组逆序

输入：两行，第一行，数据个数 n（n 不超过 100）；第二行 n 个整数。

输出：一行，n 个整数的逆序。

样例输入：

```
5
12 34 56 78 91
```

样例输出：

```
91 78 56 34 12
```

【数学分析】

本程序利用数组实现，先顺序输入，再逆序输出。通常，数组的输入/输出用 for 循环实现。

【算法描述】

（1）定义整型数组 data[100]、循环变量 i 以及数组元素个数 n。

（2）输入 n。

（3）i 从 0 到 n-1 循环：输入数组元素 data[i]。

（4）i 从 n-1 到 0 循环：输出数组元素 data[i]。

数组逆序问题的程序实现如代码清单 13-3 所示。

代码清单 13-3

```
1. #include <iostream>
2. using namespace std;
3. int main(){
4.     int data[100];
5.     int i,n;
6.     cin>>n;
7.     for(i=0;i<n;i++)
8.         cin>>data[i];
9.     for(i=n-1;i>=0;i--)
10.        cout<<data[i]<<' ';
11.    return 0;
12. }
```

本课主要介绍了以下内容。

（1）数组的概念：一维数组的数据类型。

（2）一维数组的定义：int a[5]。

（3）一维数组初始化：int a[5]={5,8,9,2,1}。

（4）一维数组的使用：上述数组元素包括 $a[0] \sim a[4]$。

练习13-1　阅读代码清单13-4，写结果。

代码清单 13-4

```
1. #include<iostream>
2. using namespace std;
3. int main(){
4.     int a[10],b[10],i;
5.     for(i=0;i<10;i++)
6.         cin>>a[i];
7.     for(i=0;i<9;i++)
8.         b[i]=a[i]+a[i+1];
9.     for(i=0;i<9;i++){
```

```
10.        if(i%3==0) cout<<endl;
11.        cout<<b[i]<<'\t';
12.    }
13.    return 0;
14. }
```

设输入为：

```
1 2 3 4 5 6 7 8 9 10<CR>
```

结果为_____。

练习13-2　阅读代码清单13-5，写结果。

代码清单 13-5

```
1. #include<iostream>
2. using namespace std;
3. int main(){
4.     int a[10]={1,2,2,3,4,3,4,5,1,5};
5.     int n=0,i,j,c,k;
6.     for(i=0;i<10-n;i++){
7.         c=a[i];
8.         for(j=i+1;j<10-n;j++)
9.             if(a[j]==c){
10.                for(k=j;k<10-n;k++)
11.                    a[k]=a[k+1];
12.                n++;
13.            }
14.    }
15.    for(i=0;i<(10-n);i++)
16.        cout<<a[i];
17.    return 0;
18. }
```

结果为_____。

练习13-3　阅读代码清单13-6，写结果。

代码清单 13-6

```
1. #include<iostream>
2. using namespace std;
3. int main(){
4.     int a[6]={7,4,8,9,1,5};
5.     int i,j,k,m;
6.     for(i=5;i>=0;i--){
7.         k=a[5];
8.         for(j=4;j>=0;j--)
9.             a[j+1]=a[j];
10.        a[0]=k;
11.        for(m=0;m<6;m++)
12.            cout<<a[m]<<"";
13.        cout<<endl;
14.    }
15.        return 0;
```

```
16. }
```

结果为＿＿＿＿＿＿＿＿＿＿＿＿。

练习13-4　顺序调整。

已知 5 位同学的身高分别为 128cm、154cm、132cm、161cm 和 126cm。请编写一个程序找出最高和最矮的同学所在的位置，并把两人对调，然后输出调整后的 5 位同学身高。

输入：无。

输出：一行，5 个整数，即调整后的身高，整数之间用空格分隔。

样例输入： 无

样例输出：

```
128 154 132 126 161
```

练习13-5　打印数列。

已知某数列的第 1 项、第 2 项分别为 0 和 1，以后每个奇数编号的项是前两项之和，偶数编号的项是前两项差的绝对值。请编写一段程序，输出该数列的前 10 项。

输入：无。

输出：一行，10 个整数，即数列的前 10 项，整数之间用逗号分隔。

样例输入： 无

样例输出：

```
0,1,1,0,1,1,2,1,3,2,
```

第14课　魔术工厂的库存：多维数组

　　卡路的舅舅在一家生产魔术道具的工厂上班。卡路特别喜欢魔术，总缠着舅舅要到厂里看看，舅舅拗不过卡路的软磨硬泡终于答应了。不过，舅舅还提出了一个问题，只有卡路答对了，才会带他去。问题是这样的：已知魔术厂有甲和乙两个仓库，存放着各种魔术道具，已知其中 3 种颜色的强磁戒指和魔术杯垫的库存量，请答出这家工厂里强磁戒指和魔术杯垫的总库存量是多少。

　　甲仓库中两种魔术道具的库存量如表 14-1 所示。

表 14-1　甲仓库中两种魔术道具的库存量

	红色 / 个	绿色 / 个	蓝色 / 个
强磁戒指	31	41	28
魔术杯垫	36	29	32

　　乙仓库中两种魔术道具的库存量如表 14-2 所示。

表 14-2　乙仓库中两种魔术道具的库存量

	红色 / 个	绿色 / 个	蓝色 / 个
强磁戒指	26	35	18
魔术杯垫	29	24	11

【例 14-1】 魔术工厂的库存。

输入：共 4 行，前两行每行 3 个整数，表示仓库甲的元素。后两行每行 3 个整数，表示仓库乙的元素。相邻两个整数之间用单个空格隔开，每个元素的值均在 1 和 1000 之间。

输出：共两行，每行 3 个整数，表示仓库甲、乙的总库存量。相邻两个整数之间用单个空格隔开。

样例输入：

```
31 41 28
36 29 32
26 35 18
29 24 11
```

样例输出：

```
57 76 46
65 53 43
```

【数学分析】

这个问题可以用矩阵来描述：一个 m 行 n 列的矩阵是由 $m \times n$ 个数 a_{ij} 排成的 m 行 n 列的数表。矩阵是高等数学中的常见工具，在电路学、力学、光学、量子物理学和计算机科学中都有应用。

$$A = \begin{bmatrix} a_{11} & a_{12} & \cdots & a_{1n} \\ a_{21} & a_{22} & \cdots & a_{2n} \\ a_{31} & a_{32} & \cdots & a_{3n} \\ \vdots & \vdots & & \vdots \\ a_{m1} & a_{m2} & \cdots & a_{mn} \end{bmatrix}$$

甲仓库两种魔术道具的库存量用矩阵表示为 $A = \begin{pmatrix} 31 & 41 & 28 \\ 36 & 29 & 32 \end{pmatrix}$

乙仓库两种魔术道具的库存量用矩阵表示为 $B = \begin{pmatrix} 26 & 35 & 18 \\ 19 & 24 & 11 \end{pmatrix}$

该厂两种魔术道具的总库存量可以用矩阵表示为：

$$A + B = \begin{pmatrix} 31+26 & 41+35 & 28+18 \\ 36+19 & 29+24 & 32+11 \end{pmatrix} = \begin{pmatrix} 57 & 76 & 46 \\ 65 & 53 & 43 \end{pmatrix}$$

【算法描述】

（1）定义二维数组 A[2][3] 和 B[2][3]，以及循环变量 i 和 j。

C++ 案例趣学

（2）从 0～1 循环 i：从 0～2 循环 j，输入 A[i][j]；从 0～1 循环 i：从 0～2 循环 j，输入 B[i][j]。

（3）从 0～1 循环 i：从 0～2 循环 j，输出 A[i][j]+B[i][j]。注意，输出时，注意输出格式。

（1）数组中每个元素的类型是否可以还是数组类型？

（2）什么是多维数组？

（3）多维数组如何定义、初始化和使用？

魔术工厂的库存问题的程序实现如代码清单 14-1 所示。

代码清单 14-1

```
1. #include <iostream>
2. using namespace std;
3. int main() {
4.     int A[2][3],B[2][3];
5.     int i,j;
6.     for(i=0;i<2;i++)
7.         for(j=0;j<3;j++)
8.             cin>>A[i][j];
9.     for(i=0;i<2;i++)
10.        for(j=0;j<3;j++)
11.            cin>>B[i][j];
12.    for(i=0;i<2;i++){
13.        for(j=0;j<3;j++)
14.            cout<<A[i][j]+B[i][j]<<" ";
15.        cout<<endl;
16.    }
17.    return 0;
18. }
```

14.1　多维数组的定义（以二维数组为例）

当一维数组元素的类型也是一维数组时，便构成了"数组的数组"，即二维数组。

例 14-1 就是二维数组的应用。

例 14-1 中的第 4 行定义了两个二维数组 A 和 B，如图 14-1 所示。

4.　　　　　int A[2][3],B[2][3];

图 14-1　二维数组 A 和 B 的定义

二维数组定义的一般格式为

数据类型　数组名 [常量表为达式 1] [常量表达式 2] ；

二维数组定义的规则与一维数组一样。

例 14-1 中 A 是二维数组，它的第一个方括号是 2 表示 2 行，第二个方括号是 3 表示 3 列，这个二维数组实质上是一个具有 2 行 3 列的表格，表格中可存储 2×3=6 个元素。第 1 行第 1 列元素对应数组的 A[0][0]，第 2 行第 3 列对应数组元素 A[1][2]。B 数组也是如此。

如果定义的数组有多个方括号，我们称之为多维数组。方括号的个数可以有多个，如定义一个三维数组 a 和四维数组 b 的形式为：

```
int a[100][3][5];
int b[100][100][3][5];
```

14.2　多维数组的初始化

二维数组也可以像一维数组那样进行初始化。

1. 初始化全部元素

当初始化全部元素时，可以将每一行分开来写在各自的大括号里，也可以把所有数据写在一个大括号里，例如：

```
int d1[4][2]={{1, 2}, {3, 4}, {5, 6}, {7, 8} };
int d2[4][2]={1, 2, 3, 4, 5, 6, 7, 8} ;
```

初始化 d1 数组时，外层大括号内的每一个大括号表示每一行元素赋值，如表 14-3 所示。

表 14-3　d1 数组全部元素初始化赋值

{1，2}：	d1[0][0]=1	d1[0][1]=2
{3，4}：	d1[1][0]=3	d1[1][1]=4
{5，6}：	d1[2][0]=5	d1[2][1]=6
{7，8}：	d1[3][0]=7	d1[3][1]=8

C++ 案例趣学

*d*2 数组初始化时，大括号中的值按先列后行顺序赋值，即按 [0][0]、[0][1]、[1][0]、[1][1]…[3][0]、[3][1] 顺序赋值，如表 14-4 所示。

表 14-4　*d* 2 数组全部元素初始化赋值

d[0][0]=1	d[0][1]=2
d[1][0]=3	d[1][1]=4
d[2][0]=5	d[2][1]=6
d[3][0]=7	d[3][1]=8

由此可见，当全部元素初始化时，*d*1 和 *d*2 的结果是一样的。当全部元素初始化时，可以省略第一个方括号中的行数，不能省略第二个方括号中的列数。例如：

```
int d1[][2]={{1,0},{0,1},{-1,0},{0,-1}};
int d2[][2]={1,0,0,1,-1,0,0,-1} ;
```

2. 部分元素初始化

可以对二维数组进行部分元素初始化，则未初始化元素初值默认为 0，例如：

```
int d1[4][2]={{1},{2},{3},{4}};
int d2[4][2]={1,2,3,4} ;
```

数组 *d*1 和 *d*2 初始化含义是不同的。

*d*1 数组初始化时，外层大括号内的每一个大括号表示每一行元素赋值，所以值会赋给每一行的对应元素如表 14-5 所示。

表 14-5　*d* 1 数组部分元素初始化赋值

d1[0][0]=1	d1[0][1]=0
d1[1][0]=2	d1[1][1]=0
d1[2][0]=3	d1[2][1]=0
d1[3][0]=4	d1[3][1]=0

*d*2 数组初始化时，大括号中的值按先列后行顺序赋值，如表 14-6 所示。

表 14-6　*d* 2 数组部分元素初始化赋值

d2[0][0]=1	d2[0][1]=2
d2[1][0]=3	d2[1][1]=4
d2[2][0]=0	d2[2][1]=0
d2[3][0]=0	d2[3][1]=0

由此可见，当部分元素初始化时，*d*1 和 *d*2 的结果是不同的。当部分元素初始化时，*d*1 数组的形式可以省略第一个方括号中的行数，不能省略第二个方括号中的列数。*d*2 数组的形式行、列数都不能省略，例如：

```
int d1[ ][2]={{1},{2},{3},{4}};
```

无论何种形式的初始化，初始化后要加分号表示结束。

14.3 多维数组的使用（以二维数组为例）

二维数组在使用中也是按元素逐个使用，使用时必须给出行、列两个下标。

引用的格式为：

数组名 [下标 1][下标 2]

【例 14-2】 二维数组使用说明。

设有定义：

```
int a[3][5];
```

则表示 a 是二维数组（相当于一个 3×5 的表格），共有 $3 \times 5 = 15$ 个元素，它们是：

$a[0][0] \ a[0][1] \ a[0][2] \ a[0][3] \ a[0][4]$

$a[1][0] \ a[1][1] \ a[1][2] \ a[1][3] \ a[1][4]$

$a[2][0] \ a[2][1] \ a[2][2] \ a[2][3] \ a[2][4]$

因此，可以将其看成一个矩阵（表格），$a[0][0]$ 表示第 1 行第 1 列元素，即数组的第一个元素，$a[2][4]$ 表示第 3 行第 5 列的元素，即数组的最后一个元素。

每一个数组元素可以作为变量使用。

【例 14-3】 矩阵转置问题。

$$\begin{bmatrix} a & b \\ c & d \\ e & f \end{bmatrix}^{\mathrm{T}} = \begin{bmatrix} a & c & e \\ b & d & f \end{bmatrix}$$

矩阵转置是矩阵的一种基本操作。设 A 为 $m \times n$ 阶矩阵（即 m 行 n 列），第 i 行 j 列的元素是 $a(i, j)$，即 $A = a(i, j)$。

定义 A 的转置为这样一个 $n \times m$ 阶矩阵 B，满足 $B = b(\mathrm{j}, \mathrm{i})$，即 $b(j, i) = a(i, j)$（B 的第 i 行第 j 列元素是 A 的第 j 行第 i 列元素），记为 $A^{\mathrm{T}} = B$。

请编写一段程序，输入一个 $m \times n$ 矩阵 a 的元素，输出其转置矩阵 b。

输入：共 $m+1$ 行，第一行包含两个整数 m 和 n，即矩阵的行数和列数。$m \geqslant 1$，$n \leqslant 100$。接下来 m 行，每行 n 个整数，即矩阵的 m 行元素。相邻两个整数之间用空格隔开。

输出：共 n 行，每行 m 个整数，为转置后的矩阵元素。相邻两个整数用空格隔开。

C++ 案例趣学

样例输入：

```
3 2
1 2
3 4
5 6
```

样例输出：

```
1 3 5
2 4 6
```

【数学分析】

根据矩阵转置定义，可知转置的基本操作为 $b(j,i)=a(i,j)$，如图 14-2 所示。

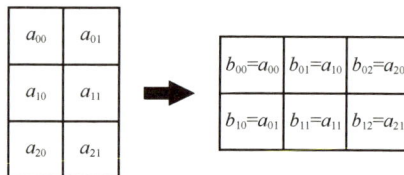

图 14-2 转置操作

【算法描述】

（1）定义足够大的二维数组 a 和 b，定义行、列数变量 m 和 n，定义循环变量 i 和 j。

（2）输入 a 数组的行数 m 和列数 n；从 0～m-1 循环 i：从 0～n-1 循环 j：输入 a 数组。

（3）按照转置关系，将 a 数组元素赋值给 b 数组；

（4）从 0～n-1 循环 i：从 0～m-1 循环 j：输出 b 数组。

矩阵转置问题的程序实现如代码清单 14-2 所示。

代码清单 14-2

```cpp
1. #include <iostream>
2. using namespace std;
3. int main() {
4.     const int MAX=100;
5.     int a[MAX][MAX],b[MAX][MAX];
6.     int i,j,m,n;
7.     cin>>m>>n;
8.     for(i=0;i<m;i++)
9.         for(j=0;j<n;j++)
10.            cin>>a[i][j];
11.    for(i=0;i<n;i++)
12.        for(j=0;j<m;j++)
13.            b[i][j]=a[j][i];
14.    for(i=0;i<n;i++){
15.        for(j=0;j<m;j++)
16.            cout<<b[i][j]<<" ";
17.        cout<<endl;
18.    }
19.    return 0;
```

20. }

本课主要介绍如下内容。

（1）二维数组的定义。

（2）二维数组元素的初始化。

（3）二维数组的使用举例。

练习14-1 阅读代码清单14-3，写结果。

代码清单 14-3

```
1. #include<iostream>
2. using namespace std;
3. int main(){
4.     int a[3][3]={1,3,5,7,9,11,13,15,17};
5.     int sum=0;
6.     for(int i=0;i<3;i++)
7.         for(int j=0;j<3;j++)
8.             if(i==j)sum+=a[i][j];
9.     cout<<"sum="<<sum<<endl;
10.    return 0;
11. }
```

结果为＿＿＿＿＿＿＿＿。

练习14-2 阅读代码清单14-4，写结果。

代码清单 14-4

```
1. #include<iostream>
2. using namespace std;
3. int main(){
4.     int a[3][3]={{1,2,3},{9,8,7},{-1,-2,5}};
5.     int row,col,min=a[0][0];
6.     for(int i=0;i<3;i++)
7.         for(int j=0;j<3;j++)
8.             if(a[i][j]<min){
9.                 min=a[i][j];row=i;col=j;
10.            }
11.    cout<<"min="<<min<<",row="<<row<<",col="<<col<<endl;
12.    return 0;
13. }
```

结果为＿＿＿＿＿＿＿＿。

练习14-3 阅读代码清单14-5，写结果。

代码清单 14-5

```
1. #include<iostream>
2. using namespace std;
3. int main(){
4.      int a[2][3]={4,5,6,1,2,3};
5.      int b[2][3];
6.      for(int i=0;i<2;i++){
7.          for(int j=0;j<=2;j++){
8.              cout<<a[i][j]<<" ";
9.              b[i][j+1]=a[i][j];
10.         }
11.         cout<<endl;
12.     }
13.     for(int i=0;i<2;i++)
14.     b[i][0]=a[i][2];
15.     for(int i=0;i<2;i++){
16.         for(int j=0;j<3;j++)
17.             cout<<b[i][j]<<" ";
18.         cout<<endl;
19.     }
20.     return 0;
21. }
```

结果为＿＿＿＿＿＿＿＿＿。

练习14-4 对角线元素求和。

n 行 n 列的矩阵叫作 n 阶方阵。n 阶方阵具有两条对角线——主对角线和次对角线，如图 14-3 所示。请编写一个程序，输入一个 n 阶方阵 A 的元素，分别求两条对角线上的元素之和。

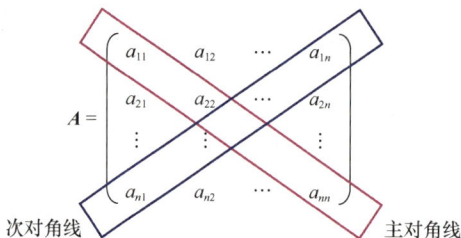

图 14-3　n 阶方阵

输入：共 $n+1$ 行，第 1 行一个整数，即矩阵的阶数（$2 \leqslant n \leqslant 10$）；从第 2 行开始，每行 n 个小于 100 的非负整数，即 n 阶方阵各个元素，各整数用空格分隔。

输出：共 1 行，两个整数，即主对角线元素之和与次对角线的元素之和，用空格分隔。

样例输入：

```
3
1 2 3
4 5 6
7 8 9
```

样例输出：

```
15 15
```

练习14-5　螺旋方阵。

所谓螺旋方阵，是指对任意给定的 n，将 1 到 $n×n$ 的数字从左上角第 1 个格子开始，按顺时针螺旋方向顺序填入 $n×n$ 的方阵里。图 14-4 所示的是一个 5 阶螺旋方阵。请编写一段程序，输入阶数 n，构造一个螺旋方阵。

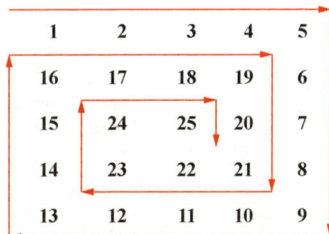

图14-4　螺旋方阵

输入：共 1 行，一个整数 n，即方阵的阶数（ $2 \leqslant n \leqslant 10$ ）。

输出：共 n 行，每行 n 个整数，即 $n×n$ 的螺旋方阵。

样例输入：

```
5
```

样例输出：

```
1  2  3  4  5
16 17 18 19 6
15 24 25 20 7
14 23 22 21 8
13 12 11 10 9
```

第15课　卡路的历练4：数组举例

学习了一维数组和多维数组的知识后，卡路决定多做些练习，巩固学过的知识。

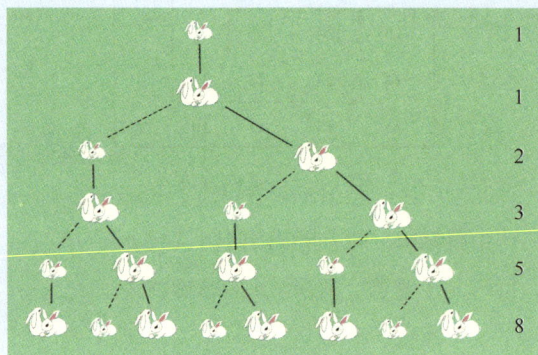

路西妹妹特别喜欢小动物，于是科迪给她出了一道经典的程序设计题。设有一对新生的兔子，从第 3 个月开始，它们每个月都生一对兔子，新生的兔子从第 3 个月开始又每个月生一对兔子。以此规律继续，并假定兔子没有死亡，那么第 12 个月时共有多少只兔子？

【例 15-1】 兔子繁殖问题。

输入：无。

输出：一个整数，即第 12 个月时共有的兔子数。

样例输入：无

样例输出：

288

> **提示**
>
> 　　题目问的是有多少只兔子，而题设中给的是一对小兔（小兔对数），所以结果要乘以2。

【数学分析】

　　这是著名的斐波那契数列（Fibonacci sequence），又称黄金分割数列。因数学家列昂纳多·斐波那契（Leonardoda Fibonacci）以兔子繁殖为例子而引入，故又称为"兔子数列"，指的是这样一个数列：1、1、2、3、5、8、13、21、34、…在数学上，斐波那契数列以如下方法定义：$F(1)=1$，$F(2)=1$，$F(n)=F(n-1)+F(n-2)$（$n \geq 2$，$n \in N^*$）。在现代物理、化学等领域，斐波那契数列都有直接的应用。

【算法描述】

　　（1）为了与我们的生活习惯匹配，定义数组 f[13]，舍弃 f[0] 不用，初始化 f[1]=1，f[2]=1，即第 1 个月有 1 对小兔，第 2 个月有 1 对小兔；定义循环变量 i。

　　（2）输入：无。

　　（3）循环 i 从 3～12：f[i]=f[i-1]+f[i-2]。

　　（4）输出 f[12]*2，即兔子数。

　　兔子繁殖问题的程序实现如代码清单 15-1 所示。

代码清单 15-1

```
1.  #include <iostream>
2.  using namespace std;
3.  int main(){
4.      int f[13]={0,1,1};
5.      int i;
6.      for(i=3;i<=12;i++){
7.          f[i]=f[i-1]+f[i-2] ;
8.      }
9.          cout<<f[12]*2<<endl;
10.         return 0;
11. }
```

【例 15-2】 数据排序。

　　数据排序是最常用的程序算法之一。排序分为升序和降序，升序是指从小到大排列，降序是指从大到小排列。请编写一段程序，输入 5 个整数，按升序排序后输出，再按降序排序输出。

　　样例输入：

```
7 6 8 4 5
```

C++ 案例趣学

样例输出：

```
4 5 6 7 8
8 7 6 5 4
```

【数学分析】

排序的方法很多，如选择排序、冒泡排序等。也可以直接调用标准模板库（Standard Template Library, STL）中的 sort() 算法和 reverse() 算法来完成数据的排序。STL 是 C++ 中的一个功能库，包含许多特殊的数据类型和功能。使用 sort() 和 reverse() 时必须要在程序开头包含 algorithm 头文件。格式如下：

```
#include<algorithm>
using namespace std;
```

sort() 和 reverse() 可以对全部元素操作，也可以对部分元素操作，介绍如下。

1. 数组全部元素排序

sort() 对数组全部元素进行升序排序的格式为：

sort（数组名，数组名 +（最后元素下标 +1））;

reverse() 对数组全部进行翻转操作的格式为：

reverse（数组名，数组名 +（最后元素下标 +1））;

所谓翻转，就是将数组元素全部颠倒的过程。sort() 只能对数组进行升序排序，不能进行降序排序，sort() 和 reverse() 连用表示数组先排序再翻转，即实现数组的降序排序功能。排序函数使用举例如代码清单 15-2 所示。

代码清单 15-2

```
1.  #include <algorithm>
2.  #include<iostream>
3.  using namespace std;
4.  int main(){
5.      int a[5]={6,2,4,9,5};
6.      int i;
7.      sort(a,a+5);//{2,4,5,6,9}
8.      resverse(a,a+5);//{9,6,5,4,2}
9.      for(i=0;i<5;i++)
10.         cout<<a[i]<<" ";
11.     cout<<endl;
12.     return 0;
13. }
```

2. 数组部分元素排序

sort() 对数组部分元素进行升序排序的格式为

sort（数组名 + 起始元素下标，数组名 + 终止元素下标 +1）;

reverse() 对数组部分进行翻转操作的格式为

reverse（数组名＋起始元素下标，数组名＋终止元素下标 +1）；

例如，仅对 $a[2] \sim a[4]$ 排序的程序如代码清单 15-3 所示。

代码清单 15-3

```
1. #include <algorithm>
2. #include<iostream>
3. using namespace std;
4. int main(){
5.     int a[5]={6,2,4,9,5};
6.     int i;
7.     sort(a+2,a+5);//{6,2,4,5,9}
8.     resverse(a+2,a+5);//{6,2,9,5,4}
9.     for(i=0;i<5;i++)
10.         cout<<a[i]<<" ";
11.     cout<<endl;
12.     return 0;
13. }
```

【算法描述】

（1）定义整数序列数组 f[5]。

（2）循环输入 5 个整数存入 f 数组。

（3）调用 sort() 升序排序数组，并循环输出显示；调用 reverse() 翻转数组变为降序，并循环输出显示。

（4）输出包含在（3）中。

数据排序问题的程序实现如代码清单 15-4 所示。

代码清单 15-4

```
1. #include <algorithm>
2. #include <vector>
3. #include <iostream>
4. using namespace std;
5. int main(){
6.     int f[5];
7.     for(int i=0;i<5;i++)
8.     cin>>f[i];
9.     sort(f,f+5);
10.     for(int i=0;i<5;i++){
11.     cout<<f[i]<<" ";
12.     }
13.     cout<<endl;
14.     reverse(f,f+5);
15.     for(int i=0;i<5;i++){
16.     cout<<f[i]<<" ";
17.     }
18.     return 0;
19. }
```

卡路痴迷于程序设计，每天放学回到家都要抽出时间来做几道编程题，非常勤奋，如图 15-1 所示。但是从周一到周日他每天还要写作业和温习功课，所以每天做编程题的时间都不同。请编写一段程序，帮助卡路统计一下，一周里他哪天编程时间最长，哪天编程时间最短。

图 15-1　勤奋的卡路

【例 15-3】　勤奋的卡路。

输入：共一行，7 个小于 5 的非负实数，即每天做题的时间数（单位：h），用空格隔开。

输出：共一行，包含两个 1 和 7 之间的整数，即编程时间最长和最短的日期，用空格隔开。

样例输入：

```
1.2 2.2 1.5 2.4 1.8 4.2 3.8
```

样例输出：

```
6 1
```

【数学分析】

本题本质上就是求数组元素中的最大值和最小值问题，可以有多种解法。下面列举常用的两种方法。

方法一：直接求解法。

求数组最大值，可以先假定周一时间是最大值，并记录数组下标，然后与周二到周日的上课时间比较，如果某天的时间大于最大值，就让最大值存储该时间并记录数组下标。这样一轮循环就找到了最大值，求最小值过程也是如此。

具体过程如图 15-2 所示。

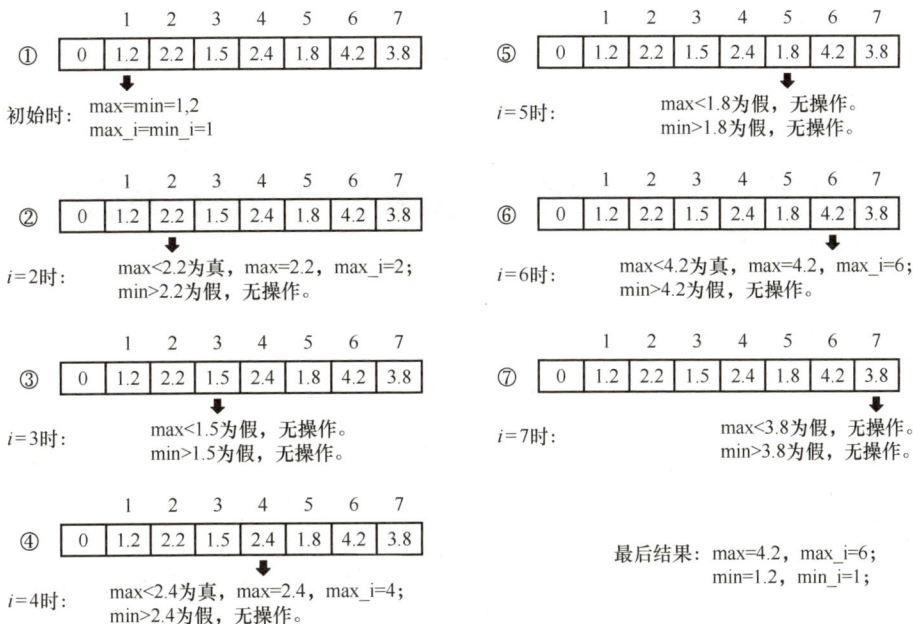

图 15-2　求最值的直接求解过程

数组下标从 0 开始，星期从 1 开始，为了与现实一致，使用数组中的 [1] ～ [7] 来表示星期，元素 [0] 不用。

方法二：调用 STL 算法求解法

在 STL 中有求最大元素地址算法 max_element() 和求最小元素地址算法 min_element()。使用该算法需要包含 algorithm 头文件，格式如下：

```
#include<algorithm>
using namespace std;
```

max_element() 和 min_element() 可以对全部数组元素操作，也可以对部分元素操作，分别介绍如下。

1．全部数组元素操作

（1）求元素值。

求全部数组元素中最大元素值的格式为

　　　　　　*max_element（数组名，数组名+最后元素下标+1）；

求全部数组元素中最小元素值的格式为

　　　　　　*min_element（数组名，数组名+最后元素下标+1）；

C++ 案例趣学

说明：星号 "*" 作为单目运算时表示取内容运算，即取指定地址中的数据。max_element() 算法用于取最大元素的地址，"*" 和 max_element() 必须连用才能取最大元素值。同理，"*" 和 min_element() 连用表示取最小元素值，如代码清单 15-5 所示。

代码清单 15-5

```
1. #include <algorithm>
2. #include<iostream>
3. using namespace std;
4. int main(){
5.     int a[5]={6,2,4,9,5};
6.     cout<<*max_element(a,a+5)<<endl;    //9
7.     cout<<*min_element(a,a+5)<<endl;    //2
8.     return 0;
9. }
```

（2）求元素下标。

求全部数组元素中最大元素下标的格式为

　　　　　max_element（数组名，数组名 + 最后元素下标 +1）- 数组名；

求全部数组元素中最小元素下标的格式为

　　　　　min_element（数组名，数组名 + 最后元素下标 +1）- 数组名；

说明：max_element() 算法用于取最大元素的地址，数组名为数组的起始地址，二者相减即可得到最大元素的下标。同理，最小元素下标求法也是如此，数组下标从 0 开始，如代码清单 15-6 所示。

代码清单 15-6

```
1. #include <algorithm>
2. #include<iostream>
3. using namespace std;
4. int main(){
5.     int a[5]={6,2,4,9,5};
6.     cout<<max_element(a,a+5)-a<<endl;    //3
7.     cout<<min_element(a,a+5)-a<<endl;    //1
8.     return 0;
9. }
```

2. 部分元素操作

（1）求元素值。

求数组部分元素中最大元素值的格式：

　　　　　*max_element（数组名 + 起始下标，数组名 + 终止下标 +1）；

求全部数组元素中最小元素值的格式：

　　　　　　*min_element（数组名＋起始下标，数组名＋终止下标+1）；

　　求部分元素最值的示例如代码清单 15-7 所示。

代码清单 15-7

```
1. #include <algorithm>
2. #include<iostream>
3. using namespace std;
4. int main(){
5.     int a[5]={6,2,4,9,5};
6.     cout<<*max_element(a+3,a+5)<<endl;     //{9,5}中最大值
7.     cout<<*min_element(a+1,a+4)<<endl;     //{2,4,9}中最小值
8.     return 0;
9. }
```

　　（2）求元素下标。

　　求数组部分元素中最大元素值的格式为

　　　　max_element（数组名＋起始下标，数组名＋终止下标+1）– 数组名；

　　求全部数组元素中最小元素值的格式为

　　　　min_element（数组名＋起始下标，数组名＋终止下标+1）– 数组名；

　　求部分元素最值下标的示例如代码清单 15-8 所示。

代码清单 15-8

```
1. #include <algorithm>
2. #include<iostream>
3. using namespace std;
4. int main(){
5.     int a[5]={6,2,4,9,5};
6.     cout<<max_element(a+3,a+5)-a<<endl;//3
7.     cout<<min_element(a+1,a+4)-a<<endl;//1
8.     return 0;
9. }
```

【算法描述】

方法一：直接求解法

　　（1）定义双精度类型变量包括每天时间数组 t[8]、最大值 max 和最小值 min；定义整型循环变量 i、最大值下标变量 max_i 和最小值下标变量 min_i。

　　（2）循环 i 为 1～7：输入每天花费的时间数 t[i]。

　　（3）初始最大值、最大值下标、最小值和最小值下标，max=min=t[1];max_i=min_i=1。

　　循环 i 为 2～7：如果 max 小于 t[i]，那么 max=t[i]，max_i=i；如果 min 大于 t[i]，那么 min=t[i]，min_i=i。

C++ 案例趣学

（4）输出日期，即最大值和最小值的下标 max_i 和 min_i。

方法一： 直接求解法，如代码清单 15-9 所示。

代码清单 15-9

```
1. #include <iostream>
2. using namespace std;
3. int main(){
4.     double max,min,t[8]={0};
5.     int max_i,min_i,i;
6.     for(i=1;i<8;i++)
7.         cin>>t[i];
8.     max=min=t[1];
9.     max_i=min_i=1;
10.    for(i=1;i<8;i++){
11.        if(max<t[i]){
12.            max=t[i];max_i=i;
13.        }
14.        if(min>t[i]){
15.            min=t[i];min_i=i;
16.        }
17.    }
18.    cout<<max_i<<" "<<min_i<<endl;
19.    return 0;
20. }
```

方法二： 系统函数调用法，如代码清单 15-10 所示。

代码清单 15-10

```
1. #include <algorithm>
2. #include <iostream>
3. using namespace std;
4. int main(){
5.     double max,min,t[8]={0};
6.     int max_i,min_i,i;
7.     for(i=1;i<8;i++)
8.         cin>>t[i];
9.     cout<<max_element(t+1,t+8)-t<<" ";
10.    cout<<min_element(t+1,t+8)-t<<endl;
11.    return 0;
12. }
```

【**例 15-4**】 铺地毯问题（NOIP 2011 提高组题复赛第 1 题）。

为了准备一场独特的颁奖典礼（图 15-3），组织者在会场的一片矩形区域（可看作平面直角坐标系的第一象限）铺上一些矩形地毯。地毯共有 n 张，编号从 1 到 n。现在将这些地毯按照编号从小到大的顺序平行于坐标轴先后铺设，后铺的地毯覆盖在前面已经铺好的地毯之上。地毯铺设完成后，组织者想知道覆盖地面某个点的最上面的那张地毯的编号。注意：在矩形地毯边界和 4 个顶点上的点也算被地毯覆盖。

图15-3 颁奖典礼会场

输入/输出样例如图 15-4 所示：1 号地毯用实线表示，2 号地毯用虚线表示，3 号用双实线表示，覆盖点（2，2）的最上面一张地毯是 3 号地毯。

输入：共 $n+2$ 行，第一行，一个整数 n，表示总共有 n 张地毯。

接下来的 n 行中，第 $i+1$ 行表示编号 i 的地毯的信息，包含 4 个正整数 a、b、g 和 k，每两个整数之间用一个空格隔开，分别表示铺设地毯的左下角的坐标（a，b）以及地毯在 x 轴和 y 轴方向的长度，如图 15-5 所示。

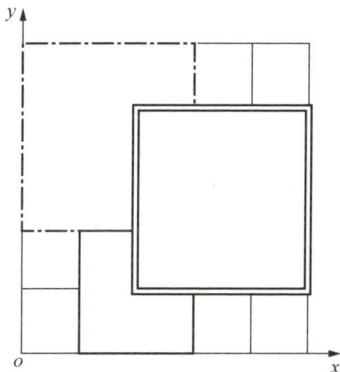

图15-4 地毯样例

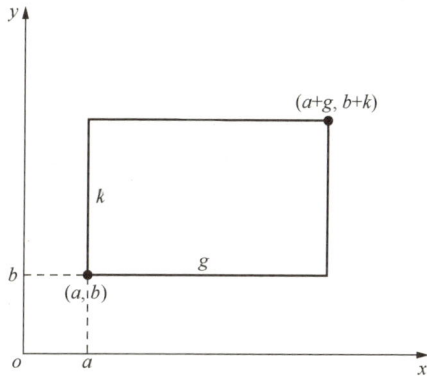

图15-5 地毯坐标

第 $n+2$ 行包含两个正整数 x 和 y，表示所求的地面的点的坐标（x，y）。

输出：共 1 行，一个整数，表示所求的地毯的编号；若此处没有被地毯覆盖，则输出 -1。

样例输入 1：

```
3
1 0 2 3
0 2 3 3
2 1 3 3
2 2
```

样例输出 1：

```
3
```

样例输入 2：

```
3
1 0 2 3
0 2 3 3
2 1 3 3
4 5
```

样例输出 2：

```
-1
```

【数学分析】

可以定义一个二维数组 rectangle[N][4]，第一维存放地毯编号（个数），第二维固定为 4，存放地毯左下角和右上角的坐标，如图 15-6 所示。

rectangle[i][0] 和 rectangle[i][1] 表示左下角的 x 和 y 是直接输入的 a、b；

rectangle[i][2] 表示右上角 x = 左下角 x + 输入的 x 轴长度 g；

rectangle[i][0] 表示右上角 y = 左下角 y + 输入的 y 轴长度 k；

矩形左下角坐标 (x, y)
由 a、b 直接输入

矩形右上角坐标 (x, y)
x=左下角 x+输入的 x 轴长度 g；
y=左下角 y+输入的 x 轴长度 k；

rectangle[i][0]	rectangle[i][1]	rectangle[i][2]	rectangle[i][2]

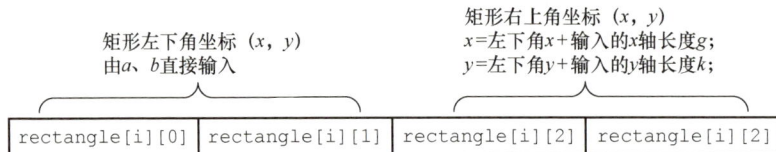

图 15-6　数组第二维的内容

最后一行读入 x，y，倒序循环判断 x 是否在 rectangle[i][0]、rectangle[i][2]（rectangle[i][0] 为 x 轴左边界，rectangle[i][2] 为 x 轴右边界）之内；同理判断 y 是否在 rectangle[i][1]、rectangle[i][3] 之内，如果都为真，则输出 i（因为倒序循环，所以 i 即为最上层地毯），并结束程序。

当循环后如果没有结束程序，说明不在范围内，则输出 -1。

【算法描述】

（1）定义符号常量，足够大数组长度 N=10005；定义矩形坐标二维数组 rectangle[N][4]，其中第一维表示地毯编号，第二维表示左下和右上角坐标；定义地毯数量变量 n，指定坐标变量 x，y，循环变量 i；

（2）输入地毯数量 n；循环 i 为 1 ~ n。

输入矩阵左下角坐标（a，b）和 x 轴长度 g 和 y 轴长度 k，计算并存入 rectangle[i][4]；输入指定坐标（x，y）。

（3）循环 i 为 n～1：（倒序循环）如果 x 在 rectangle[i][0] 和 rectangle[i][2] 范围内并且 y 在 rectangle[i][1] 和 rectangle[i][3] 范围内，那么输出 i，结束程序。

（4）输出 -1（此时没有结束程序，说明没找到）。

铺地毯问题的程序实现如代码清单 15-11 所示。

代码清单 15-11

```
1. #include<iostream>
2. using namespace std;
3. int main(){
4.     const int N=10005;
5.     int n,x,y,i;
6.     int rectangle[N][4];
7.     cin>>n;
8.     for(i=1;i<=n;i++){
9.         cin>>rectangle[i][0];
10.        cin>>rectangle[i][1];
11.        cin>>rectangle[i][2];
12.        rectangle[i][2]+=rectangle[i][0];
13.        cin>>rectangle[i][3];
14.        rectangle[i][3]+=rectangle[i][1];
15.    }
16.    cin>>x>>y;
17.    for(i=n;i>=1;i--)
18.    if(rectangle[i][0]<=x&&rectangle[i][2]>=x&&rectangle[i][1]<=y&&rectangle[i][3]>=y){
19.        cout<<i;
20.        return 0;
21.    }
22.    cout<<"-1";
23.    return 0;
24.}
```

本课主要介绍了以下内容。

（1）兔子繁殖问题。

（2）排序问题。

（3）勤奋的卡路（求最值问题）。

（4）铺地毯问题。

练习15-1　阅读代码清单15-12，写结果。

代码清单 15-12

```
1. #include<iostream>
2. using namespace std;
```

C++ 案例趣学

```
3.  int main(){
4.      int a[8]={25,57,48,37,12,92,86,33};
5.      int i,x;
6.      cin>>x;
7.      for(i=0;i<8;i++)
8.          if(x==a[i]){
9.              cout<<"index is:"<<i;
10.             break;
11.         }
12.     if(i==8)cout<<"Can't found!";
13.     return 0;
14. }
```

设输入如下：

```
86<CR>
```

则输出结果为_____。

> **提示**
>
> 本程序用"顺序查找法"查找数组 *a* 中是否存在某一关键字。顺序查找法的思路是从数组的第一个元素开始，从前向后依次与待查元素比较，直到找到此元素或查找到数组尾部时结束（未找到）。

练习15-2　阅读代码清单15-13，写结果。

代码清单 15-13

```
1.  #include<iostream>
2.  using namespace std;
3.  int main(){
4.      int a[5]={4,7,2,5,1};
5.      int i,j,m;
6.      for(i=1;i<5;i++){
7.          m=a[i];
8.          j=i-1;
9.          while(j>=0&&m>a[j]){
10.             a[j+1]=a[j];
11.             j--;
12.         }
13.         a[j+1]=m;
14.     }
15.     for(i=0;i<5;i++)
16.         cout<<a[i]<<" ";
17.     return 0;
18. }
```

结果为_____。

> **提示**
>
> 本程序为插入排序应用。

练习15-3　阅读代码清单15-14，写结果。

代码清单 15-14

```
1.  #include<iostream>
2.  using namespace std;
3.  int main(){
4.      int a[3]={5,9,19};
5.      int b[5]={12,24,26,37,48};
6.      int c[10];
7.      int i=0,j=0,k=0;
8.      while(i<3&&j<5){
9.          if(a[i]>b[j])
10.             {c[k]=b[j];k++;j++;}
11.         else
12.             {c[k]=a[i];k++;i++;}
13.     }
14.     while(j<5)
15.     {c[k]=b[j];k++;j++;}
16.     while(i<3)
17.     {c[k]=a[i];k++;i++;}
18.     for(i=0;i<k;i++)
19.         cout<<c[i]<<" ";
20.     return 0;
21. }
```

结果为_____。

> **提示**
>
> 本程序是对两个有序数列进行两路归并排序。

练习15-4　数组的计算。

请编写一个程序，输入 n 个元素的数组，按顺序每5个数计算一个平均值并输出。

输入：共2行，第1行1个整数，即数组元素个数；第2行 n 个整数，即 n 个数组元素，各整数用空格分隔。

输出：共1行，$n-4$（$n-5+1$）个实数，即按顺序每5个数计算的平均值，各数据按空格分隔。

样例输入：

```
10
1 2 3 4 5 6 7 8 9 10
```

样例输出：

```
3 4 5 6 7 8
```

练习15-5　塔形方阵。

以 n 为中心的塔形方阵是指一种特殊的方阵，n 只在它中心出现一次，四周位置上的数字从中心逐渐减少直到 1，塔形方阵的行数和列数是 $2n-1$。$n=3$ 的塔形方阵如图 15-7 所示。

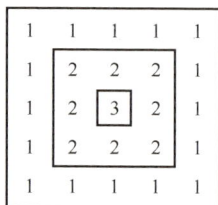

图 15-7　塔形方阵

请编写一个程序，输入一个自然数 n（$1 \leqslant n \leqslant 9$），构建以 n 为中心的塔形方阵。

输入：共 1 行，一个整数 n（$1 \leqslant n \leqslant 9$）。

输出：一个（$2n-1$）阶的方阵。

样例输入：

```
3
```

样例输出：

```
1 1 1 1 1
1 2 2 2 1
1 2 3 2 1
1 2 2 2 1
1 1 1 1 1
```

第 16 课　有趣的回文：字符数组与字符串

一天，卡路在读书的时候发现了一种有趣的句式，"雾锁山头山锁雾。正反读都一样啊！"他赶忙跑去找科迪，告诉他这个重大的发现。科迪听后不以为然地说道："这有什么大惊小怪的，不就是回文吗？""回文？回文是什么？"卡路见科迪连这个都知道，对科迪佩服得简直五体投地，好奇地追问道。科迪看到卡路佩服自己的眼神不禁有些得意，清了清喉咙，继续说道："回文，也叫回环，是指数或者字符串具有首尾回环性质，从后向前按位颠倒后与原文一样，也就是说，顺读和倒读都一样的，像这种句子还有很多，上海自来水来自海上，山西运煤车煤运西山……"这么幽默的句子逗得卡路呵呵直笑。看到卡路捧腹大笑的样子，科迪灵机一动，给卡路出了道编程题："编写一段程序，输入一串字符，输出该字符串是否是回文"。

【例 16-1】　有趣的回文。

输入：为一行字符串（字符串中没有空白字符，以"."结束，字符串长度不超过 100）。

C++案例趣学

输出：如果字符串是回文，输出 Yes；否则，输出 No。

样例输入：

```
abcdedcba.
```

样例输出：

```
Yes
```

【数学分析】

可设一个足够长度的字符数组 str，存放字串。设置 i、j 为下标，分别标记字串的第一个字符，和除 "." 外的最后一个字符。

当以 i、j 为下标的字符相等且 i 在 j 前或 i、j 指向同一元素时（$i \leqslant j$），循环：i 向后（++i），j 向前（--j）；

如果最后 i 大于或等于 j（大于时 i 在后 j 在前，等于时 i，j 指向同一元素），那么是回文；如果 i 在 j 前，说明循环没有全部完成，有不相等字符，不是回文。

循环过程如图 16-1 所示。

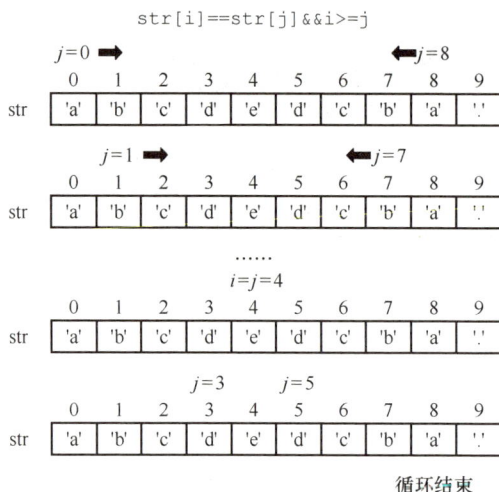

图 16-1　循环过程

【算法描述】

（1）定义字符数组 str，下标变量 i 和 j 初始化为 0。

（2）输入 str[j]，当 str[j]!='.' 时，循环 ++j，输入 str[j]。

（3）去掉星号下标 j=j-1；当 j>=i 并且 str[j]==str[i] 时，循环 i++，j--。

（4）如果 j<=i 为真，那么输出 Yes；否则，输出 No。

想一想

（1）什么是字符串？

（2）如何存储字符串？

（3）如何操作字符串？

做一做

有趣的回文这一问题的程序实现如代码清单 16-1 所示。

代码清单 16-1

```
1.  #include<iostream>
2.  using namespace std;
3.  int main(){
4.      char ch;
5.      char str[101];
6.      int i=0,j=0;
7.      cin>>str[j];
8.      while (str[j]!='.') {          //读入一个字符串以'.'号结束
9.          cin>>str[++j];
10.     }
11.     j=j-1;                         //去掉'.'号
12.     while ((j>=i)&&(str[j]==str[i])) {     //判断它是否是回文
13.         ++i;
14.         --j;
15.     }
16.     if (j<=i)
17.         cout<<"Yes"<<endl;
18.     else
19.         cout<<"No"<<endl;
20.     return 0;
21. }
```

听一听

　　无论数组的下标有几个类型，数组中全体元素的类型必须相同。数组元素的类型可以是任何类型，当它是字符型时，我们称它为字符数组。由于字符数组与字符串的应用是计算机非数值处理的重要方面之一，因此我们把它们两个放在一起进行讨论。

✎ 16.1 字符数组

字符数组是指元素为字符类型的数组。字符数组可以用来存放字符序列或字符串。

小知识

　　通常字符序列和字符串是不同的，字符序列就是一个或多个字符，而字符串除了字符，结尾还要有结束标志（后面会介绍）。

16.1.1 字符数组的定义格式

例 16-1 中的第 5 行定义了一个字符数组 str，如图 16-2 所示。

> 5.　　　　char str[101];

图 16-2　字符数组定义

字符数组也是数组，定义、初始化和使用规则与数组完全一样。第一个元素同样是从 ch1[0] 开始，而不是 ch1[1]，例如：

```
char ch1[5];          //数组ch1是一维数组，表示一个具有5个字符元素的字符数组。
char ch2[3][5];       //数组ch2是二维数组，表示三个具有5个字符元素的字符数组。
```

16.1.2 字符数组的赋值

与一维数组一样，字符数组的赋值分为数组的初始化和数组元素的赋值。初始化的方式有用字符初始化和用字符串初始化两种，也有用初始值表进行初始化的。

1. 用字符初始化数组

例如：

```
char chr1[5]={'a','b','c','d','e'};
```

初始值表中的每个数据项是一个字符，用字符给数组 chr1 的各个元素初始化。

字符数组中也可以存放若干个字符，也可以来存放字符串。两者的区别是字符串有一结束符 ('\0')。'\0' 是一个转义字符，表示字符串结束，其 ASCII 码为 0，在实际字符串中不可见。

例如：

```
char chr2[5]={'a','b','c','d','\0'}; //在数组chr2中存放着一个字符串"abcd"
```

🐞 **注 意**

　　字符数组和字符串的区别就在于是否存在字符串结束标志——'\0'。

2. 用字符串初始化数组

用一个字符串初始化一个一维字符数组，可以写成下列形式：

```
char chr2[5]="abcd";
```

或

```
char chr2[ ]="abcd";
```

使用以上格式均要注意字符串的长度应小于字符数组的大小或等于字符数组的大小减 1。同理，对二维字符数组来讲，可存放若干个字符串。可使用由若干个字符串组成的初始值表给二维字符数组初始化。

例如：

```
char chr3[3][4]={"abc","mno","xyz"};
```

或

```
char chr3[ ][4]={"abc","mno","xyz"};
```

在数组 ch3 中存放 3 个字符串，每个字符串的长度不得大于 3。

3. 数组元素赋值

字符数组的赋值是给该字符数组的各个元素赋一个字符值，例如：

```
char chr[3];
chr[0]='a';
chr[1]='b';
chr[2]='c';
```

对二维、三维字符数组也是如此，需要逐个元素赋值。

4. 字符常量和字符串常量的区别

（1）两者的定界符不同，字符常量由单引号括起来，字符串常量由双引号括起来。

（2）字符常量只能是单个字符或转义字符，字符串常量则可以是多个字符。

（3）字符常量占一个字节，而字符串常量占用字节数等于字符串的字节数加 1。增加的一个字节中存放字符串结束标志 '\0'，例如，字符常量 'a' 占一个字节，字符串常量 "a" 占二个字节（'a' 和 '\0'）。

16.2　字符串类型

字符串是由双引号括起来的一串字符，这串字符可以是英文、中文和各种标点符号。为了更加方便灵活地处理字符串，C++ 的 STL 中提供了字符串数据类型——string。下面就介绍 string 类型的使用方式。

C++ 案例趣学

为了在程序中使用 string 类型，我们必须包含 string 头文件。格式如下：

```
#include <string>
using namespace std;
```

16.2.1　字符串变量的定义和初始化

字符串变量的定义和初始化除了同普通变量一样外，还可以有许多样式。常用的字符串变量的定义和初始化如表 16-1 所示。

表 16-1　字符串变量的定义和初始化

定义和初始化举例	说明
string str="hello";	与普通变量一样的定义和初始化
string s1(str);	定义字符串 s1，并把 str 的内容赋值给 s1
string s2(str,2);	定义字符串 s2，把 str 从下标 2 开始内容赋值给 s2（下标从 0 开始）
string s3(str,2,3);	定义字符串 s3，并把 str 从下标 2 开始的 3 个字符赋值给 s3
string s4(4,'h');	定义字符串 s4，并把 4 个 'h' 字符赋值给 s4

阅读代码清单 16-2，写结果。

代码清单 16-2

```
1.  #include <string>
2.  #include <iostream>
3.  using namespace std;
4.  int main(){
5.      string str="hello,world";
6.      string s1(str);
7.      string s2(str,2);
8.      string s3(str,2,3);
9.      string s4(5,'c') ;
10.     cout<<"str="<<str<<endl;
11.     cout<<"s1="<<s1<<endl;
12.     cout<<"s2="<<s2<<endl;
13.     cout<<"s3="<<s3<<endl;
14.     cout<<"s4="<<s4<<endl;
15.     return 0;
16. }
```

程序运行结果如下：

```
str=hello,world
s1=hello,world
s2=llo,world
s3=llo
s4=ccccc
```

16.2.2 字符串输入输出

可以像使用普通变量那样，用 "cin>>str" 和 "cout<<str" 输入/输出字符串，但字符串中不能包含空格字符。

如果想输入包含空格的字符串可以使用 getline() 函数，该函数用于读入一行字符，格式如下：

```
getline(cin,str);
```

阅读代码清单 16-3，写结果。

代码清单 16-3

```
1. #include <string>
2. #include <iostream>
3. using namespace std;
4. int main(){
5.     string str1,str2;
6.     getline(cin,str1);
7.     cin>>str2;
8.     cout<<"str1="<<str1<<endl;
9.     cout<<"str2="<<str2<<endl;
10.    return 0;
11. }
```

输入：
```
How are you.
How are you.
```
输出：
```
str1=How are you.
str2=How
```

16.2.3 字符串操作函数

字符串操作函数是字符串编程有力的工具。常用的操作主要有字符串的空、增、删、改、查、读等 6 类。

1. 字符串判空操作

字符串判空操作的格式为

$$字符串变量.empty()$$

功能：判断字符串是否为空，为空返回 1（真），不空返回 0（假）。

示例如下：

```
str1.empty();
```

2. 字符串增加操作

增加即为字符串插入操作，分为 3 种：在尾部插入、在中间插入和在头部插入。

（1）字符串尾部插入操作。尾插可以通过字符串连接运算符 "+" 或字符串追加函数完成。

- 字符串连接运算符 "+"。其格式为

串变量1=串变量1+串变量2；//串变量1+=串变量2

功能："+" 在字符串操作中表示连接两个字符串。在串 1 尾部连接串 2 后赋值给串 1。

示例如下：

```
str1=str1+str2; // str1+=str2;
```

- 字符串追加函数。其格式为

串变量1.append(串常量或串变量[，起始下标，截取长度])

功能：在字符串 1 尾部追加字符串，方括号部分表示可以省略。

示例如下：

```
str1.append(str2); //在str1尾部追加str2
str1.append(str2,1,3);// 截取str2下标1开始的3个字符，追加到str1尾部
str1.append("Zhang"); //在str1尾部追加字符串常量
str1.append("Zhang",1,2); //截取串常量从下标1开始的2个字符追加到str1尾部
```

小知识

> 字符串中起始字符的下标为 0，又称为第 0 元素。

（2）字符串中间或头部插入操作。字符串的中间插入和头部插入可以由 insert() 函数完成。其格式为

串变量1.insert(插入下标位置，串常量或串变量2[，起始下标，截取长度])

功能：在串变量 1 指定下标位置插入字符串，方括号部分表示可以省略。

示例如下：

```
str1.insert(3,str2); //从str1的第3个字符位置开始插入str2
str1.insert(3,str2,1,2); //截取str2下标1开始的2个字符，插入str1第3个字符开始位置
str1.insert(3,"Zhang"); //从str1的第3个字符开始插入串常量
str1.insert(3,"Zhang",1,2); //截取串常量第1字符开始的2个字符，插入str第3个字符开始位置
```

3. 字符串删除操作

删除操作分为两种：全部删除和部分删除。

（1）字符串全部元素删除操作。其格式为

$$串变量.clear();$$

功能：删除指定字符串的全部字符。

示例如下：

```
str1.clear(); //删除str1中全部字符
```

（2）字符串部分元素删除操作。其格式为

$$串变量.erase(待删位置下标[,删除字符个数]);$$

功能：删除字符串指定位置后的部分字符，方括号表示可以省略。

示例如下：

```
str1.erase(3);// str1从第3字符开始删除后面全部字符
str1.erase(2,3);// str1从第2字符开始删除后面3个字符
```

4. 字符串修改操作

（1）字符串整体赋值操作。其格式为

$$串变量1=串常量/串变量;$$

功能：将串常量或串变量赋值给串变量1。整体赋值是字符串的特有操作，一般数组不允许这样整体赋值。

示例如下：

```
str1="Hello";// 将字符串常量赋值给str1
str2=str1;//将串变量str1赋值给str2从第2字符开始删除后面3个字符
```

（2）字符串单个字符读取操作。其格式为

$$串变量[i]=字符;$$
$$串变量.at(i)=字符;$$

功能：将字符赋值给串变量中第 i 个元素。

示例如下：

```
str[4]='c'; //将字符'c'赋值给str串下标为4的元素
str.at(5)='d';//将字符'd'赋值给str串下标为5的元素
```

（3）字符串交换操作。其格式为

$$swap(串变量1，串变量2);$$

C++ 案例趣学

功能：将串变量 1 和串变量 2 内容交换。

示例如下：

```
swap(str1,str2);
```

（4）串替换操作。其格式为

串变量1.replace(替换起始位置,替换元素个数,串常量/串变量[,起始下标，截取长度]);

功能：对串变量 1 指定位置字符进行替换。

示例如下：

```
str1.replace(1,2,str2);//将str1下标1开始的连续2个字符替换成str2
str1.replace(1,2,str2,1,3);//截取str2从下标1开始的3个字符，将str1下标1开始的连续2个字符替
                          //换成截取字符
str1.replace(1,2,"aaa");//将str1下标1开始的连续2个字符替换成"aaa"
str1.replace(1,2, "aaab",2,2);
//截取串常量从下标2开始的2个字符"ab"，将str1下标1开始的连续2个字符替换成截取字符
```

5. 字符串查找操作

字符串查找操作的格式为

串变量1.find（子串）；

功能：在串变量 1 中查找串子串。若找到，则返回子串在串变量 1 中第一次出现的位置；若未找到，则返回 "-1"。

示例如下：

```
str1.find("are");
str1.find(str2);
```

6. 字符串读取操作

字符串读取不会改变原有字符串的内容，常用操作包括读取字符串长度、读取子串和字符串比较等。

（1）读取字符串长度。其格式为

串变量1.length();
串变量1.size();

功能：二者功能一致，获取串变量的字符个数，不包含 '\0'。

示例如下：

```
str1.length();
str1.size();
```

（2）读取子串。其格式为

串变量1.substr(起始下标[，字符个数]);

功能：从串变量 1 起始下标开始截取子串，方括号表示可以省略。

示例如下：

```
str1.substr(2); //截取从str1的第2下标开始到结尾的字符作为子串
str1.substr(2,3); //截取从str1的第2下标开始的3个字符作为子串
```

（3）比较字符串大小运算符。

要比较字符串，需要使用关系运算符：==,!=,<,<=,>,>=。字符串大小比较是按字符的 ASCII 值进行的。当两个字符串第一个字符相同时，比较第二个字符，……，所有字符都相同，两个字符串才相等。

示例如下：

```
str1="How"; str2="Hov"; str3="How";
str1>str2 //结果为1
str1==str3//结果为1
```

为方便记忆，总结字符串的各种操作，如表 16-2 所示。

表 16-2　字符串操作方式

功　能	举　例	功　能	举　例

判空	str1.empty();	修改	str1="hello";str[5],str.at(5)
			swap(str1,str2);
			str1.replace(1,2,"aaa");

增加	str1=str1+str2;
	str1.append(str2);
	str1.insert(3,str2);
		查找	str1.find(str2);

删除	str1.clear(); str1.erase(3);	读取	str1.length(); str1.size (); str1.substr(11); ==,!=,<,<=,>,>=

本课主要介绍了以下内容。

（1）字符数组的定义、初始化与赋值。　　（3）字符串类型变量的输入 / 输出。

（2）字符串类型变量的定义。　　（4）字符串类型变量操作函数。

练习16-1　阅读代码清单16-4，写结果。

代码清单 16-4

```
1. #include <string>
```

```
2. #include <iostream>
3. using namespace std;
4. int main(){
5.     string str1,str2="hello";
6.     cout<<str1.empty()<<endl;
7.     cout<<str2.empty()<<endl;
8.     return 0;
9. }
```

结果为_____。

练习16-2　阅读代码清单16-5，写结果。

代码清单 16-5

```
1. #include <string>
2. #include <iostream>
3. using namespace std;
4. int main(){
5.     string str1="How are you";
6.     str1.clear();
7.     cout<<str1<<endl;
8.     str1="How are you";
9.     str1.erase(3);
10.    cout<<str1<<endl;
11.    str1="How are you";
12.    str1.erase(3,5);
13.    cout<<str1<<endl;
14.    return 0;
15. }
```

结果为_____。

练习16-3　阅读代码清单16-6，写结果。

代码清单 16-6

```
1. #include <string>
2. #include <iostream>
3. using namespace std;
4. int main(){
5.     string str1="Welcome";
6.     string str2=",Mr.Zhang";
7.     str1+=str2;
8.     cout<<str1<<endl;
9.     str1="Welcome";
10.    str1.append(str2);
11.    cout<<str1<<endl;
12.    str1="Welcome";
13.    str1.append(str2,3,6);
14.    cout<<str1<<endl;
15.    str1="Welcome";
16.    str1.append(",Mr.Li");
17.    cout<<str1<<endl;
18.    str1="Welcome";
```

```
19.     str1.append(" Lang",1,3);
20.     cout<<str1<<endl;
21.     str1="Welcome";
22.     str1.insert(3,"l ");
23.     cout<<str1<<endl;
24.     str1="aacc";
25.     str2="bb";
26.     str1.insert(2,str2,1,1);
27.     cout<<str1<<endl;
28.       return 0;
29. }
```

结果为＿＿＿＿＿＿＿＿＿＿。

练习16-4　阅读代码清单16-7，写结果。

代码清单16-7

```
1. #include <string>
2. #include <iostream>
3. using namespace std;
4. int main(){
5.     string str1="How are you?",str2;
6.     str1="How old are you?";
7.     cout<<str1<<endl;
8.     str2=str1;
9.     cout<<str2<<endl;
10.    str1[3]='@';
11.    str1.at(7)='@';
12.    cout<<str1<<endl;
13.    str1="How are you?";
14.    swap(str1,str2);
15.    cout<<str1<<endl;
16.    cout<<str2<<endl;
17.    str1="How are you?";
18.    str2="old are";
19.    str1.replace(4,3,str2,0,3);
20.    cout<<str1<<endl;
21.     return 0;
22. }
```

结果为＿＿＿＿＿＿＿＿＿＿。

练习16-5　阅读代码清单16-8，写结果。

代码清单16-8

```
1. #include <string>
2. #include <iostream>
3. using namespace std;
4. int main(){
5.     string str1="How are you?",str2="are";
6.     cout<<str1.find("How")<<endl;
7.     cout<<str1.find(str2)<<endl;;
8.       return 0;
```

```
9. }
```
　　　　结果为＿＿＿＿＿＿＿＿＿＿。

练习16-6　阅读代码清单16-9，写结果。

```
1. #include <string>
2. #include <iostream>
3. using namespace std;
4. int main(){
5.     string str1="How are you?",str2;
6.     cout<<str1.length()<<endl;
7.     cout<<str1.size()<<endl;
8.     str2=str1.substr(4);
9.     cout<<str2<<endl;
10.    str2=str1.substr(8,3);
11.    cout<<str2<<endl;
12.    str1="How";
13.    str2=str1;
14.    cout<<(str2==str1)<<endl;
15.    str2="how";
16.    cout<<(str2>str1)<<endl;
17.    str2="Hov";
18.    cout<<(str2<str1)<<endl;
19.    return 0;
20. }
```
　　　　结果为＿＿＿＿＿＿＿＿＿＿。

第 17 课　超级数字反转：文件操作

　　最近卡路学会了字符串操作，想小试一下身手。于是，他跑来央求科迪给他出些新的编程题。科迪想了想出了一道数字反转的问题，就是输入一个整数然后把它反转输出。卡路一听这不是以前做过的旧题吗，没什么新意，不免有些丧气。科迪看到卡路的样子，知道他有些小失落，胸有成竹地说道："这次虽然题目一样，不过要求用字符串和文件去实现，所以它是数字反转的升级版——超级数字反转。卡路你还不一定能做出来呢！"

　　科迪的激将法用对了，卡路顿时来了精神，仔细研究起题目来。

　　给定一个整数，请通过反转该数各位上的数字得到一个新数。新数也应满足整数的常见形式，即除非给定的原数为零，否则反转后得到的新数的最高位数字不应为零。

181

C++ 案例趣学

【例 17-1】 超级数字反转。

输入：输入文件名为 reverse.in。输入共 1 行，一个整数 N。

输出：输出文件名为 reverse.out。输出共 1 行，一个整数，表示反转后的新数。

样例输入 1：

reverse.in

123

样例输出 1：

reverse.out

321

样例输入 2：

reverse.in

-380

样例输出 2：

reverse.out

-83

> **注 意**
>
> 此程序输入/输出是文件操作，先按要求创建输入文件，并写入数据且输入文件与源程序在同一个文件夹下。输出文件由程序创建。

【数学分析】

判断数字是否为负数，如果是，则先输出符号，并将数字取绝对值；将数字从后往前转换成字符串；去掉前导 0，然后输出数字。

【算法描述】

（1）定义字符串变量 s，定义文件输入对象 fin 和文件输出对象 fout，定义整数变量 n 和下标变量 i，初始化为 0。

（2）判断文件是否存在，如果存在，则从文件输入 n。

（3）判断，如果 n<0，文件输出 "-"，并将 n 变成正数；while 循环将 n 倒序转成字符串存入 s；while 循环去掉字符串中的前导 0。

（4）文件输出 s。

（1）如何长期保存数据呢？

（2）如何创建输入文件和查看输出文件？

（3）如何编程控制文件输入/输出数据？

做一做

具体程序实现如代码清单 17-1 所示。

代码清单 17-1

```
1.  #include<iostream>
2.  #include<fstream>                                    //定义文件操作头文件
3.  using namespace std;
4.  int main() {
5.      string s;
6.      ifstream fin("reverse.in");                      //定义输入文件对象同时打开指定输入文件
7.      ofstream fout("reverse.out");                    //定义输出文件对象同时打开指定输出文件
8.      int n,i=0;
9.      if(fin==NULL){                                   //判断输入文件是否存在，不存在则输出提示并结束程序
10.             cout<<"file can\'t open"<<endl;
11.             return 0;
12.     }
13.     fin>>n;                                          //从输入文件fin读取数据给变量n
14.     if(n<0){
15.             fout<<"-";
16.             n=-n;
17.     }
18.     while(n>0){
19.             s+=n%10+48;
20.             n/=10;
21.     }
22.     while((i+1!=s.size())&&(s[i]=='0'))
23.         ++i;
24.     for(;i<s.size();++i)                             //循环输出数据s[i]到输出文件fout
25.         fout<<s[i];
26.     fin.close();                                     //关闭输入文件
27.     fout.close();                                    //关闭输出文件
28.     return 0;
29. }
```

听一听

17.1 文件概述

文件是收集在一起的数据集合。C++ 把每一个文件都看作一个有序的字节流，每个文件都以文件结束标志结束，如果要操作某个文件，程序必须首先打开该文

件。当一个文件被打开后，该文件就和一个流关联起来，这里的流实际上是一个字节序列。

C++ 将文件分为文本文件和二进制文件。二进制文件一般含有特殊的格式或计算机代码，如图文件和可执行文件等。文本文件则是可以用任何文字处理程序阅读和编辑的简单 ASCII 文件。

文件在程序关闭后仍可以打开，保证数据不会丢失，因此可以用来存放程序的输入 / 输出结果。我们比赛中所有程序的输入 / 输出都是由文件完成的，而不是直接用键盘和显示器。

下面我们学习如何编写 C++ 代码来实现对文本文件的输入和输出。

17.2 创建文件和查看文件

创建和查看文件的方法很多，可以用 Windows 系统自带的记事本，也可以用 Dev-Cpp。此处介绍如何利用 Dev-Cpp 创建输入文件和查看输出文件。

17.2.1 创建输入文件

在 C++ 中输入文件用于存放准备输入程序中的数据，替代了键盘输入数据。输入文件需要由用户手工创建，在多数信息学比赛中输入文件会由系统提供，但在平时学习中需要我们自己创建。

通过 Dev-Cpp 创建输入文件的步骤如下。

（1）按组合键 <Ctrl+N> 新建"未命名 1"文件（或依次选择"文件"→"新建"→"源代码"菜单项），如图 17-1 所示。

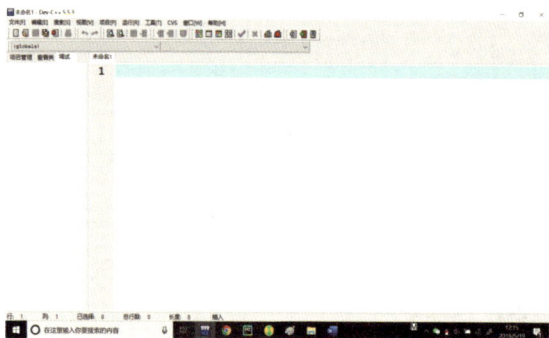

图 17-1　创建输入文件

> **提示**
>
> 新建文件名字不一定是"未命名 1"，可以是"未命名 *n*"，*n* 表示创建的第 *n* 个文件。

（2）在"未命名1"文件中输入文件内容，如图17-2所示。

图17-2 输入文件内容

（3）按组合键 <Ctrl+S> 保存文件，弹出"保存文件"对话框（或选择"文件"→"保存"菜单项），如图17-3所示。

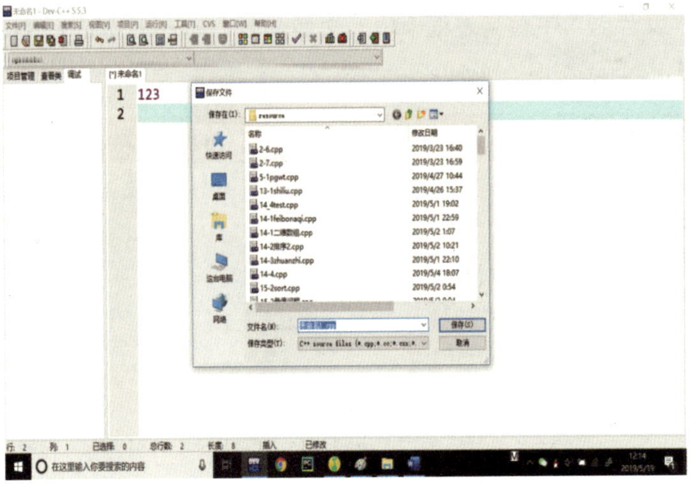

图17-3 "保存文件"对话框

（4）在"保存文件"对话框中修改"保存类型"下拉列表框为"All files(*.*)"，即所有文件类型，如图17-4所示。

C++ 案例趣学

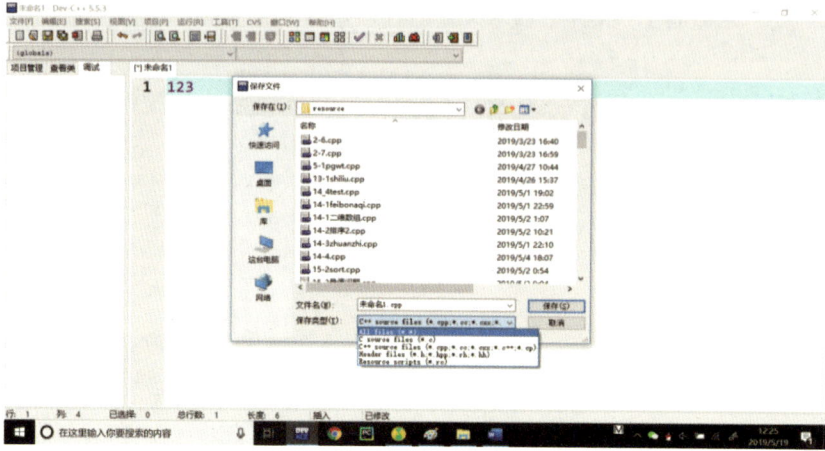

图 17-4 修改"保存类型"

提示

　　这是正确创建输入文件的关键步骤，必须修改"保存类型"下拉列表框为"所有文件类型"才能保证输入文件的正确创建。

　　（5）在"文件名"下拉列表框中输入文件全名（如 reverse.in），并单击"保存"按钮保存文件。

注 意

　　一般情况下输入文件要与调用它的C++源文件在同一个文件夹下，才可以正确调用，如图17-5所示。

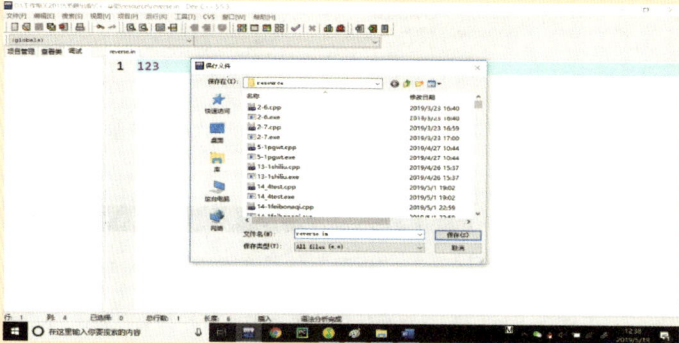

图 17-5 保存文件

小知识

文件全名格式为"主名.扩展名"，通常主名表示文件的含义，扩展名表示文件的类型。例如，"reverse.in"中主名为"reverse"表示文件中数据要反转，扩展名".in"表示文件类型是输入文件。常用的文件扩展名还包括".out"表示输出类型文件，".cpp"表示C++源文件，".exe"表示Windows操作系统中的可执行文件等。

17.2.2　查看输出文件

在C++中，输出文件用于存放程序输出结果，替代了屏幕显示结果。输出文件通过编程可以在程序执行后自动创建，我们可以查看输出文件。

查看输出文件的步骤如下。

（1）按组合键<Ctrl+O>，打开"打开文件"对话框（或选择"文件"→"打开项目或文件"菜单项），如图17-6所示。

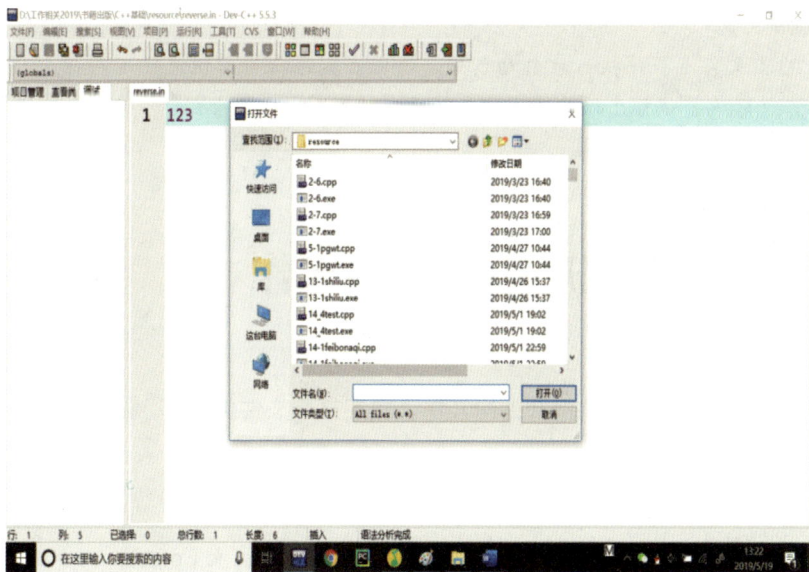

图17-6　"打开文件"对话框

（2）在"打开文件"对话框的"文件名"下拉列表框中输入输出文件名，单击"打

C++ 案例趣学

开"按钮即可，如图 17-7 所示。

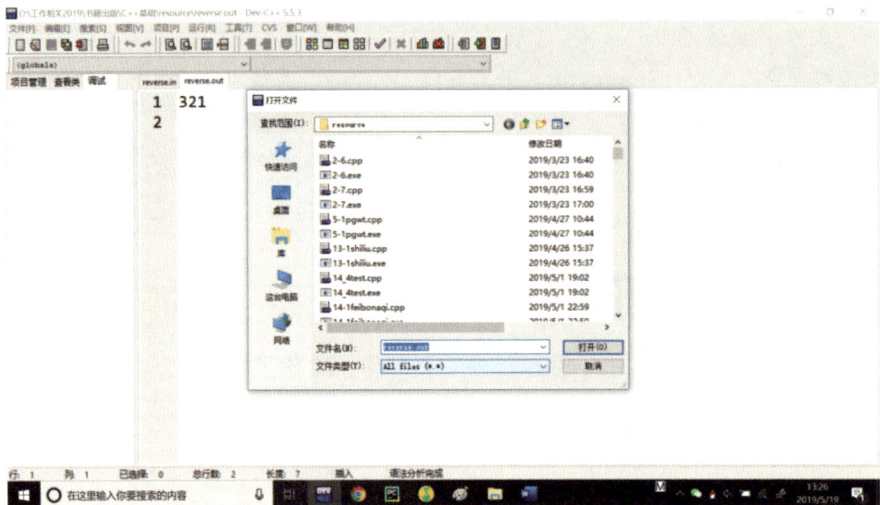

图 17-7　输入输出文件名

提示

　　输出文件在程序执行后自动创建，所以在程序执行前该文件不存在。另外，打开文件时需要注意文件路径（即文件所在的文件夹），通常情况下输出文件与程序源文件在同一文件夹下。

17.3　源程序中的文件操作

　　文件操作基本步骤如下。

　　（1）打开文件，将文件指针指向文件，决定打开文件类型。

　　（2）对文件进行读、写操作。

　　（3）在使用完文件后，关闭文件。

　　在 C++ 中，文件是文件输入流（ifstream）和文件输出流（ofstream）的默认输入 / 输出设备。C++ 可以在创建流变量时，设定输入或输出到哪个文件。

　　源程序中的文件操作说明如表 17-1 所示。

表 17-1　源程序中的文件操作说明

操作	说明
#include<fstream>	使用文件必须要在程序头包含 fstream
ifstream　fin(" 输入文件名 . 扩展名 ");	使用 fin 作为输入对象，同时打开指定文件
ofstream　fout(" 输出文件名 . 扩展名 ");	使用 fout 作为输出对象，同时打开指定文件
fin!=NULL	判断文件是否打开（存在）
fin>> 变量名 ;	从输入文件中读取数据
fout<< 表达式 ;	将数据写入输出文件
fin.close(); fout.close();	关闭输入 / 输出文件

本课主要介绍了以下内容。

（1）文件的概念。　　　　　　　（3）文件数据的输入 / 输出。

（2）文件的操作过程。

练习17-1　阅读代码清单17-2，写结果。

代码清单 17-2

```
1. #include<fstream>
2. using namespace std;
3. int main() {
4.     ifstream fin("yd.in");
5.     ofstream fout("yd.out");
6.     string str;
7.     getline(fin,str);
8.     fout<<str<<endl;
9.     fin.close();
10.    fout.close();
11.    return 0;
12. }
```

设 yd.in 文件的内容为：

Hi,welcome!

则 yd.out 文件的内容为_____。

C++ 案例趣学

练习17-2 阅读代码清单17-3，写结果。

代码清单 17-3

```
1. #include <iostream>
2. #include <fstream>
3. using namespace std;
4. int main(){
5.      ofstream fout("sr.out");
6.      char ch;
7.      ch=getchar();
8.      while(ch!='!'){
9.              fout<<ch;
10.             ch=getchar();
11.     }
12.     fout<<'.'<<endl;
13.     fout.close();
14.     return 0;
15. }
```

设键盘输入为：

```
This is test!
```

则 sr.out 文件内容为_____。

练习17-3 阅读代码清单17-4，写结果。

代码清单 17-4

```
1. #include <iostream>
2. #include <fstream>
3. using namespace std;
4. int main(){
5.      ifstream fin("letter.in");
6.      char ch;
7.    int c=0;
8.      while(fin>>ch){
9.              if(ch>='a'&&ch<='z')cout<<ch;
10.     }
11.     cout<<c<<endl;
12.     fin.close();
13.     return 0;
14. }
```

已知 letter.in 文件内容为：

```
azls123abcd<CR>
```

提示：while(fin>>ch) 表示文件没有结束则输入字符给 ch。

则程序输出为_____。

练习17-4 文件复制。

请编写程序，将文件 copy.in 的内容输出到屏幕上并复制到文件 copy.out 中。

输入：在文件 copy.in 中，有一行字符。

输出：屏幕和 copy.out 文件中，复制 copy.in 文件内容。

样例输入：copy.in

```
casia.
```

样例输出：copy.out

```
casia.
```

练习17-5　整数统计。

已知文件 number.in 中存入了一些整数。请编写程序统计文件中正整数、零和负整数的个数，并存入 number.out 文件中。

输入：数据在文件 number.in 中，有一行若干个整数，整数之间以空格分隔。

输出：数据在文件 number.out 中，有一行，3 个整数，即正整数个数、零的个数和负整数的个数，3 个整数以空格分隔。

样例输入：number.in

```
54 23 0 45 0 -2 -97 24 78 -3
```

样例输出：number.out

```
5 2 3
```

第18课 卡路的历练5：字符串及文件举例

学习了字符串和文件后，卡路决定再做些练习，巩固学过的知识。

我们在编写、修改文章时经常会在文章中查找某一个单词，如果凭肉眼去找，真是太困难了。如果计算机能够帮我们做这件事，就容易多了。

好吧，请编写一段程序来帮助人们完成这个功能吧。要求是：给定一个单词，输出它在给定的文章中出现的次数和第一次出现的位置。注意：根据人们的习惯，查找单词时是不区分大小写，即给定单词必须与文章中的某一独立单词在不区分大小写的情况下完全相同（参见例18-1），如果给定单词仅是文章中某一单词的一部分则不算匹配。

【例18-1】 查找单词问题。

输入：共两行。第一行为一个字符串，其中只含字母，表示给定单词；第二行为一个字符串，其中只可能包含字母和空格，表示给定的文章。

输出：一行，如果在文章中找到给定单词则输出两个整数，即单词在文章中出现的次数和第一次出现的位置（即在文章中第一次出现时，单词首字母在文章中的位置，位置从 0 开始），两个整数之间用一个空格隔开；如果单词在文章中没有出现，则直接输出一个整数 -1。

样例输入：

```
To
to be or not to be is a question
```

样例输出：

```
2 0
```

数据范围：1≤单词长度≤ 10，1≤文章长度≤ 1000000。

【数学分析】

首先，输入一个单词和一个句子。为了保证统计的是一个单词（单词前后有空格），需在单词前后各加一个空格。同样，为统一处理句子，也需要在句子的首尾各加一个空格。然后将单词和句子中的所有字母转为小写。接着利用 string 类的 find(word,pos) 函数查找是否存在单词：如果存在，累加答案，更新位置，循环；否则，退出。

【算法描述】

（1）定义字符串变量 word 和 str，定义循环变量 i，定义位置变量 index，定义首次出现 word 位置变量 first，定义出现 word 的个数变量 ans。

（2）输入 word 和 str。

（3）word 前后加空格，str 前后加空格。

- word 全部变为小写，str 变为小写。
- 首次出现变量 first= 位置变量 index，即 index=str.find(word)。
- 当位置变量 index 不等于 -1 时循环。
- 个数变量 ans++。
- 位置变量 index=str.find(word,index+1)。

（4）如果 ans 不等于 0，那么输出 ans 和 first；否则，输出 -1。

查找单词问题的程序实现如代码清单 18-1 所示。

代码清单 18-1

```
1. #include<iostream>
2. #include<string>
```

193

```
3. using namespace std;
4. int main(){
5.      string word,str;
6.      int first=-1,ans=0,index=-1,i;
7.      getline(cin,word);
8.      word=" "+word+" ";
9.      getline(cin,str);
10.     str=" "+str+" ";
11.     for(i=0;i<word.length();i++)
12.             if(word[i]>='A'&&word[i]<='Z')word[i]+=32;
13.     for(i=0;i<str.length();i++)
14.             if(str[i]>='A'&&str[i]<='Z')str[i]+=32;
15.     first=index=str.find(word);
16.     while(index!=-1)    {
17.             ans++;
18.             index=str.find(word,index+1);
19.     }
20.     if (ans!=0) cout<<ans<<' '<<first<<endl;
21.     else cout<<-1<<endl;
22.     return 0;
23. }
```

【例 18-2】 基因相关性问题。

脱氧核糖核酸（DNA）由两条互补的碱基链以双螺旋的方式结合而成。为了获知基因序列在功能和结构上的相似性，经常需要将几条不同序列的 DNA 进行比对，以判断该比对的 DNA 是否具有相关性。

现比对两条长度相同的 DNA 序列。如图 18-1 所示，定义两条 DNA 序列相同位置的碱基为一个碱基对，如果一个碱基对中的两个碱基相同的话，则称为相同碱基对。接着计算相同碱基对占总碱基对数量的比例。如果该比例大于等于给定阈值，则判定该两条 DNA 序列是相关的；否则，不相关。

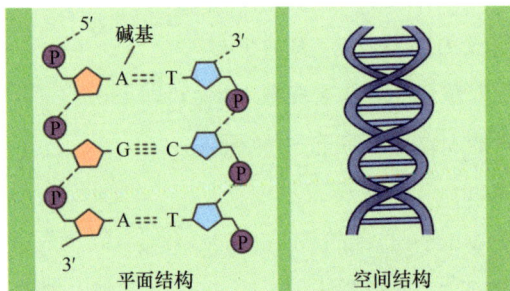

图 18-1　DNA 序列

输入：数据在文件 gene.in 中，有 3 行，第一行是用来判定出两条 DNA 序列是否是相关的阈值，随后两行是两条 DNA 序列（长度不大于 500）。

输出：数据在 gene.out 文件中，若两条 DNA 序列相关，则输出 yes，否则输出

no。

样例输入： gene.in

```
0.85
ATCGCCGTAAGTAACGGTTTTAAATAGGCC
ATCGCCGGAAGTAACGGTCTTAAATAGGCC
```

样例输出： gene.out

```
yes
```

【数学分析】

此题基本质上是求两个字符串位置相同的字符是否相等以及其所占比例。首先循环判断位置相同字符是否相等，如果相等，则计数值加1。然后用计数值除以总长得到比例，最后判断该比例是否大于阈值。

【算法描述】

（1）定义两个字符串变量 str1 和 str2，循环变量 i，两个浮点变量 same 和 threshold（same 用于存放相等字符个数，threshold 存放阈值），定义输入文件流 fin 和输出文件流 fout，并打开指定文件；

（2）从文件输入 threshold，输入 str1 和 str2。

（3）循环 i 从 0 到 str1.length()。如果 str1[i] 和 str2[i] 相等，那么 same++。

（4）如果 same/str1.length()>=threshold，那么文件输出 yes；否则，文件输出 no。

基因相关性问题的程序实现如代码清单 18-2 所示。

代码清单 18-2

```
1. #include<fstream>
2. #include<string>
3. using namespace std;
4. int main() {
5.      string str1,str2;
6.      int i;
7.      double threshold,same;
8.      ifstream fin("18-2gene.in");
9.      ofstream fout("18-2gene.out");
10.     fin>>threshold;
11.     getline(fin,str1);
12.     getline(fin,str2);
13.     for(i=0;i<str1.length();i++) {
14.             if(str1[i]==str2[i])same+=1;
15.       }
16.     if((same/str1.length())>=threshold)
17.             fout<<"yes";
18.     else fout<<"no";
19.     fin.close();
20.     fout.close();
21.     return 0;
```

```
22. }
```

【**例 18-3**】 密码翻译问题。

在情报传递过程中，为了防止情报被截获，往往需要对情报用一定的方式加密。如图 18-2 所示，简单的加密算法虽然不足以完全避免情报被破译，但仍然能防止情报被轻易地识别。我们给出一种最简单的加密方法，对给定的一个字符串，把其中从 a ～ y、A ～ Y 的字母用其后继字母替代，把 z 和 Z 用 a 和 A 替代，其他非字母字符不变，则可得到一个简单的加密字符串。

图18-2 加密算法可以防止情报被破译

输入：数据在文件 password.in 中，有一行，包含一个字符串，长度小于 80 个字符。

输出：数据在 password.out 文件中，包含输出每行字符串的加密字符串。

样例输入: password.in

```
Hello!How are you!
```

样例输出: password.out

```
Ifmmp!Ipx bsf zpv!
```

【**数学分析**】

此程序为字符串本身变化，只需遍历字符串，根据规则用 if-else 变换字符串即可。

【**算法描述**】

（1）定义字符串变量 str1、循环变量 i、输入文件流 fin 和输出文件流 fout，并打开指定文件。

（2）从文件输入 str1。

（3）循环 i 从 0 到 str1.length()：

- 如果 str1[i] 的值位于 a ~ y 或者 A ~ Y，那么 str1[i]+=1;
- 如果 str1[1] 等于 z 或者 Z，那么 str1[i]=a 或 A。

（4）文件输出 str1。

> **注意**
>
> 　　在第（3）步的循环中，必须采用if…else if…嵌套结构，而不能采用两个if单分支选择结构。请同学们试一试，并说明为什么？

　　密码翻译问题的程序实现如代码清单18-3所示。

代码清单18-3

```
1.  #include<fstream>
2.  #include<string>
3.  using namespace std;
4.  int main() {
5.      string str1;
6.      int i;
7.      ifstream fin("18-3password.in");
8.      ofstream fout("18-3password.out");
9.      getline(fin,str1);
10.     for(i=0;i<str1.length();i++) {
11.         if(str1[i]>='a'&&str1[i]<='y'
12.         ||str1[i]>='A'&&str1[i]<='Y')str1[i]+=1;
13.         else if(str1[i]=='z')str1[i]='a';
14.         else if(str1[i]=='Z')str1[i]='A';
15.     }
16.     fout<<str1;
17.     fin.close();
18.     fout.close();
19.     return 0;
20. }
```

【例18-4】 最长/最短单词问题。

　　从文件输入一行句子（不多于200个单词，每个单词长度不超过100），只包含字母、空格和逗号。单词由至少一个连续的字母构成，空格和逗号都是单词间的间隔。试输出第一个最长的单词和第一个最短单词。

　　输入：数据在文件maxword.in中，有一行，包含一行句子。

　　输出：数据在maxword.out文件中，包含2行，第1行显示第一个最长的单词，第2行显示第一个最短的单词。

样例输入： maxword.in

```
I am studying programming language C++ in CASIA,this is intersting class
```

样例输出： maxword.out

```
maxword:programming
minword:I
```

C++ 案例趣学

【数学分析】

本程序的主要思想是取最大值和最小值问题，先假设第一个单词是最大和最小单词，然后循环遍历所有单词，取最大和最小单词。

本程序的难点是如何拆分句子中的单词，具体方法是每次查找空格和逗号出现的位置（find()），然后从上次位置开始截取子串（substr()），再（用 length()）判断长度。

查找位置时，还需要判断空格和逗号谁出现的更短，谁短则表示先出现，截取至此。

【算法描述】

（1）定义字符串变量 str 表示句子，word 表示截取的单词，maxstr 表示最大单词，minstr 表示最小单词；定义整型数据，循环变量 i，单词开始位置 begin，单词结束位置 end，空格位置 end_space，逗号位置 end_comma，均初始化为 0；定义输入文件流 fin 和输出文件流 fout 并打开指定文件。

（2）从文件输入句子 str。

（3）查找第一次空格出现位置 end_space 和第一次逗号出现位置 end_comma，如下分 4 种情况判断。

- 如果 end_space<0 并且 end_comma<0 说明空格或逗号都不存在，则 end=-1。

- 如果 end_space>=0 并且 end_comma<0 说明空格存在，逗号不存在，则 end=end_space。

- 如果 end_space<0 并且 end_comma>=0 说明空格不存在，逗号存在，则 end=end_comma。

- 如果 end_space>=0 并且 end_comma>=0 说明空格和逗号都存在，则 end=min（end_ space,end_comma）。

从句子中截取单词给 word=str.substr(begin,end)；

最大单词 = 最小单词 =word

begin 指向空格或逗号后面的位置（end+1）；

循环 i 从新 begin 到 str 结尾：查找空格出现位置 end_space 和逗号出现位置 end_comma；

按上述 4 种情况判断后，如果 begin 等于 end，则终止循环；从句子中截取单词给 word=str.substr(begin,end)；

如果最大单词长度 <word 长度，最大单词 =word；

如果最小单词长度 >word 长度，最小单词 =word；

begin 指向空格或逗号后面的位置（end+1）。

（4）文件输出 maxstr 和 minstr。

最长 / 最短单词问题的程序实现如代码清单 18-4 所示。

代码清单 18-4

```
1.  #include<fstream>
2.  #include<string>
3.  using namespace std;
4.  int main() {
5.      string str,word,maxstr,minstr;
6.      int i,begin=0,end_space=0,end_comma=0,end=0;
7.      ifstream fin("18-4maxword.in");
8.      ofstream fout("18-4maxword.out");
9.      getline(fin,str);
10.     str+=" ";
11.     end_space=str.find(' ');
12.     end_comma=str.find(',');
13.     if(end_space<=0&&end_comma<=0)end=-1;
14.     else if(end_space<0&& end_comma>=0)end=end_comma;
15.     else if(end_space>=0&&end_comma<0)end=end_space;
16.     else if(end_space>=0&&end_comma>=0)
17.             if(end_space<end_comma)end=end_space;
18.                 else end=end_comma;
19.     word=str.substr(begin,end-begin);
20.     maxstr=word;
21.     minstr=word;
22.     begin=end+1;
23.     for(i=begin;i<str.length();i++) {
24.             end_space=str.find(" ",begin);
25.             end_comma=str.find(",",begin);
26.             if(end_space<=0&&end_comma<=0)break;
27.             else if(end_space<0&& end_comma>=0)end=end_comma;
28.             else if(end_space>=0&&end_comma<0)end=end_space;
29.             else if(end_space>=0&&end_comma>=0)
30.             if(end_space<end_comma)end=end_space;
31.                 else end=end_comma;
32.             if(begin==end)break;
33.             word=str.substr(begin,end-begin);
34.             begin=end+1;
35.             if(maxstr.length()<word.length()) {
36.                     maxstr=word;
37.             }
38.             if(minstr.length()>word.length()) {
39.                     minstr=word;
40.             }
41.     }
42.     fout<<"maxword:"<<maxstr<<endl;
43.     fout<<"minword:"<<minstr<<endl;
44.     fin.close();
45.     fout.close();
```

```
46.    return 0;
47. }
```

本课主要介绍了以下内容。

（1）查找单词问题。　　　　　　（3）密码翻译问题。

（2）基因相关性问题。　　　　　　（4）最长 / 最短单词问题。

练习18-1　阅读代码清单18-5，写结果。

代码清单 18-5

```
1. #include<iostream>
2. #include<cstring>
3. using namespace std;
4. int main(){
5.     char a[20]="cehiknqtw";
6.     string s="fbla";
7.     int i,j,k;
8.     for(k=0;k<s.length();k++){
9.         j=0;
10.        while(s[k]>=a[j]&&a[j]!='\0')j++;
11.        for(i=strlen(a);i>=j;i--)
12.                a[i+1]=a[i];
13.        a[j]=s[k];
14.    }
15.    cout<<a<<endl;
16.    return 0;
17. }
```

结果为_____。

练习18-2　删除字。

字符串 str 的内容为 "chuncctian"，请编写程序将字符串 str 中所有字符 c 删除。

输入：无。

输出：1 个不包含字符 'c' 的字符串。

样例输入：无

样例输出：

```
huntian
```

练习18-3　字符串比较大小。

请编写程序，从键盘上输入3个字符串，找出其中最小的字符串输出。

输入：3行，3个字符串。

输出：1行，1个最小的字符串。

样例输入：

```
aabbcc
aabcbc
abcabc
```

样例输出：

```
aabbcc
```

练习18-4　超长数据加法。

在文件 add.in 中有两个30位的十进制整数，编程计算这两个整数相加的结果存入 add.out 文件中。

输入：数据在文件 add.in 中，有两行，每行1个30位的十进制整数。

输出：数据在 add.out 中，有1行，即这两个整数相加的结果。

样例输入： add.in

```
123456789987654321123456789897
987654321234567891123456789098
```

样例输出： add.out

```
1111111111222222212246913578995
```

提示

超长数据可以按字符串进行存取。

第19课 逐个击破的阶乘和：函数

卡路在学校学了"阶乘"的概念。晚上，科迪给卡路出了一道与阶乘相关的编程题：编写一个程序计算 1!+2!+3!+…+5! 的结果。卡路欣然接受了任务，不过却发现这道题好像比计算阶乘要复杂一些，怎么办呢？科迪解释道："在现实中，当遇到一个较为复杂的任务时，我们可以将任务分解成若干个子任务，让每一个子任务只完成一个功能，把这些子任务组合在一起，就可以轻而易举地完成复杂任务了。程序世界也是如此，为解决一个复杂问题，将程序分解成若干个自定义函数，使每个函数完成一个子功能，这样逐个击破，复杂问题就迎刃而解了。"一番话说得卡路茅塞顿开，很快完成了程序。

【例 19-1】 逐个击破的阶乘和。

输入：无。

输出：一个整数，即计算的结果。

样例输入：无

样例输出：

```
sum=153
```

【数学分析】

阶乘的概念：一个正整数的阶乘是所有小于及等于该数的正整数的积即 $N!=1\times2\times3\times\cdots\times N$。注意，0 的阶乘为 1。

本程序有两个功能：一个是求阶乘，一个是求和。我们可以定义不同的函数实现不同的功能。

如果是 C++ 的系统库函数，只需要在程序开始部分通过 "#include" 指令加入相应的系统库就可以直接调用了，如 abs(x)、sqrt(x)……

而现在的问题是 C++ 中没有阶乘和求和的系统函数，这就需要我们编写自己的函数，称为自定义函数。

【算法描述】

本程序定义两个函数：求阶乘函数 js(n) 和主函数 main()。

（1）int js(int n)——该函数求 n 的阶乘返回一个整型结果。

　　1）定义阶乘结果整型变量 s，初始化为 1。

　　2）循环 i 从 1 到 n，迭代 s=s*i。

　　3）返回 s。

（2）主函数 main()。

　　1）定义累加和结果变量 sum，初始化为 0。

　　2）循环 i 从 1 到 n，迭代 sum=sum+js(i)。

　　3）输出 sum。

（1）什么时候需要编写函数呢？

（2）自己如何编写函数呢？

（3）系统怎么找到自定义函数？

（4）自己编写的函数能否与其他函数互相传递数据呢？

逐个击破的阶乘和这一问题的具体实现如代码清单 19-1 所示。

代码清单 19-1

```
1.  #include <iostream>
2.  using namespace std;
3.  int js(int n) {
4.      int i,s=1;
5.      for(i=1;i<=n;++i)
6.      s*=i;
7.      return s;              //函数返回值s的类型就是函数类型
8.  }
9.  int main() {
10.     int i,sum=0;
11.     for(i=1;i<=5;i++)
12.         sum+=js(i);
13.     cout<<"sum="<<sum<<endl;
14.     return 0;
15. }
```

19.1   函数的定义和声明

函数是完成某种功能的程序段，是程序模块化的体现。对于一个复杂的问题，可以将其分解成若干个子问题来解决，如果子问题依然很复杂，还可以将它继续分解，直到每个子问题都是一个具有独立任务的模块。以这种方式编写的程序结构清晰，逻辑关系明确，会给编写、阅读、调试以及修改带来很多好处。

一个程序可以有许多函数，包括主函数和非主函数，主函数只能有一个，非主函数可以有多个。主函数自动执行，非主函数只有被调用时才会执行。程序从主函数开始执行到主函数结束而结束，主函数可以调用任何非主函数，非主函数之间可以互相调用，但不能调用主函数。函数调用过程中，调用其他函数的函数叫作主调函数，相应的被调用的函数叫作被调函数。

> **提示**
>
> 　　主函数和主调函数是不同的。主函数特指 main() 函数，主调函数是指调用其他函数的函数。主调函数可以是主函数，也可以是非主函数。

除了系统函数库提供的系统函数，其他函数都需要定义和声明后才能够使用。

1. 函数定义

在例 19-1 中，有一个实现阶乘功能的函数 js()。函数格式说明如图 19-1 所示。

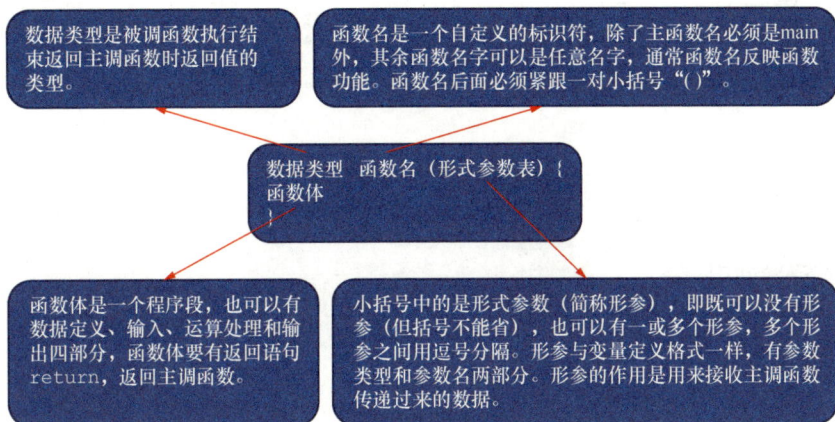

图 19-1 函数格式说明

2. 函数声明

除了主函数，自定义函数使用之前可以先声明该函数存在。函数声明的格式为

数据类型 函数名（形式参数表）；

例 19-1 中 js() 函数的声明可以写成：

```
int  js(int n);
```

函数定义和函数声明的区别：从格式上看，函数声明没有函数体，在形参表结束后直接加分号结束；从本质上讲，函数声明是一条用于说明函数存在的语句，函数定义是一段用于完成某个功能的程序。

函数声明语句通常放在所有函数以外，标准命名空间的后面，也可以放在主调函数中，如图 19-2 所示。

当被调函数定义出现在主调函数后面时，主调函数前必须有函数声明语句；当被调函数定义出现在主调函数之前时，函数声明语句可以省略，如图 19-3 所示。

```
1  #include <iostream>
2  using namespace std;
3  int f1();//函数声明语句
4  int f2();//函数声明语句
5  int main(){//主调函数
6     //...
7     f1();
8     f2();
9  }
10 int f1() {//被调函数1定义
11    //...
12 }
13 int f2(){//被调函数2定义
14    //...
15 }
```

图 19-2　函数声明语句位置格式

```
1  #include <iostream>
2  using namespace std;
3  //省略函数声明语句
4  int f1() {//被调函数定义1
5     //...
6  }
7  int f2(){//被调函数定义2
8     //...
9  }
10 int main(){//主调函数
11    //...
12    f1();
13    f2();
14 }
```

图 19-3　被调函数定义位置格式

19.2　函数的调用与返回

1. 函数调用

例 19-1 中，在主函数中调用了 js() 函数，如图 19-4 所示。

```
11      for(i=1;i<=5;i++)
12         sum+=js(i);
```

图 19-4　主函数中调用 js() 函数

函数调用的格式为

函数名（实际参数表）;

函数调用时的参数叫作实际参数（简称实参）。实参应与被调函数中的形参个数相同、类型相符。实参可以是常量、变量或表达式，发生函数调用时实参值要按顺序传递给形参。

2. 函数的返回

在被调函数中一定要有返回语句。例 19-1 中 js() 函数的返回语句如图 19-5 所示。

```
7.      return s;      //函数返回值 s 的类型就是函数类型
```

图 19-5　js() 函数的返回语句

返回语句格式有两种：

return 返回值;

return;

返回语句的作用是结束被调函数，返回主调函数中的"调用函数处"继续执行。

`return` 具有返回值时，在返回主调函数同时要把返回值带回主调函数。返回值可以是常量、变量和表达式，其类型就是函数的数据类型。

`return` 没有返回值时，直接返回主调函数继续执行。特别需要说明的是，此时的函数类型为空类型——`void`。

3．函数调用过程

函数调用过程如图 19-6 所示。当主调函数执行到函数调用时，主调函数暂停执行转去被调函数执行，这时实参传递给形参，被调函数执行到最后，`return` 语句结束被调函数执行，将返回值带回主调函数的函数调用处，主调函数继续执行。

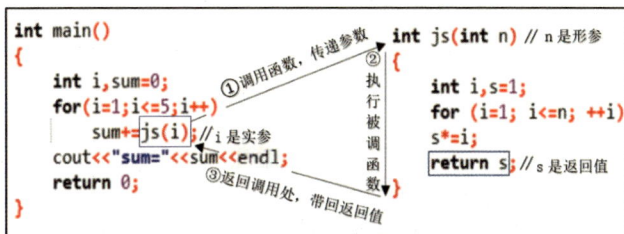

图 19-6　函数调用过程

4．被调函数的作用

被调函数在主调函数中的作用有两种：作为自定义语句使用和作为数据使用。

（1）作为自定义语句使用。

【例 19-2】 阅读代码清单 19-2，写结果。

代码清单 19-2

```
1. #include <iostream>
2. using namespace std;
3. void  f1(){
4.     cout<<"******************"<<endl;
5.     return;
6. }
7. int main(){
8.     int i;
9.     f1();
10.    cout<<"This is test!"<<endl;
11.    f1();
12.    return 0;
13. }
```

该程序结果为

```
*******************
This is test!
*******************
```

在例 19-2 中，main() 调用了 f1()——f1() 作为 main() 中的一条语句使用。此时函数类型为 void 类型（空类型）且没有返回值。

被调函数类型为空类型（void）时，表示该函数没有返回值，此时被调函数作为一条自定义语句出现在主调函数中。这种形式的被调函数即为用户自定义指令。

（2）作为数据使用。在例 19-1 中，main() 调用了 js()，js() 函数类型为 int，所以 js() 作为一个整型数据出现在 main() 的语句中。

被调函数类型为非空类型时，表示该函数有返回值且返回值类型也是非空类型，此时被调函数作为一个该类型的数据出现在主调函数的语句中。

小知识

所谓非空类型是指除 void 以外的任意类型。

19.3　函数的嵌套与递归

1. 函数嵌套

函数的嵌套调用简称函数嵌套，是指函数中调用另一函数，而这个另一函数又调用其他函数的形式。函数不能嵌套定义是指不能在一个函数内再定义另外的函数，但是允许嵌套调用。函数嵌套的执行过程如图 19-7 所示。

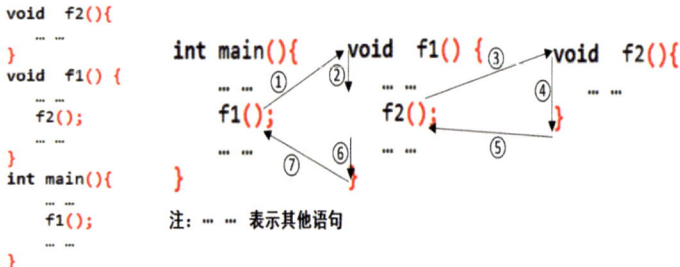

图 19-7　函数嵌套的执行过程

main() 执行到调用 f1() 时：

① main() 暂停执行转去执行 f1()；

② f1() 执行到调用 f2()；

③ f1() 暂停执行转去执行 f2()；

④ f2() 执行直到结束；

⑤ f2() 结束返回至 f1() 调用处；

⑥ f1() 继续执行直到结束；

⑦ f1() 执行结束返回至 main() 调用处；

main() 继续执行，直至程序结束。

上述过程很好地解释了"程序从主函数开始执行到主函数结束"的过程。

2. 函数递归

（1）递归的概念。函数的递归调用简称函数递归是指函数自身调用自身，这是一类特殊的函数嵌套。

【例 19-3】　阅读代码清单 19-3，写结果。

代码清单 19-3

```
1. #include <iostream>
2. using namespace std;
3. int fact(int n) {
4.     if (n==0)
5.             return 1;
6.     else
7.             return  n*fact (n-1);
8. }
9. int main(){
10.     int n,k;
11.     cin>>n;
12.     k=fact(n);
13.     cout<<n<<"!="<<k<<endl;
14.     return 0;
15. }
```

样例输入：

2

样例输出：

2!=2

例 19-3 是用递归方式实现的阶乘功能。该程序的执行过程如图 19-8 所示。

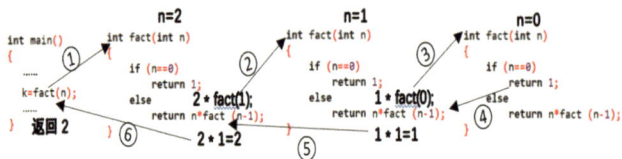

图 19-8　函数递归程序的执行过程

当 n 初始为 2 时，

① main() 调用 fact(2) 时，main() 暂停执行，调用 fact(2)；

② 执行 fact(2) 中 "return 2*fact(1);" 时，fact(2) 暂停执行，调用 fact(1)；

③ 执行 fact(1) 中 "return 1*fact(0);" 时，fact(1) 暂停执行，调用 fact(0)；

④ 执行 fact(0) 中 "return 1;" 时，fact(0) 返回值为 1，返回至 fact(1) 调用处；

⑤ 执行 fact(1) 中 "return 1*1;" 时，fact(1) 返回值为 1，返回至 fact(2) 调用处；

⑥ 执行 fact(2) 中 "return 2*1;" 时，fact(2) 返回值为 2，返回至 main() 调用处；

同学们可自行推导当 n 初始为其他值时递归的执行过程。

（2）递归的一般格式。根据例 19-3，给出递归函数的一般格式如下：

数据类型 函数名 (形参列表){
if < 递归结束条件 > return 返回值；
else return 函数名 (参数改变量)；
}

由此可见，构成递归需要具备两个条件：其一，必须有结束条件和结束值；其二，参数改变量使参数向结束条件发展。

（3）递归与循环的关系。递归是循环的一种变形，递归是一种反向执行的循环，即从结束条件开始到初始值反向执行循环体。

这里以例 19-3 为例说明递归与循环的关系，如表 19-1 所示。

表 19-1　递归与循环关系表

循环四要素	递归中的运算
循环初值	主调函数给出递归参数的初始值 n
终止循环条件	使递归结束的条件 if(n==0) return 1;
循环体	递归的运算 n*fact(n-1);
使循环趋于结束的部分	使递归趋于结束的部分递归参数传递 n=n-1;

（4）递归与数组的关系。大部分递归操作可以想象为数组运算。如例 19-3 中当 n=2 时的操作说明，如表 19-2 所示。

表 19-2　例 19-3 中当 n=2 时的操作说明

递归函数	数组

`int fact (int n) {`
`    if(n==0) return 1;`
`else    return n*fact(n-1);`
	`fact[0]=1;`

	`fact[1]=1*fact[0] ; n=1`
	`fact[2]=2*fact[1] ; n=2 结束`

19.4　局部变量与全局变量

1. 局部变量

局部变量是指在函数内部定义的变量。前面所有例题中的变量都是在函数内定义的，因此都是局部变量。

局部变量的作用域（即起作用的范围）是从定义点到函数结束，即局部变量只在定义它的函数内有效。由于局部变量的作用域仅局限于本函数内，因此，在不同函数中局部变量名可以相同，它们分别代表不同的对象，互不干扰。例 19-1 的 js() 和 main() 中都定义了 i 变量，但两者的作用域不同。

2. 全局变量

全局变量是指在函数外定义的变量。其作用域是从变量的定义点到程序结束，即从变量定义之后的所有函数都可以访问该全局变量。

全局变量和局部变量可以同名，但在局部变量的作用域内全局变量无效。当全局变量没有初始化时默认初始值为 0，局部变量没有初始化时默认初始值不确定。

由于全局变量的作用域可以覆盖整个程序，因此可以作为共享数据在不同函数中传递数据。在函数调用中，可以通过参数从主调函数向被调函数传递数据（实参传给形参），也可以通过返回值从被调函数向主调函数传递数据，但二者都是单向传递，即只能向一个方向传递数据。而全局变量既可以在主调函数中使用，又可以在被调函数中使用，实现了数据的双向传递。

【**例 19-4**】　阅读代码清单 19-4，写结果。

代码清单 19-4

```
1. #include <iostream>
```

```
2. using namespace std;
3. int x,y;
4. int fun1(int s) {
5.     int x=10;
6.     y=x*s;
7.     return x+y;
8. }
9. int main(){
10.     int n;
11.     cin>>n;
12.     cout<<"fun1(n)="<<fun1(n)<<endl;
13.     cout<<"x="<<x<<",y="<<y<<endl;
14.     return 0;
15. }
```

样例输入：

```
5
```

样例输出：

```
fun1(n)=60
x=0,y=50
```

程序执行中变量的变化情况：

（1）第 3 行定义了两个全局整型变量 x 和 y，默认初始值为 0；

（2）第 4 行根据 main() 的输入，调用 fun1() 时形参 s=5；

（3）第 5 行 fun1() 中定义了局部变量 x 并初始化为 10，从第 6 行到函数结束是局部变量 x 的作用域，全局变量 x 无效；

（4）第 6 行 fun1() 中对 y 赋值，因为 fun1() 中没有定义变量 y，所以是全局变量 y，而 x 为局部变量，所以 y=50；

（5）第 7 行 fun1() 中返回 x+y，此时是局部变量 x 和全局变量 y 相加结果返回，返回值为 60；

（6）第 12 行输出 fun1() 返回值 60；

（7）第 13 行输出的 x 为全局变量 x，值为 0；输出的 y 为全局变量 y，值为 50。

本课主要介绍了以下内容。

（1）函数的定义和声明。

（2）函数的调用和返回。

（3）函数的嵌套和递归。

（4）局部变量与全局变量。

（5）本节课学到的关键字：void 和 return。

练习一练

练习19-1 阅读代码清单19-5，写结果。

代码清单 19-5

```
1. #include<iostream>
2. using namespace std;
3. int max(int x,int y,int z){
4.      if(x>y&&x>z)return x;
5.              else if(y>x&&y>z)return y;
6.              else  return z;
7. }
8. int main(){
9.     int x1,x2,x3,i=1,j,x0;
10.    cin>>x1>>x2>>x3;
11.    x0=max(x1,x2,x3);
12.    while(1){
13.    j=x0*i;
14.    if(j%x1==0&&j%x2==0&&j%x3==0)break;
15.             i++;
16.    }
17.    cout<<j<<endl;
18.    return 0;
19. }
```

设输入为：

```
2 4 8 <CR>
```
输出结果为_____。

提示

　　<CR> 表示回车换行。本程序求 3 个数的最小公倍数。

练习19-2 阅读代码清单19-6，写结果。

代码清单 19-6

```
1. #include<iostream>
2. using namespace std;
3. int age(int n){
4.      if(n==1) return 10;
5.      else return age(n-1)+2;
6. }
7. int main(){
8.     int n=5;
9.     cout<<age(n);
10.    return 0;
11. }
```

C++ 案例趣学

结果为_____。

练习19-3 阅读代码清单19-7，写结果。

代码清单 19-7

```
1. #include<iostream>
2. using namespace std;
3. void fun1(),fun2(),fun3();
4. int main(){
5.         cout<<"It's in main()."<<endl;
6.         fun2();
7.         cout<<"It's back in main().\n";
8.         return 0;
9. }
10. void fun1(){
11.         cout<<"It's in fun1().\n";
12      fun3();
13.         cout<<"It's back in fun1().\n";
14. }
15. void fun2(){
16.         cout<<"It's in fun2().\n";
17.         fun3();
18.         cout<<"it's back in fun2().\n";
19. }
20. void fun3(){
21.         cout<<"It's in fun3().\n";
22. }
```

结果为_____。

练习19-4 阅读代码清单19-8，写结果。

代码清单 19-8

```
1. #include<iostream>
2. using namespace std;
3. void move(char g,char p){
4.         cout<<g<<"——>"<<p<<endl;
5. }
6. void hanoi(int n,char one,char two,char three){
7.         if(n==1)move(one,three);
8.         else{
9.                 hanoi(n-1,one,three,two);
10.                move(one,three);
11.                hanoi(n-1,two,one,three);
12.      }
13. }
14 int main(){
15.     hanoi(3,'A','B','C');
16.     return 0;
17. }
```

结果为_____。

提示

此递归程序为 3 层汉诺塔的实现过程。

练习19-5　阅读代码清单19-9，写结果。

代码清单 19-9

```
1. #include<iostream>
2. using namespace std;
3. const int MAX=10;
4. int a[MAX],i;
5. void sub1(){
6.      for(i=0;i<MAX;i++)
7.              a[i]=i+i;
8.      return;
9. }
10. void sub2(){
11.     int a[MAX],i,max;
12.     max=5;
13.     for(i=0;i<max;i++)
14.             a[i]=i;
15.     return;
16. }
17. void sub3(int a[]){
18.     int i;
19.     for(i-0;i<MAX;i++)
20.             cout<<a[i];
21.     cout<<endl;
22.     return;
23. }
24. int main(){
25.     sub1();
26.     sub3(a);
27.     sub2();
28.     sub3(a);
29.      return 0;
30. }
```

结果为_____。

第 20 课　卡路的历练 6：
函数举例

学完函数编程，卡路又开始了历练之旅。

【例 20-1】 进制转换。

编程输入十进制整数 N（N：$-32767 \sim 32767$），请输出它对应的二进制数和八进制数。

样例输入：

26

样例输出：

26 turn into 2:
11010
26 turn into 8:
32

【数学分析】

这是一道数制转换的问题，将十进制整数转换成二进制数和八进制数，可以看作将十进制整数转换成 R 进制的数。

算法是"**N 除以 R 取余，再将余数倒过来写，即是转换后的 R 进制数（除 R 取余倒序）**"。

例如：$(26)_{10} = \underline{11010}_2$　　$(26)_{10} = \underline{32}_8$　转换过程如图 20-1 所示。

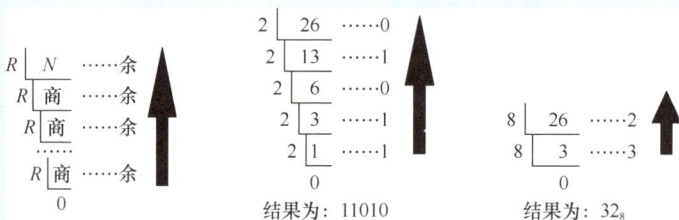

图 20-1　转换过程

【算法描述】

包含两个函数：进制转换函数 TurnData(n,r)；主函数 main()。

函数1： TurnData（**待转换数据** n，**进制** r）

TurnData 函数中的参数不需要把什么值返回给主程序，因此设为 void 即可。

（1）定义数组 data[20] 存放转换后数据，初始化数组元素为 0，循环变量 i，初始化为 0。

（2）输入无。

（3）负数转正数：如果 n<0，那么输出 "-"，执行 n=-n。除 R 取余：当待转数据 n≠0 时，循环执行 data[i]=n%r（取余）；n=n/r（变 n）；i++（自增）。

（4）倒序输出 data，从 i-1 ~ 0 循环，输出 data[i]。

函数2：主函数 main()

（1）定义待转换数据 n。

（2）输入 n。

（3）若数据转成二进制输出，则调用 TurnData(n,2)；语句；若数据转成八进制输出，则调用 TurnData(n,8)；语句。

（4）输出无。

进制转换问题的程序实现如代码清单 20-1 所示。

代码清单 20-1

```
1.  #include <iostream>
2.  using namespace std;
3.  void TurnData(int n,int a);//函数声明
4.  int main(){
5.      int n;
6.      cin>>n;
7.      TurnData(n,2);        //n转成二进制数
8.      TurnData(n,8);        //n转成八进制数
9.      return 0;
10. }
11. void TurnData(int n,int r){
12.     int data[20]={0},i=0;
13.     cout<<n<<" turn into "<<r<<" : "<<endl;
14.     if (n<0) {                    //负数转正数
15.         cout<<'-';
16.         n = -n;
17.      }
18.     while(n!=0) {                 //除R取余
19.         data[i++]=n%r;
20.         n=n/r;
21.     }
22.     for (i=i-1;i>=0;--i)          //倒序输出
```

```
23.        cout<<data[i];
24.    cout<<endl;
25. }
```

【例 20-2】计算组合数。

一般地说，从 n 个不同的元素中取出 m（$m \leqslant n$）个元素并成一组，叫作从 n 个不同元素中取出 m 个元素的一个组合。其中 m 个元素顺序无关。

从 n 个不同元素中取出 m（$m \leqslant n$）个元素的所有组合的个数，叫作从 n 个不同元素中取出 m 个元素的组合数，用符号 C_n^m 表示。

$$C_n^m = \frac{n!}{m! \times (n-m)!}$$

卡路的朋友聚会来了 10 位朋友，见面后每两人之间都要握手相互问候，请编程统计共需握手多少次。

样例输入：无

样例输出：

55

【数学分析】

朋友聚会中连同卡路在内一共 11 个人，每两人握手一次就完成这一件事，则共有握手次数为：

$$C_{11}^2 = \frac{11!}{2! \times (11-2)!} = 55$$

程序中多次用到阶乘功能，我们可以定义一个函数 fac(n) 来计算 n！。

【算法描述】

函数 1：求 x! 的函数 fac(x)。

（1）定义阶乘结果变量 s，并初始化为 1。

（2）输入无。

（3）循环 i 从 1 到 x：s*=i。

（4）返回 s。

函数 2：主函数 main()。

（1）定义变量 n=11，m=2。

（2）输入无。

（3）计算无。

（4）输出 $\frac{\text{fac(n)}}{\text{fac(n-m)*fac(m)}}$。

计算组合数的程序实现如代码清单 20-2 所示。

代码清单 20-2

```
1. #include <iostream>
2. using namespace std;
3. int fac(int x);                    //阶乘函数的声明
4. int main(){
5.     int m=2,n=11;
6.     cout<<fac(n)/(fac(n-m)*fac(m)); //阶乘函数的调用
7.     return 0;
8. }
9. int fac(int x) {                                      //定义阶乘函数
10.     int i,s=1;
11.     for(i=1;i<=x;i++)
12.         s*=i;
13.     return s;                     //返回阶乘函数的值
14. }
```

【例 20-3】 机器翻译。

机器翻译是人工智能的一个分支，是指利用计算机把一种自然语言（如英语）转变为另一种自然语言（如汉语）。

最简单的中英机器翻译原理是从头到尾，依次将每个英文单词用对应的中文含义加以替换。对每个英文单词，软件会先在内存中查找这个单词的中文含义，如果内存中有，软件就会用它替换；如果内存中没有，软件就会在外存中的词典内查找，查出单词的中文含义然后翻译，并将这个单词和译义放入内存，以备后续的查找和翻译。

假设内存中有 M 个单元，每个单元存放一个单词和译义。每当软件将一个新单词存入内存前，若当前内存中已存入的单词数不超过 $M-1$，软件会将新单词存入一个未使用的内存单元；若内存中已存入 M 个单词，软件会清空最早进入内存的那个单词，空出单元以存放新单词。

假设一篇英语文章的长度为 N 个单词。给定这篇待译文章，翻译软件需要去外存查找多少次词典？假设在翻译开始前，内存中没有任何单词。

输入：共两行。每行中两个数之间用一个空格隔开。第一行为两个正整数 M 和 N，代表内存容量和文章的长度。第二行为 N 个非负整数，按照文章的顺序，每个数（大小不超过 1000）代表一个英文单词。文章中两个单词是同一个单词，当且仅当它们对应的非负整数相同。

输出：共 1 行，包含一个整数，即软件需要查词典的次数。

样例输入：

```
3 7
1 2 1 5 4 4 1
```

样例输出：

```
5
```

样例输入 / 输出说明：

整个查字典过程如表 20-1 所示，每行表示一个单词的翻译。

表 20-1　查字典过程

序号	内存（容量 =3）	动作
1	1	查找单词 1 并调入内存
2	1 2	查找单词 2 并调入内存
3	1 2	在内存中找到单词 1
4	1 2 5	查找单词 5 并调入内存
5	2 5 4	查找单词 4 并调入内存替代单词 1
6	2 5 4	在内存中找到单词 4
7	5 4 1	查找单词 1 并调入内存替代单词 2
	共计查了 5 次词典	

【数学分析】

本程序本质上是存储管理中先进先出（First-In First-Out，FIFO）页面替换算法的应用。

首先设置一个数组 mem 来模拟内存，输入内存单元数 M，即为数组上限。然后循环 *n* 次，每次读入一个单词编号，如果这个单词不在内存中，那么按照先进先出顺序调入内存（mem[(count)%m]=word），并计入次数 count++；否则，什么都不做。最后输出次数 count。

可以采用函数来分解程序功能，函数调用过程如图 20-2 所示。

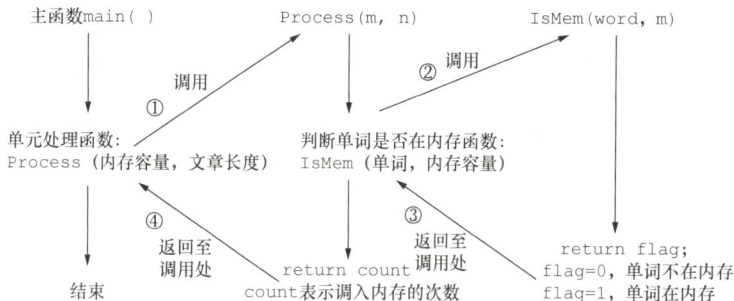

图20-2　函数调用过程

【算法描述】

本程序定义 3 个函数：第一个，判断是否在内存函数 IsMem(word,m)；第二个，处理函数 Process(m,n)；第三个，主函数 main()。

定义表示内存的全局数组 mem[1000]；

主函数 main()

（1）定义内存容量 m 和文章长度 n。

（2）输入 m 和 n。

（3）调用处理函数 Process(m,n)，并输出结果。

（4）输出包含在（3）中。

处理函数 Process(m,n)

（1）定义循环变量 i，单词编号 word，单词是否在内存标志 flag（0 表示单词不在内存，1 表示单词在内存），调入内存次数 count 并初始化为 0。

（2）输入包含在（3）中。

（3）循环遍历文章长度，i 从 0 到 n-1；输入单词编号 word；调用判断是否在内存函数 IsMem(word,m)，并将结果返回给 flag；如果该单词不在内存中 flag==0，那么把单词调入内存（mem[count%m]=word），同时调入内存的次数加 1（count++）。

（4）返回 count。

判断是否在内存函数 IsMem(word,m)

（1）定义循环变量 i，单词是否在内存标志 flag（0 表示单词不在内存，1 表示单词在内存）。

（2）输入无。

（3）若 flag=0，循环遍历内存，i 从 0 到 m-1：若 word 在内存中（word==mem[i]），那么 flag=1，终止循环。返回 flag。

机器翻译问题的程序实现如代码清单 20-3 所示。

代码清单 20-3

```
1. #include <iostream>
2. using namespace std;
3. int mem[1000];
4. int Process(int,int);
5. int IsMem(int,int);
6. int main(){
7.     int m,n;
8.     cin>>m>>n;
9.     cout<<Process(m,n)<<endl;
```

```
    return 0;
}
int Process(int m,int n){
    int i,flag,word,count=0;
    for(i=0;i<n;i++)    {
        cin>>word;
        flag=IsMem(word,m);
        if(flag==0) {
            mem[count%m]=word;
            count++;
        }
    }
    return count;
}
int IsMem(int word,int m) {
    int i,flag=0;
    for(i=0;i<m;i++)    {
        if(word==mem[i]) {
            flag=1;
            break;
        }
    }
    return flag;
}
```

【例 20-4】 维吉尼亚（Vigenère）密码。

16 世纪法国外交家 Blaise de Vigenère 设计了一种多表密码加密算法——Vigenère 密码。Vigenère 密码的加密解密算法简单易用，且破译难度比较高，曾在美国南北战争中为南军所广泛使用。

在密码学中，我们称需要加密的信息为明文，用 M 表示；称加密后的信息为密文，用 C 表示；而密钥是一种参数，是将明文转换为密文或将密文转换为明文的算法中输入的数据，记为 k。在 Vigenère 密码中，密钥 k 是一个字符串，$k=k_1, k_2, \cdots, k_n$。当明文 $M=m_1, m_2, \cdots, m_n$ 时，得到的密文 $C=c_1, c_2, \cdots, c_n$，其中 $c_i = m_i$®k_i，® 运算的规则如图 20-3 所示。

®	A	B	C	D	E	F	G	H	I	J	K	L	M	N	O	P	Q	R	S	T	U	V	W	X	Y	Z
A	A	B	C	D	E	F	G	H	I	J	K	L	M	N	O	P	Q	R	S	T	U	V	W	X	Y	Z
B	B	C	D	E	F	G	H	I	J	K	L	M	N	O	P	Q	R	S	T	U	V	W	X	Y	Z	A
C	C	D	E	F	G	H	I	J	K	L	M	N	O	P	Q	R	S	T	U	V	W	X	Y	Z	A	B
D	D	E	F	G	H	I	J	K	L	M	N	O	P	Q	R	S	T	U	V	W	X	Y	Z	A	B	C
E	E	F	G	H	I	J	K	L	M	N	O	P	Q	R	S	T	U	V	W	X	Y	Z	A	B	C	D
F	F	G	H	I	J	K	L	M	N	O	P	Q	R	S	T	U	V	W	X	Y	Z	A	B	C	D	E
G	G	H	I	J	K	L	M	N	O	P	Q	R	S	T	U	V	W	X	Y	Z	A	B	C	D	E	F
H	H	I	J	K	L	M	N	O	P	Q	R	S	T	U	V	W	X	Y	Z	A	B	C	D	E	F	G
I	I	J	K	L	M	N	O	P	Q	R	S	T	U	V	W	X	Y	Z	A	B	C	D	E	F	G	H
J	J	K	L	M	N	O	P	Q	R	S	T	U	V	W	X	Y	Z	A	B	C	D	E	F	G	H	I
K	K	L	M	N	O	P	Q	R	S	T	U	V	W	X	Y	Z	A	B	C	D	E	F	G	H	I	J
L	L	M	N	O	P	Q	R	S	T	U	V	W	X	Y	Z	A	B	C	D	E	F	G	H	I	J	K
M	M	N	O	P	Q	R	S	T	U	V	W	X	Y	Z	A	B	C	D	E	F	G	H	I	J	K	L
N	N	O	P	Q	R	S	T	U	V	W	X	Y	Z	A	B	C	D	E	F	G	H	I	J	K	L	M
O	O	P	Q	R	S	T	U	V	W	X	Y	Z	A	B	C	D	E	F	G	H	I	J	K	L	M	N
P	P	Q	R	S	T	U	V	W	X	Y	Z	A	B	C	D	E	F	G	H	I	J	K	L	M	N	O
Q	Q	R	S	T	U	V	W	X	Y	Z	A	B	C	D	E	F	G	H	I	J	K	L	M	N	O	P
R	R	S	T	U	V	W	X	Y	Z	A	B	C	D	E	F	G	H	I	J	K	L	M	N	O	P	Q
S	S	T	U	V	W	X	Y	Z	A	B	C	D	E	F	G	H	I	J	K	L	M	N	O	P	Q	R
T	T	U	V	W	X	Y	Z	A	B	C	D	E	F	G	H	I	J	K	L	M	N	O	P	Q	R	S
U	U	V	W	X	Y	Z	A	B	C	D	E	F	G	H	I	J	K	L	M	N	O	P	Q	R	S	T
V	V	W	X	Y	Z	A	B	C	D	E	F	G	H	I	J	K	L	M	N	O	P	Q	R	S	T	U
W	W	X	Y	Z	A	B	C	D	E	F	G	H	I	J	K	L	M	N	O	P	Q	R	S	T	U	V
X	X	Y	Z	A	B	C	D	E	F	G	H	I	J	K	L	M	N	O	P	Q	R	S	T	U	V	W
Y	Y	Z	A	B	C	D	E	F	G	H	I	J	K	L	M	N	O	P	Q	R	S	T	U	V	W	X
Z	Z	A	B	C	D	E	F	G	H	I	J	K	L	M	N	O	P	Q	R	S	T	U	V	W	X	Y

图 20-3　® 运算的规则

Vigenère 加密在操作时需要注意。

（1）® 运算忽略参与运算的字母的大小写，并保持字母在明文 M 中的大小写形式。

（2）当明文 M 的长度大于密钥 k 的长度时，将密钥 k 重复使用。

例如，明文 M 为 Helloworld，密钥 k 为 abc 时，密文 C 为 Hfnlpyosnd，如图20-4 所示。

明文	H	e	l	l	o	w	o	r	l	d
密钥	a	b	c	a	b	c	a	b	c	a
密文	H	f	n	l	p	y	o	s	n	d

图20-4　示例

输入：共两行，第一行为一个字符串，表示密钥 k，长度不超过 100，其中仅包含大小写字母。第二行为一个字符串，表示经加密后的密文，长度不超过 1000，其中仅包含大小写字母。

数据说明：对于 100% 的数据，输入的密钥的长度不超过 100，输入的密文的长度不超过 1000，且都仅包含英文字母。

输出：共 1 行，一个字符串，表示输入密钥和密文所对应的明文。

样例输入：

```
CompleteVictory
Yvagpxaimmklongnzfwpvxmniytm
```

样例输出：

```
Wherethereisawillthereisaway
```

【数学分析】

此程序是一个解密问题，可先构造密码本（图20-5），然后根据密文和密钥直接找到明文。例如，已知密钥是 C，密文是 Y，则根据密码本，找到明文 W。

如果用一个 26×26 的二维数组来表示密码本，题目就变成了已知数组的行下标和内容，求列下标问题，只需循环遍历二维数组找列下标即可。

关于保持大小写问题，只需增加一个标志 flag 来记录密文的大小写（可以用 0 表示小写，1 表示大写），从而根据 flag 的状态确定明文的大小写即可。

关于行、列下标序号与字母的转换问题，只需（序号 +'A'）或者（序号 +'a'）即可。

当然，还可以有其他解法，例如，可直接按照密码本规律计算明文等，同学们可自行研究。

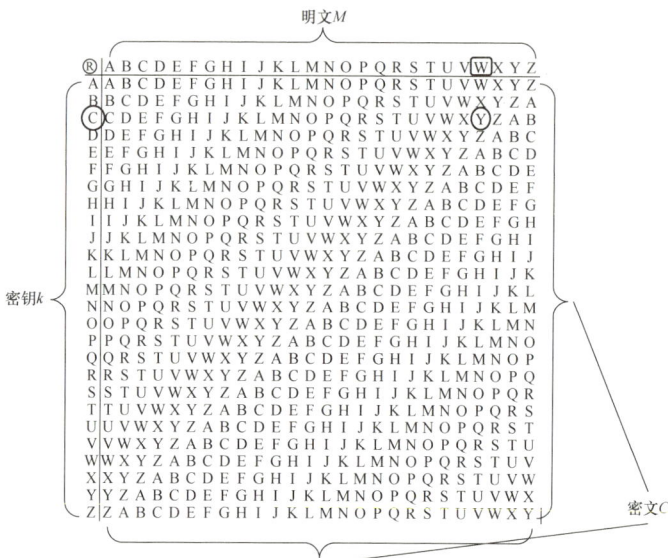

图20-5 示例

【算法描述】

本程序定义3个函数：构造密码本函数 init()、解密函数 work() 以及主函数 main()。

定义全局变量、密文字符串 c、密钥字符串 k，以及字符密码本 k_tab[26][26]；

主函数 main()

（1）定义无。

（2）getline 输入字符串 k 和 c。

（3）调用 init() 函数生成密码本，调用 work() 函数解密并输出明文。

（4）输出包含在（3）中。

构造密码本函数 init()

（1）定义循环变量 i 和 j，定义密码本中密文字符 ch，并初始化为 'a'。

（2）输入无。

（3）循环 i 从 0 到 25，执行如下命令。

　　①循环 j 从 0 到 25。

　　如果密文字符 ch+j>'z'，那么密码本

　　[i][j]= ch+j-26；（注意：减26是字母大于 z 时循环回 a 开始）；否则，密

码本 [i][j]= ch+j；

② ch+=1；表示开始执行下一行。

（4）输出无。

解密函数 work()

（1）定义循环变量 i 和 j、行下标 row、密钥长度 len，以及大小写标志 flag（0 时小写，1 是大写），定义密文字符 text。

（2）输入无。

（3）循环 i 从 0 到密文长度，执行如下命令。

①密文大小写标志 flag 设为 0（假设为小写）。

②密钥长度 len= 密文长度 % 密钥长度；

③密钥字符转成行序号，如果 k[len]<97，那么行下标 row=k[len]-65（大写字母转行下标）；否则，row=k[len]-97（小写字母转成行下标）。

④取密文转成小写存入 text，如果是大写则 flag 置为 1。

⑤根据密钥行号遍历一行，找密文 text，找到了记录列下标即为明文序号 (k_tab[row][j]==text)。

⑥根据 flag，输出大或小写明文 (char)(j+'a') 或 (char)(j+'A')；

（4）输出包含在（3）中。

维吉尼亚密码问题的程序实现如代码清单 20-4 所示。

代码清单 20-4

```
1. #include <iostream>
2. #include <string>
3. using namespace std;
4. string k,c;
5. char k_tab[26][26];
6. void init() {
7.     int i,j;
8.     char ch='a';
9.     for(i=0;i<26;i++) {
10.         for(j=0;j<26;j++) {
11.             if(ch+j>'z') k_tab[i][j]=ch+j-26;
12.             else  k_tab[i][j]=ch+j;
13.         }
14.         ch++;
15.     }
16. }
17. void work(){
18.     int i,j,row,len,flag;
```

```
19.        char text;
20.        for(i=0;i<c.size();i++) {
21.            flag=0;
22.            len=i%k.size();
23.            if(k[len]<97)row=k[len]-65;
24.            else row=k[len]-97;
25.            if(c[i]<97)text=c[i]+32,flag=1;
26.            else text=c[i];
27.            for(j=0;j<26;j++)
28.            if(k_tab[row][j]==text)break;
29.            if(flag==0)
30.            cout<<(char)(j+'a');
31.            else
32.                    cout<<(char)char(j+'A');
33.        }
34. }
35. int main() {
36.     getline(cin,k);
37.     getline(cin,c);
38.     init();
39.     work();
40.     return 0;
41. }
```

【例 20-5】 聪明的克鲁。

卡路的朋友克鲁所掌握的词汇很少，所以每次做英语选择题的时候都很头疼。但是他找到了一种方法，经试验证明，用这种方法选择选项，选对的概率非常大!

这种方法的具体描述如下：假设 *maxn* 是单词中出现次数最多的字母的出现次数，*minn* 是单词中出现次数最少的字母的出现次数。如果 *maxn-minn* 是一个质数，那么克鲁就认为这是个 Lucky Word，这样的单词很可能就是正确的答案。

输入：只有 1 行，是一个单词，其中只可能出现小写字母，并且长度小于 100。

输出：共 2 行，第一行是一个字符串，假设输入的单词是 Lucky Word，那么输出 Luck word，否则输出 No Answer；第二行是一个整数，如果输入单词是 Lucky Word，输出 maxn-minn 的值，否则输出 0。

样例输入 1：

error

样例输出 1：

Luck word
2

样例输入 2：

olympic

样例输出 2：

No Answer

0

【数学分析】

本程序首先用求最大值和最小值的函数获取字母出现次数最多和最少之差，然后用判断质数的函数判断该数是否为质数。这两种方法在前面都有讲过，这里不再赘述。

【算法描述】

定义 3 个函数：计算最大值和最小值之差 GetMaxMin(word)、判断质数 GetPrime(m) 以及主函数 main()。

主函数 main()

（1）定义单词字符串 word，字母出现最多和最少次数之差 m，是否质数标志 flag（1 是质数，0 不是质数）。

（2）输入单词 word。

（3）调用计算最大值和最小值之差的函数 GetMaxMin(word)，并将结果返回给 m；调用判断质数函数 GetPrime(m)，并将结果返回给 flag。

（4）如果 flag==1 是质数，那么输出 Luck word 和 m；否则，输出 No Answer 和 0。

计算最大值和最小值之差 GetMaxMin(word)

（1）定义 26 个字母出现次数数组 letter，最多出现次数 maxn，最少出现次数 minn，循环变量 i 和 j。

（2）输入无。

（3）计算处理。

①记录单词中每个字母出现的次数存入数组 letter 对应元素。

循环 i 从 0 到单词结尾（取第 i 个字母）；循环 j 从 0 到单词结尾（遍历整个单词）。

如果字母 [i] 出现在单词中（word[i]==word[j]），那么该字母个数加 1（letter[i]+=1）。

②取最大值和最小值，即 maxn=minn=letter[0]；语句。

循环 i 从 1 到单词结尾：如果 maxn<letter[i]，那么执行 maxn=letter[i]；语句；如果 minn>letter[i]，那么执行 minn=letter[i]；语句。

（4）返回差值 maxn-minn。

判断质数 GetPrime(m)

（1）定义循环变量 i 和质数标志 flag 并初始化为 1（假设是质数）。

（2）输入无。

（3）如果 m<2，那么就不是质数，返回 flag=0，函数结束。

循环 i 从 2 到 m/2：如果 m%i==0，那么就不是质数，flag=0，终止循环。

（4）返回 flag。

例 20-5 的程序实现如代码清单 20-5 所示。

代码清单 20-5

```
1.  #include <iostream>
2.  #include<string>
3.  using namespace std;
4.  int GetMaxMin(string word) {
5.      int letter[26]={0};
6.      int maxn=0,minn=0;
7.      int i,j;
8.      for(i=0;i<word.size();i++) {
9.              for(j=0;j<word.size();j++)
10.             if(word[i]==word[j])letter[i]+=1;
11.     }
12.     maxn=minn=letter[0];
13.     for(i=1;i<word.size();i++) {
14.             if(maxn<letter[i])maxn=letter[i];
15.             if(minn>letter[i])minn=letter[i];
16.     }
17.     return (maxn-minn);
18. }
19. int GetPrime(int m) {
20.     int i,flag=1;
21.     if(m<2) {
22.             flag=0;
23.             return flag;
24.     }
25.     for(i=2;i<=m/2;i++)
26.      if(m%i==0) {
27.             flag=0;
28.             break;
29.      }
30.     return flag;
31. }
32. int main(){
33.     string word;
34.     int m,flag;
35.     cin>>word;
36.     m=GetMaxMin(word);
37.     flag=GetPrime(m);
38.     if(flag==1)cout<<"Luck word"<<endl<<m<<endl;
39.     else cout<<"No Answer"<<endl<<0<<endl;
40.     return 0;
41. }
```

总结

本课主要介绍了以下内容。

（1）进制转换。

（2）计算组合数。

（3）机器翻译。

（4）维吉尼亚密码。

（5）聪明的克鲁。

练一练

练习20-1　阅读代码清单20-6，写结果。

代码清单20-6

```
1.  #include<iostream>
2.  using namespace std;
3.  void fun_sort(int a[]){
4.        for(int i=0;i<4;i++)
5.            for(int j=0;j<4-i;j++)
6.               if(a[j]>a[j+1])
7.                  {int t=a[j];a[j]=a[j+1];a[j+1]=t;}
8.            return;
9.  }
10. int main(){
11.      int a[5]={7,-3,4,2,5};
12.      fun_sort(a);
13.      for(int i=0;i<5;i++)
14.    cout<<a[i]<<" ";
15.   return 0;
16. }
```

结果为＿＿＿＿＿＿＿＿。

练习20-2　阅读代码清单20-7，写结果。

代码清单20-7

```
1.  #include<iostream>
2.  using namespace std;
3.  const int N=6;
4.  void fun_tri(int a[][N]){
5.      int i,j;
6.      for(i=1;i<N;i++)
7.      {a[i][1]=1;a[i][i]=1;}
8.      for(i=3;i<N;i++)
9.        for(j=2;j<=i-1;j++)
10.       a[i][j]=a[i-1][j-1]+a[i-1][j] ;
```

C++ 案例趣学

```cpp
11.      return ;
12. }
13. int main(){
14.      int a[N][N]={0};
15.      fun_tri(a);
16.      for(int i=1;i<N;i++){
17.        for(int j=1;j<=i;j++)
18.          cout<<a[i][j]<<" ";
19.      cout<<endl;
20.      }
21.      return 0;
22. }
```

结果为_____。

练习20-3　程序填空。

已知代码清单 20-8 实现计算两个数之差的绝对值，请编写 abs_fun 函数实现该功能。

代码清单 20-8

```cpp
1. #include<iostream>
2. using namespace std;
3. int abs_fun(int x,int y){
4.      //实现该功能
5. }
6. int main(){
7.      int a=2,b=-3,c;
8.      c=abs_fun(a,b);
9.      cout<<c<<endl;
10.      return 0;
11. }
```

练习20-4　矩阵最大值。

m 是一个 3×3 的整型矩阵，试编写一段程序，输入矩阵元素，输出其中最大值。要求用 fun_max(int m) 函数实现求最大值功能。

已知 fun_max 函数原型为：int fun_max(int m[3][3]) ；

主函数调用语句为：max=fun_max(m) 。

输入：3 行，每行 3 个整数，即矩阵元素，每行整数用空格分隔。

输出：1 行，1 个整数，即元素最大值。

样例输入：

```
1 2 3
9 8 7
4 5 6
```

样例输出：

```
9
```

练习20-5　斐波那契数列。

前文介绍过斐波那契数列（第15章），现在请编写一段程序，用函数递归方式求数列的第10项。

输入：无。

输出：一个整数，即数列的第10项值。

样例输入：无

样例输出：

55

第 21 课　谁是状元：结构体

看一看

　　班主任知道卡路编程学得很好，就请卡路帮忙编写一个程序，找出班级的数学状元。具体要求：输入学生的人数，然后再输入每位学生的数学分数和姓名，求获得最高分数的学生的姓名。

【例 21-1】　谁是状元。

　　输入：包括 $n+1$ 行，第一行输入一个正整数 n（$n \leqslant 100$），表示学生人数。接着输入 n 行，每行格式如下：

分数　姓名 <CR>

分数是一个非负整数，且小于等于 100；

姓名为一个连续的字符串，中间没有空格，长度不超过 20。

<CR> 表示回车换行。

数据保证最高分只有一位同学。

输出：获得最高分数同学的姓名。

样例输入：

```
5
87 LiLei
99 HanMeiMei
97 Lily
100 Yoga
96 Lucy
```

样例输出：

```
Yoga
```

【数学分析】

本程序本质上是一个取最大值问题，已经做过多次，不再赘述。关键点在于如何构建一个既能表示分数又能表示姓名的类型来存放数据。

【算法描述】

（1）定义具有100个元素的结构体数组、循环变量i、学生人数n、最高成绩max和最高成绩下标max_i。

（2）输入学生人数n；循环i为0～n，输入学生的分数和姓名。

（3）max=0元素的成绩，max_i=元素下标0；

循环i从1～n中取最高成绩下标，如果max<i元素的成绩，那么max=i元素的成绩，max_i=元素下标i。

（4）输出max_i元素的姓名。

（1）我们知道多个相同类型的数据可以用数组存储，那么不同类型的数据能不能放在一起呢？

（2）结构体数据类型是怎样定义的？

（3）结构体变量是如何使用的？

例21-1的上机实现如代码清单21-1所示。

代码清单21-1

```
1. #include <iostream>
2. #include<string>
3. using namespace std;
```

```
4. struct Student{
5.        int score;
6.        string name;
7. };
8. int main(){
9.        int n,i,max,max_i;
10.       Student s[100];
11.       cin>>n;
12.       for(i=0;i<n;i++)
13.               cin>>s[i].score>>s[i].name;
14.       max=s[0].score;
15.       max_i=0;
16.       for(i=1;i<n;i++)
17.               if(max<s[i].score) {
18.                       max=s[i].score;
19.                       max_i=i;
20.               }
21.       cout<<s[max_i].name<<endl;
22.       return 0;
23. }
```

21.1　结构体类型概述

在实际问题中，一组数据往往具有不同的数据类型。如例 21-1 中学生成绩是整型，姓名是字符串类型。再举个例子，全国人口大普查时，我们需要记录每一位公民的姓名、年龄、性别、住址和身份证号码，这些信息的类型分别定义为整型、字符型和字符串型。为了解决问题，C++ 语言给出了一种构造数据类型——"结构体"。需要强调的是，结构体是一种新的数据类型而不是变量，它可以像其他基本数据类型（如 int、char 等）那样使用（主要是定义变量），只不过这种类型是我们自己定义的。

21.2　定义结构体类型及变量

结构体类型和变量的定义有以下两种方式。

（1）定义结构体的同时定义结构体变量，如图 21-1 所示。

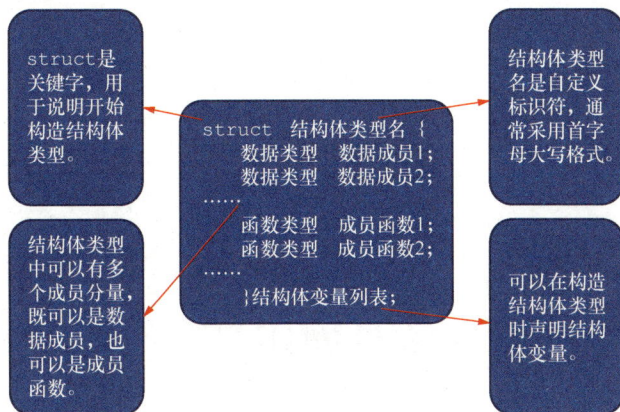

图21-1 结构体类型构造与结构体变量定义的说明

如下代码就是采用这种形式构造结构体并定义结构体变量：

```
struct Student{
    int score;
    string name;
}s[100];
```

提示

尽管在 C++ 的结构体类型中可以定义成员函数，但通常不会这样使用。结构体类型一般只定义若干个数据成员分量。

（2）先定义结构体再定义结构体变量。

struct 结构体名｛

数据成员列表；

成员函数列表；

｝；

……//其他代码

结构体类型名 结构体变量表；//同样可以同时定义多个结构体变量

注意

在完成结构体构造时右大括号"}"外要加分号，这是与其他使用大括号不同的地方。

例如，例 21-1 中就是这样定义的，这种定义方式与上一种方式的效果是相同的。

再次强调，Student 是一个自己定义的数据类型，s[100] 是一个具有 100 元素的 Student 类型数组。在定义结构体变量时需要注意，结构体变量名和结构体名不能相同。

另外，结构体支持初始化，可以定义为数组、成员运算等多种操作。

21.3 结构体成员调用

结构体变量中各个成员的调用使用成员选择运算符 "."。

调用一般形式为：

结构体变量名.成员名

成员选择运算符 "." 优先级别在所有运算优先级中最高。例 21-1 中的第 13 行使用了该运算符。

```
12.     for(i=0;i<n;i++)
13.         cin >>s[i].score >>s[i].name;
```

【例 21-2】 谁拿的奖学金最多。

图21-2 谁拿的奖学金最多

【问题描述】

如图 21-2 所示，某校的惯例是在每学期的期末考试之后发放奖学金。发放的奖学金共有如下 5 种，获取的条件各自不同。

（1）院士奖学金，每人 8000 元，期末平均成绩高于 80 分（>80），并且在本学期内发表 1 篇或 1 篇以上论文的学生均可获得。

（2）五四奖学金，每人 4000 元，期末平均成绩高于 85 分（>85），并且班级评议成绩高于 80 分（>80）的学生均可获得。

（3）成绩优秀奖，每人 2000 元，期末平均成绩高于 90 分（>90）的学生均可获得。

（4）西部奖学金，每人 1000 元，期末平均成绩高于 85 分（>85）的西部省份学生均可获得。

（5）班级贡献奖，每人 850 元，班级评议成绩高于 80 分（>80）的学生干部均可获得。

只要符合条件就可以得奖，每项奖学金的获奖人数没有限制，每名学生也可以同时获得多项奖学金。例如，姚林的期末平均成绩是 87 分，班级评议成绩 82 分，同时他还是一位学生干部，那么他可以同时获得五四奖学金和班级贡献奖，奖金总数是 4850 元。

现在给出若干学生的相关数据，请计算哪些同学获得的奖金总数最高（假设总有同学能满足获得奖学金的条件）。

输入：共 n 行，第一行是一个整数 n（$1 \leq n \leq 100$），表示学生的总数。接下来的 n 行每行是一位学生的数据，从左向右依次是姓名、期末平均成绩、班级评议成绩、是否是学生干部、是否是西部省份学生以及发表的论文数。姓名是由大小写英文字母组成的长度不超过 20 的字符串（不含空格）；期末平均成绩和班级评议成绩都是 0 和 100 之间的整数（包括 0 和 100）；是否是学生干部和是否是西部省份学生分别用一个字符表示，（Y 表示是，N 表示不是）；发表的论文数是 0 到 10 的整数（包括 0 和 10）。每两个相邻数据项之间用一个空格分隔。

输出共 3 行。第一行是获得最多奖金的学生的姓名；第二行是这名学生获得的奖金总数，如果有两位或两位以上的学生获得的奖金最多，输出他们之中在输入中出现最早的学生的姓名；第三行是这 n 个学生获得的奖学金的总数。

样例输入：

```
4
Yaolin 87 82 Y N 0
Chenruiyi 88 78 N Y 1
Lixin 92 88 N N 0
Zhangqin 83 87 Y N 1
```

样例输出：

```
Chenruiyi
9000
28700
```

C++ 案例趣学

【数学分析】

本题主要考察点是结构体的使用、多分支条件判断、求最大值和求总值 4 个问题。囿于篇幅，求总和以及求最大值的内容不予介绍。

（1）构建结构体与定义结构体变量。根据题意，我们构建一个具有 7 个成员的结构体类型 Student，如表 21-1 所示。

表 21-1　具有 7 个成员的结构体类型 Student

Student	结构体类型名
string name;	姓名
int ave_score;	期末平均成绩
int class_score;	班级评议成绩
char cadres;	是否是学生干部
char west;	是否是西部省份学生
int paper;	发表的论文数
int bouns;	获得奖金数

定义结构体数组，因为后面计算奖金数时采用累加，所以奖金数必须初始化。

```
Student s[100]={{" ",0,0,' ',' ',0,0}};
```

（2）多分支条件判断。

①院士奖学金，每人 8000 元，期末平均成绩高于 80 分（>80），并且在本学期内发表 1 篇或 1 篇以上论文的学生均可获得。

```
if(s[i].ave_score>80&&s[i].paper>=1)s[i].bouns+=8000;
```

②五四奖学金，每人 4000 元，期末平均成绩高于 85 分（>85），并且班级评议成绩高于 80 分（>80）的学生均可获得。

```
if(s[i].ave_score>85&&s[i].class_score>80)s[i].bouns+=4000;
```

③成绩优秀奖，每人 2000 元，期末平均成绩高于 90 分（>90）的学生均可获得。

```
if(s[i].ave_score>90)s[i].bouns+=2000;
```

④西部奖学金，每人 1000 元，期末平均成绩高于 85 分（>85）的西部省份学生均可获得。

```
if(s[i].ave_score>85&&s[i].west=='Y')s[i].bouns+=1000;
```

⑤班级贡献奖，每人 850 元，班级评议成绩高于 80 分（>80）的学生干部均可获得。

```
if(s[i].class_score>80&&s[i].cadres=='Y')s[i].bouns+=850;
```

因为每项奖学金的获奖人数没有限制，每名学生也可以同时获得多项奖学金。所以要用 5 个单分支结构，而不能用 if…else 结构。

【算法描述】

（1）构造 Student 结构体，定义 100 个元素的结构体数组并初始化。定义学生数量 n、循环变量 i、最高奖金数 max、最高奖金下标 max_i，以及总奖金数 total。

（2）输入学生人数 n。

循环 i 为 0～n-1：输入姓名 s[i].name，期末平均成绩 s[i].ave_score，班级评议成绩 s[i].class_score，是否是学生干部 s[i].cadres，是否是西部省份学生 s[i].west，发表的论文数 s[i].paper，根据条件分支计算奖金数 s[i].bouns。

（3）求总值和最大值。

执行 max=total=s[0].bouns；和 max_i=0；语句。

循环 i 为 1～n-1，执行 total+=s[i].bouns; 语句，如果 max<s[i].bouns，那么 max=s[i].bouns,max_i=I。

（4）输出 s[max_i].name,s[max_i].bouns,total。

例 21-2 的程序实现如代码清单 21-2 所示。

代码清单 21-2

```
1.  #include <iostream>
2.  #include<string>
3.  using namespace std;
4.  struct Student {
5.      string name;
6.      int ave_score;
7.      int class_score;
8.      char cadres;
9.      char west;
10.     int paper;
11.     int bouns;
12. };
13. int main() {
14.     int n,i,max,max_i,total;
15.     Student s[100]={{" ",0,0,' ',' ',0,0}};
16.     cin>>n;
17.     for(i=0;i<n;i++)    {
18.       cin>>s[i].name>>s[i].ave_score>>s[i].class_score
19.                     >>s[i].cadres>>s[i].west>>s[i].paper;
20.       if(s[i].ave_score>80&&s[i].paper>=1)s[i].bouns+=8000;
21.       if(s[i].ave_score>85&&s[i].class_score>80)s[i].bouns+=4000;
22.       if(s[i].ave_score>90)s[i].bouns+=2000;
23.       if(s[i].ave_score>85&&s[i].west=='Y')s[i].bouns+=1000;
24.       if(s[i].class_score>80&&s[i].cadres=='Y')s[i].bouns+=850;
25.     }
26.     max=s[0].bouns;
```

```
27.     max_i=0;
28.     total=s[0].bouns;
29.     for(i=1;i<n;i++)   {
30.             if(max<s[i].bouns) {
31.                     max=s[i].bouns;
32.                     max_i=i;
33.             }
34.             total+=s[i].bouns;
35.     }
36.     cout<<s[max_i].name<<endl;
37.     cout<<s[max_i].bouns<<endl;
38.     cout<<total<<endl;
39.     return 0;
40. }
```

✏ 21.4   自定义数据类型名——typedef

目前学过的数据类型包括基本类型、数组类型、结构体类型等，C++ 为它们提供了默认的数据类型名称。我们也可以使用 typedef 自定义数据类型名称来代替这些默认类型名称。typedef 通常有 3 种用法，如下所示。

1. 为基本数据类型定义新类型名

C++ 的所有基本类型都可以利用 typedef 关键字来重新定义类型名。其格式为

typedef   已知类型名 新类型名;

功能：用新类型名代替已知类型名。

示例如下：

```
typedef float REAL;
REAL a ,b , c;//等价于float a , b, c
```

2. 为数组定义新类型名

其格式为

typedef   基本类型名 新类型名[元素个数];

功能：定义一个新数组名。

示例如下：

```
typedef int ARRAY[10];
ARRAY a ,b , c;//等价于int a[10] , b[10], c[10]
```

3. 为结构体类型定义新类型名

其格式为

typedef struct 结构体类型名{

各成员变量；

} 新结构体类型名；

功能：定义一个新结构体名。

示例如下：

```
typedef strcut stPoint{
int x;
int y;
}Point;
Point a ,b ,c;//等价于stPoint a,b,c
```

本课主要介绍了以下内容。

（1）结构体类型介绍。

（2）结构体类型的构造以及变量定义。

（3）结构体成员的使用。

（4）本次课介绍的关键字包括 struct 和 typedef。

练习21-1　阅读代码清单21-3，写结果。

代码清单 21-3

```
1. #include<iostream>
2. using namespace std;
3. struct person{
4.      string name;
5.      int age;
6. };
7. int main(){
8.      person c[]={{"Zhang",13},
9.                              {"Wang",12},
10.                             {"Li",12}
11.                         };
12.      for(int i=0;i<3;i++)
13.       cout<<c[i].name<<"\t"<<c[i].age<<endl;
14.      return 0;
15. }
```

结果为_____。

C++ 案例趣学

练习21-2　阅读代码清单21-4，写结果。

```cpp
1. #include<iostream>
2. using namespace std;
3. struct N{
4.      int x;
5.      char c;
6. };
7. void func(N b){
8.      b.x=20;
9.      b.c='y';
10.     cout<<b.x<<" "<<b.c<<endl;
11.     return ;
12. }
13. int main(){
14.     N a={10,'x'};
15.     func(a);
16.     cout<<a.x<<" "<<a.c;
17.     return 0;
18. }
```

结果为_____。

练习21-3　阅读代码清单21-5，写结果。

代码清单　21-5

```cpp
1. #include<iostream>
2. #include<string>
3. #include<algorithm>
4. using namespace std;
5. struct st{
6.      string name;
7.      int age;
8. };
9. //这是sort函数的第三个参数
10. //如果希望升序排序就是"<",降序排列就是">"
11. //如果希望用其他的成员作为排序条件,
12. //只需要把相应的条件改一下(如果改成name),
13. //这样结构体就以name作为排序标准
14. bool cmp(st a,st b){
15.     return a.age<b.age;
16. }
17. int main(){
18.     st s[5];
19.     for(int i=0;i<5;i++)
20.       cin>>s[i].name>>s[i].age;
21.     sort(s,s+5,cmp);
22.     for(int i=0;i<5;i++)
23.       cout<<s[i].name<<" "<<s[i].age<<endl;
24.     return 0;
25. }
```

设程序输入：

```
Zhang 14
Wang 10
Li 13
Zhao 12
Liu 11
```
结果为_____。

> **提示**
>
> sort()为排序函数。cmp()是sort()函数的第三个参数，表示按年龄升序排序。

练习21-4　阅读代码清单21-6，写结果。

代码清单　21-6

```
1.  #include<iostream>
2.  using namespace std;
3.  typedef int INT;
4.  main(){
5.      INT a,b;
6.      a=5;
7.      b=-6;
8.      cout<<a<<" "<<b<<endl;
9.      {
10.     float INT;
11.     INT=3.14;
12.     cout<<INT<<endl;
13.     }
14.     INT x=9;
15.     cout<<x<<endl;
16.     return 0;
17. }
```
结果为_____。

练习21-5　已知3位同学的姓名、语文、数学和英语成绩，如表21-2所示。

表 21-2　学生成绩表

姓名	语文成绩	数学成绩	英语成绩
Yoga	100	99	100
Beibei	98	98	97
Tian	99	100	98

请编写程序使用结构体数组存储3位同学的姓名和各科成绩，并输出每位同学的姓名和总成绩。

输入：无。

输出：3 行，每行包含 1 个字符串和 1 个整数，即每位同学的姓名和总成绩，数据用 ' \t ' 分隔。

样例输入： 无

样例输出：

```
Yoga 299
Beibei 293
Tian 297
```

提示

' \t' 是转义字符，表示跳到下一个区域开始处，一个区域是 4 个字符。

第 22 课　超级矩形面积：
类和对象

【例 22-1】 超级矩形面积计算。

我们都知道矩形面积＝宽 × 高，如图 22-1 所示。

下面是一个用类和对象实现的求矩形面积程序，输入矩形的宽（width）和高（height），求矩形面积。请代码清单22-1，并写出结果。

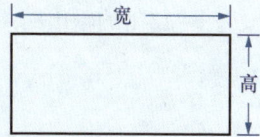

图 22-1　矩形

代码清单　22-1

```
1.  #include <iostream>
2.  using namespace std;
3.  class CRectangle {                                    //定义类
4.      private:
5.          int width, height;                            //定义私有数据成员x,y
6.      public:
7.          CRectangle() {   }                            //定义无参构造函数,为空函数
8.          CRectangle(int a,int b) {                     //定义带参构造函数
9.                  width=a;
10.                 height=b;
11.             }
12.         void set_values(int,int);                     //声明公有成员函数set_values()
13.         int area(void) {                              //定义公有成员函数area()
14.                     return (width*height);
15.             }
16.             ~CRectangle() { }                         //定义析构函数,为空函数
17. };
18. void CRectangle::set_values (int a, int b){           //类外定义公有成员函数
19.     width=a;
20.     height=b;
21. }
22. int main (){
23.     int         a,b;
24.      CRectangle rect1;
25.     CRectangle rect2(4,5);
26.      cin>>a>>b;
27.      rect1.set_values (a,b);
28.      cout << "area1: " << rect1.area()<<endl;
29.     cout << "area2: " << rect2.area()<<endl;
30.     return 0;
31. }
```

设输入：

3 4

则输出结果为_____。

（1）什么是类？　　　　　　（2）什么是对象？

例 22-1 的输出结果为：

```
area1:      12
area2:      20
```

22.1　自定义数据类型——类

　　程序如何能够模块化？我们已经学过函数和结构体，它们一个是算法的模块化，一个是数据的模块化，二者能否结合呢？当然可以，类就是一种这样的自定义类型，它里面既可以有数据又可以有函数。

　　类类型定义格式如图 22-2 所示。

```
3.  class CRectangle {              //定义类
4.     private:
5.        int width, height;        //定义私有数据成员
6.     public:
7.        CRectangle (){    }        //定义无参构造函数
8.        CRectangle (int a,int b) {  //定义带参构造函数
9.           width = a;
10.          height = b;
11.       }
12.       void set_values (int,int);   //声明公有成员函数
13.       int area (void) {            //定义公有成员函数
14.          return (width*height);
```

```
class  类名
{
private：
    私有成员声明列表；
public：
    公有成员声明列表；
protected：
    保护成员声明列表；
};
```

图22-2　类类型定义格式

（1）定义类的关键字为 class，其功能与 struct 类似，不同之处是 class 可以包含变量和函数，而 struct 只包含变量。

（2）类名必须是一个合法的标识符，其后的大括号括起来的部分称为类体。类体以分号结尾，也就是说在右大括号后面要有分号。

（3）例 22-1 的 CRectangle 类中共有 7 个成员，两个整型变量和 5 个函数。类中的变量叫作数据成员，函数叫作成员函数，二者统称为成员。可以用类图来表示，如图 22-3 所示。

类名：CRectangle	
数据成员：width、height	
成员函数：	
不带参构造函数：	CRectangle();
带参构造函数：	CRectangle(int,int);
设置数据成员值：	set_values();
求面积：	area();
析构函数：	~CRectangle()

图 22-3　类图

（4）例 22-1 定义了两种权限的成员：private 和 public。类中的成员权限有 3 种 private（私有）、public（公有）和 protected（保护）。其默认值为 private。它们分别代表的含义如表 22-1 所示。

表 22-1　成员权限说明

关键字	权限	说明	注释
private	私有成员可被同类的其他成员、友元访问	通常将数据成员权限定为私有，用于保护数据	各权限定义的顺序无关，可以先定义私有，也可以先定义公有，也可以个定义。例 22-1 中没有定义保护权限的成员
protected	保护成员可被同类的其他成员、友元和子类访问	权限介于私有和公有之间	
public	公有成员可被任何看到这个类的地方访问	通常将成员函数权限定为公有	

小知识

私有成员和公有成员的关系

如果把类比喻成电视机，那么私有成员就像电视后面的黑盒子，而公有成员就像按钮。电视总是通过按钮来操作的，类中也是通过公有成员函数操作私有数据成员的，如图 22-4 所示。

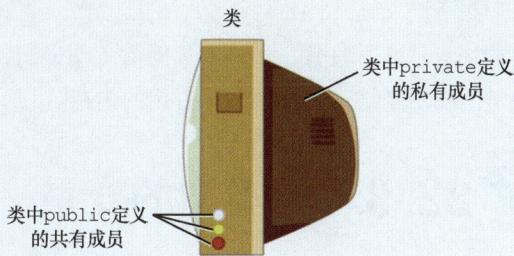

图 22-4　电视机

（5）例 22-1 中的 set_values(int,int) 函数用于完成数据成员的赋值，它是在类中声明，类外定义的成员函数。成员函数既可以在类内定义，也可以在类内声明，类外定义。在类外定义时须有类名限定，"::" 称为类成员限定运算符，如图 22-5 所示。

```
18. void CRectangle::set_values (int a, int b) {     //类外定义公有成员函数
19.         width = a;
20.         height = b;
21. }
```

图22-5　类外定义成员函数举例

22.2　构造函数与析构函数

例 22-1 中第 7 行和第 8 行定义了两个构造函数。"构造函数"是一种特殊的成员函数，一般用来完成成员变量的初始化。为什么说特殊呢？

特殊 1：构造函数的名称就是类名。

特殊 2：构造函数没有返回值类型说明。

特殊 3：类中可以不定义构造函数，系统会自动添加。

另外，怎么会有两个同名的构造函数呢？原来，在 C++ 中可以定义多个同名的函数，这叫作函数重载。它们虽然名字相同，但函数体可以不同（功能不同）。重载的函数依靠参数个数不同来实现不同的调用。构造函数当然也可以重载，例 22-1 中的第 7 行和第 8 行两个构造函数，一个没有参数，一个有两个参数，就是靠参数个数加以区别的。

例 22-1 中的第 16 行定义了析构函数，它也是一种特殊的成员函数，名称是在类名前加上"～"符号，也没有返回值类型说明，且不能重载，只能有一个。它的作用通常是在对象结束时释放程序占用的内存。

22.3　类类型的变量——对象

例 22-1 中，在类外定义了 main 函数，其中定义的类类型的变量叫作对象，主函数中主要是对对象的使用，所以 C++ 语言称为"面向对象的程序设计语言"。

1. 对象定义

例22-1中第23行定义了 a 和 b 两个变量是整型的。同样，第24行和第25行定义了 rect1 和 rect2 变量是 CRectangle 类类型的，类类型的变量就是对象，如图22-6所示。

```
23.        int        a,b;
24.        CRectangle rect1;
25.        CRectangle rect2(4,5);
```

图22- 6　对象定义

rect1 和 rect2 这两个对象看起来有些不同啊，对了！ rect1 不带参数，rect2 带参数。对象定义的时候会自动调用构造函数，这两个对象根据参数不同，会自动调用不带参数的构造函数和带参的构造函数，如图22-7所示。

```
24.   CRectangle rect1;          7. →  CRectangle (){    }      //定义无参构造函数，为空函数
                                 8. →  CRectangle (int a,int b) {   //定义带参构造函数
25.   CRectangle rect2(4,5);     9.        width  = a;
                                10.        height = b;
                                11.    }
```

图22-7　对象定义自动调用构造函数

> **注意**
>
> 　　构造函数的作用一般是在定义对象时初始化数据成员的。类中可以不定义构造函数，系统会自动添加一个类似第7行的空构造函数，这时只能定义类似第24行的无参对象。

2. 对象成员的访问

定义对象后，可以通过成员运算符 "." 访问对象的公有成员，但不能访问对象的私有成员。

例22-1中第27行用输入的 *a*、*b* 值代入第12行的 set_value(int,int) 函数。第28行因为是 rect1 对象调用，所以用输入的 *a*、*b* 值代入第13行函数计算 width*height，并将结果返回至调用处。第29行是 rect2 对象调用，所以用4，5代入第13行函数计算，并将结果返回至调用处，如图22-8所示。

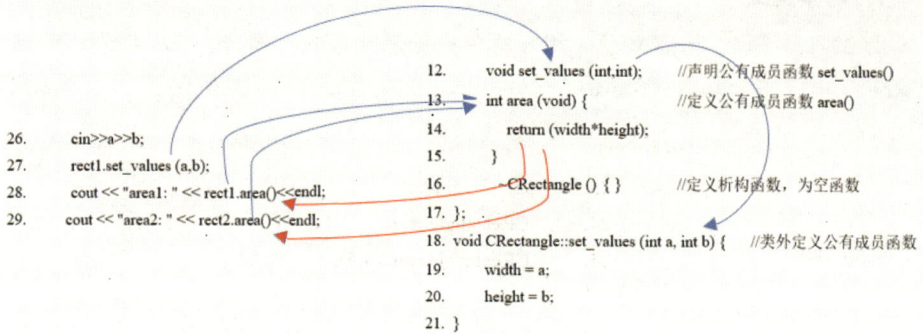

26.	cin>>a>>b;		12.	void set_values (int,int);	//声明公有成员函数 set_values()
27.	rect1.set_values (a,b);		13.	int area (void) {	//定义公有成员函数 area()
28.	cout << "area1: " << rect1.area()<<endl;		14.	return (width*height);	
29.	cout << "area2: " << rect2.area()<<endl;		15.	}	
			16.	~CRectangle () { }	//定义析构函数，为空函数
			17.	};	
			18.	void CRectangle::set_values (int a, int b) {	//类外定义公有成员函数
			19.	width = a;	
			20.	height = b;	
			21.	}	

图 22-8　对象成员的访问

【例 22-2】　圆类问题。

世界上到处都是圆形，它们有大有小，颜色各异，材质不同，应用在现实世界中的各个领域，如图 22-9 所示。无论何种圆形，都可以根据半径计算出圆的周长和面积。请你编写一个带有圆形类的程序，该类中应具有数据成员——半径，以及求面积，求周长的成员函数。该程序能够输入半径，输出圆的周长和面积。

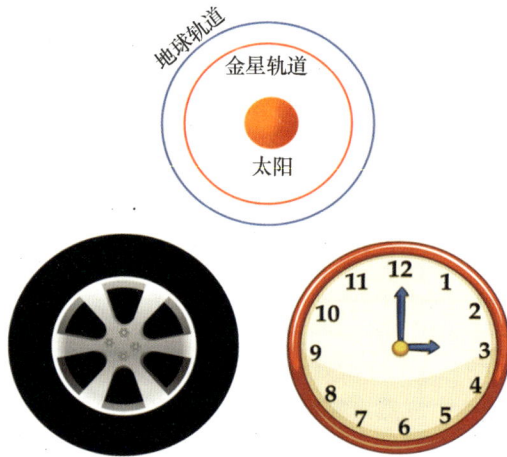

图 22-9　圆形物体

样例输入：

please input radiu:10

样例输出：

length:62.8
area:314

【数学分析】

设圆的半径用 r 表示，则

圆的周长 $= 2\pi r$

圆的面积 $= \pi r^2$

例 22-2 的程序实现如代码清单 22-2 所示。

代码清单　22-2

```
1.  #include <iostream>
2.  using namespace std;
3.  class CCircle {
4.      private:
5.        double  r;
6.      public:
7.          void set_values (double x) {
8.                       r=x;
9.                  }
10.         double circle_length(void) {
11.              return 2*3.14*r;
12.                  }
13.              double circle_area (void) {
14.                  return 3.14*r*r;
15.                  }
16.  };
17.  int main () {
18.      CCircle circle;
19.       double r;
20.       cout<<"please input radiu:";
21.       cin>>r;
22.       circle.set_values (r);
23.      cout<<"length:"<<circle.circle_length()<<endl;
24.       cout<<"area:" <<circle.circle_area()<<endl;
25.      return 0;
26.  }
```

本课介绍了以下内容。

（1）类的定义。

（2）构造函数和析构函数。

（3）对象的定义。

（4）对象的访问。

（5）关键字：class。

C++ 案例趣学

练习22-1 阅读代码清单22-3，写结果。

代码清单 22-3

```
1. #include <iostream>
2. using namespace std;
3. class Date {
4.      private:
5.              int day,month,year;
6.      public:
7.              void printDate();
8.              void setDay(int d);
9.              void setMonth(int m);
10.             void setYear(int y);
11. };
12. void Date::printDate() {
13.     cout<<"Date:"<<day<<"/"<<month<<"/"<<year<<endl;
14. }
15. void Date::setDay(int d) {
16.     day=d;
17. }
18. void Date::setMonth(int m) {
19.     month=m;
20. }
21. void Date::setYear(int y) {
22.     year=y;
23. }
24. int main() {
25.     Date aday;
26.     aday.setDay(17);
27.     aday.setMonth(4);
28.     aday.setYear(2008);
29.     aday.printDate();
30.     return 0;
31. }
```
结果为_____。

练习22-2 阅读代码清单22-4，写结果。

代码清单 22-4

```
1. #include <iostream>
2. using namespace std;
3. class counter {
4.      private:
5.              int value;
6.      public:
7.              counter() {
8.                      value=0;
9.              }
10.             void increment() {
```

```
11.                        if(value<65535)value++;
12.                }
13.                void decrement() {
14.                        if(value>0)value--;
15.                }
16.                int show_value() {
17.                        return value;
18.                }
19. };
20. int main() {
21.        counter c1,c2;
22.        for(int i=0;i<5;i++) {
23.                c1.increment();
24.                cout<<"c1="<<c1.show_value()<<endl;
25.                c2.increment();
26.        }
27.        cout<<"c2="<<c2.show_value()<<endl;
28.        for(int i=0;i<=3;i++) {
29.                c2.decrement();
30.                cout<<"c2="<<c2.show_value()<<endl;
31.                cout<<"c1="<<c1.show_value()<<endl;
32.        }
33.        return 0;
34. }
```

　　结果为_____。

练习22-3　阅读代码清单22-5，写结果。

代码清单　22-5

```
1. #include <iostream>
2. using namespace std;
3. class Time {
4.        private:
5.                int h,m,s;
6.        public:
7.                Time(int,int,int);
8.                void display();
9.                ~Time();
10. };
11. Time::Time(int h,int m,int s) {
12.        Time::h=h;Time::m=m;Time::s=s;
13. }
14. void Time::display() {
15.        cout<<h<<":"<<m<<":"<<s<<endl;
16. }
17. Time::~Time() {
18.        cout<<"Game Over"<<endl;
19. }
20. int main() {
21.        Time ent(9,0,0),exit(17,30,0);
22.        ent.display();
23.        exit.display();
24.        return 0;
25. }
```

　　结果为_____。

附录A Dev-C++的安装和使用

A.1 Dev-C++的安装

A.1.1 打开安装包

根据计算机配置，选择相应版本安装包，主要包括 32 位和 64 位的安装包。本文以 64 位安装为例，双击名称为 Dev-Cpp_5.5.3_TDM-GCC_x64_4.7.1_Setup 的安装包文件，如图 A-1 所示。

图A- 1 Dev-Cpp安装包

A.1.2 选择语言环境

选择安装语言为 English，单击 OK 按钮。此时安装的语言只能选英语，如图 A-2 所示。

图A- 2 选择安装语言

A.1.3　设置安装参数

具体步骤如下。

（1）单击 I Agree 按钮，如图 A-3 所示。

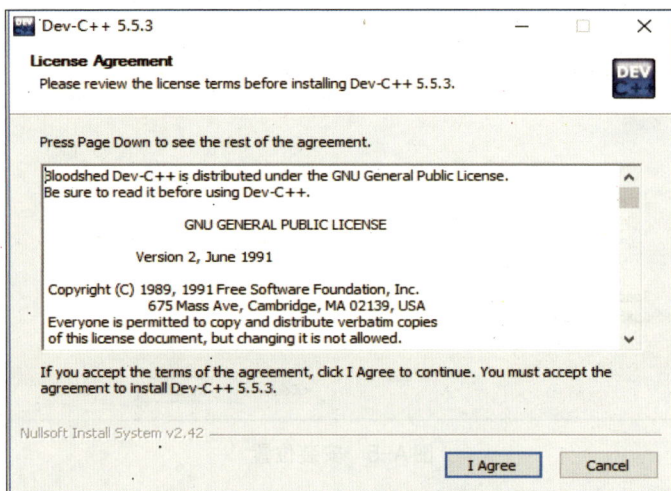

图A-3　I Agree按钮

（2）单击 Next 按钮，如图 A-4 所示。

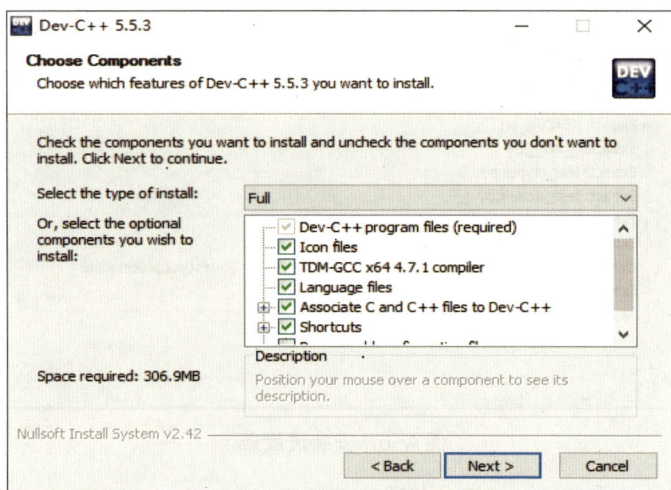

图A-4　Next按钮

C++ 案例趣学

（3）默认安装在 C 盘，也可以选择自己需要安装的位置，然后单击 Install 按钮，如图 A-5 所示。等待安装进度完成，如图 A-6 所示。

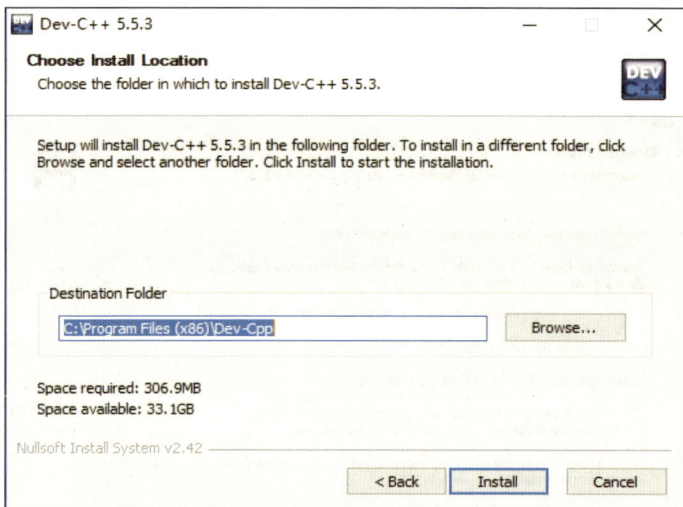

图 A-5　安装位置

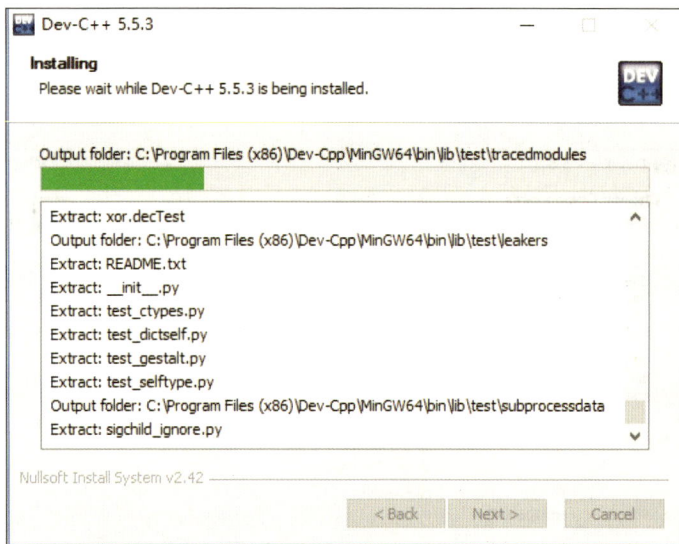

图 A-6　安装进度条

完成安装，单击 Finish 按钮，如图 A-7 所示。

图 A-7　Finish 按钮

提示

　　首次安装时，Dev-C++ 会有一个编译器设置，此时可以直接单击 Next 按钮即可。

✎ A.2　Dev-C++ 的使用

　　Dev-C++ 是一个可视化集成开发环境，可以用此软件实现 C/C++ 程序的编辑、预处理 / 编译 / 链接、运行和调试。现在介绍 Dev-C++ 常用的一些基本操作，每一位同学都要掌握。

A.2.1　启动 Dev-C++

　　（1）双击桌面上的 Dev-C++ 的图标，如图 A-8 所示。

　　（2）单击任务栏中的"开始"按钮，然后选择 Bloodshed Dev-C++ 项，显示该项下的子菜单，如图 A-9 所示。

图 A-8　Dev-C++ 的图标

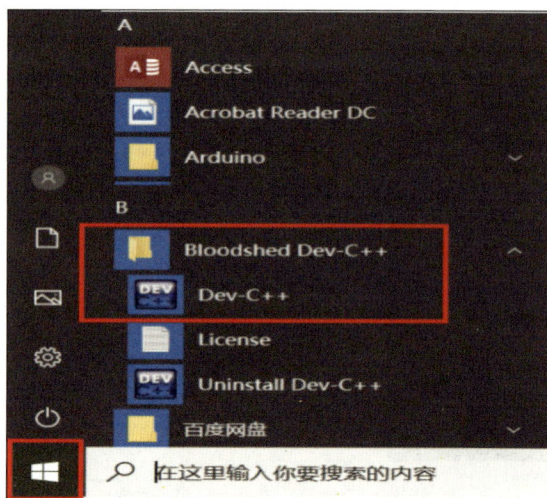

图A-9　Bloodshed Dev-C++项下的子菜单

A.2.2　修改编译器语言为中文

如果大家看到界面上的字是英文的，则可以选择 Tools → Environment Options 菜单项（图 A-10），在弹出的对话框中选择第一个标签页 General，在 Language 下拉列表中选择"简体中文 /Chinese"，即可将操作界面改为中文的。

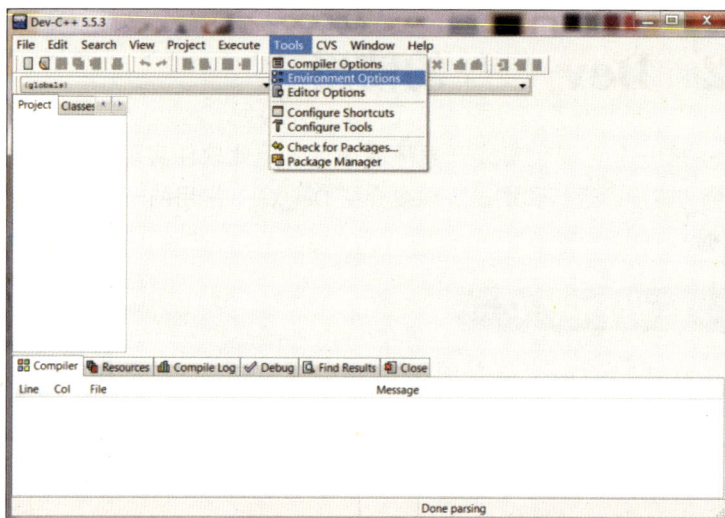

图A-10　Tools菜单

A.2.3　新建源程序——<Ctrl+N>

可以用组合键 <Ctrl+N> 新建源程序编辑区，也可以通过选择"文件"→"新建"→"源代码"菜单项新建（图 A-11），源程序编辑区如图 A-12 所示。

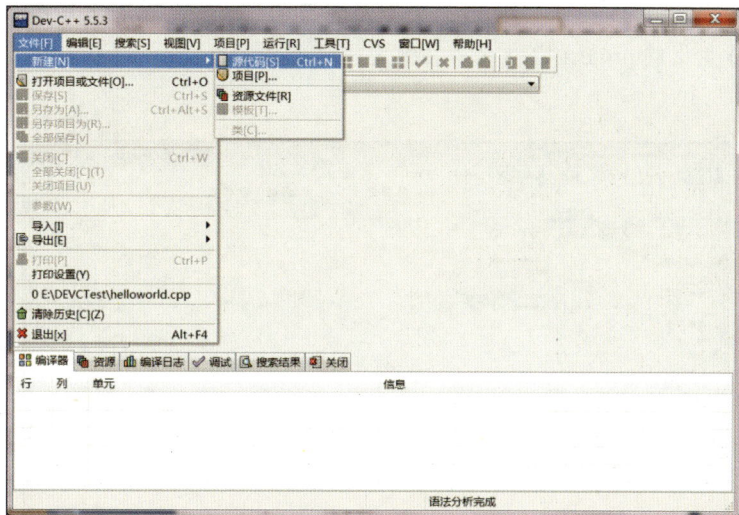

图 A-11　新建源程序

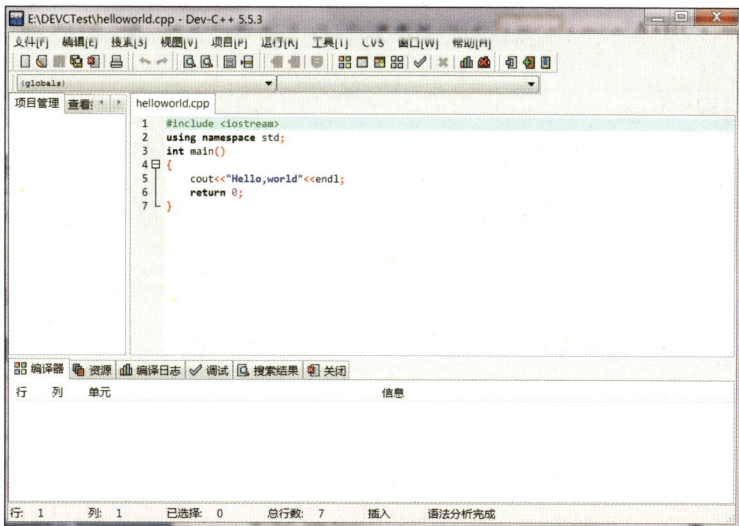

图 A-12　源程序编辑区

A.2.4　保存源程序——<Ctrl+S>

可以用组合键 <Ctrl+S> 保存源程序，也可以通过选择"文件"→"保存"菜单项进行保存（图 A-13）。保存时会弹出一个对话框，需要指定文件要存放的目录（如 D:\project），自定文件名称（如 prog1）以及保存类型。在单击右下角的"保存"按钮后，在 D 盘上的 project 目录下将会出现一个名为 prog1.cpp 的源文件，如图 A-14 所示。

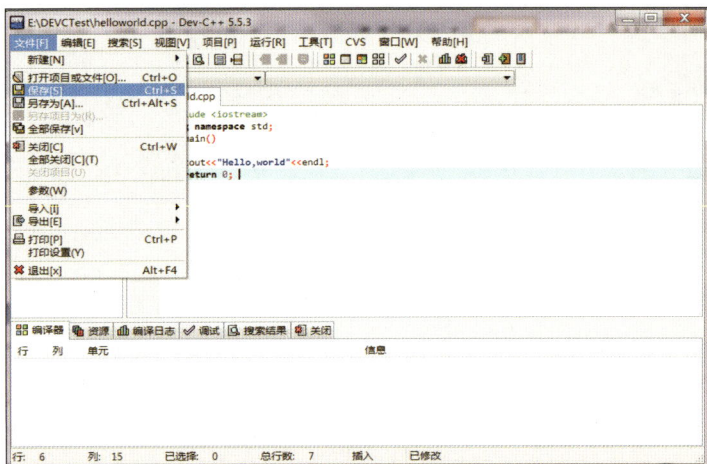

图 A-13　保存源程序

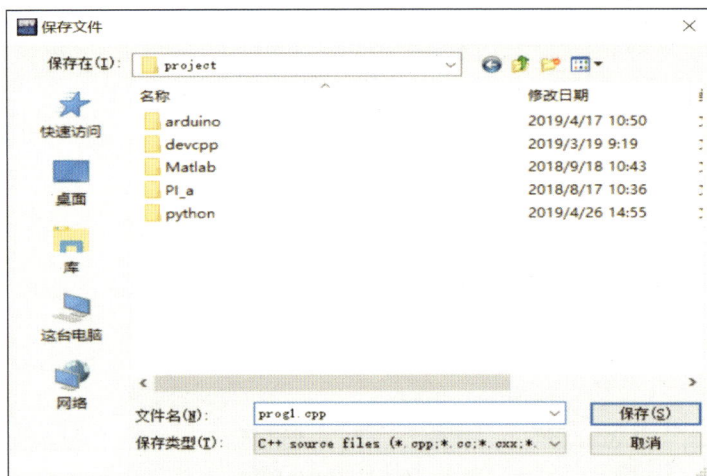

图 A-14　存放地址目录

A.2.5　编译运行源程序——<Fn+F11>

可以用组合键 <Fn+F11> 编译运行源程序，也可以通过单击"运行"菜单→"编译运行"菜单项进行编译运行，如图 A-15 所示。如果程序中存在词法、语法等错误，则编译过程失败。

编译器会在窗口下方显示错误信息并且将源程序相应的错误行标成红色，既可以根据标红的位置修改程序，也可以根据下方显示错误信息的行号去找错误语句，如图 A-16 所示。

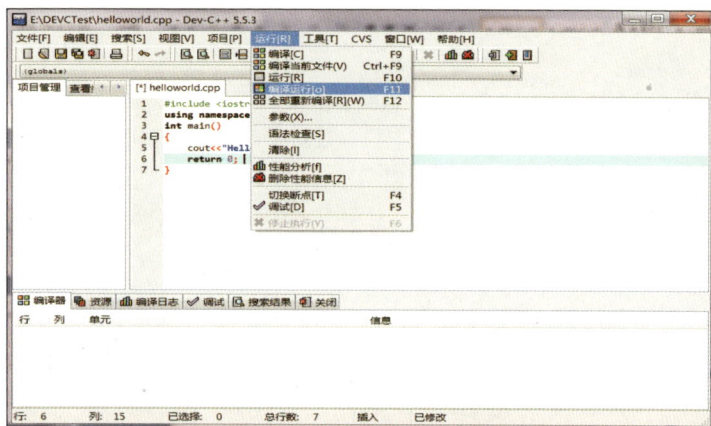

图A-15　编译运行源程序

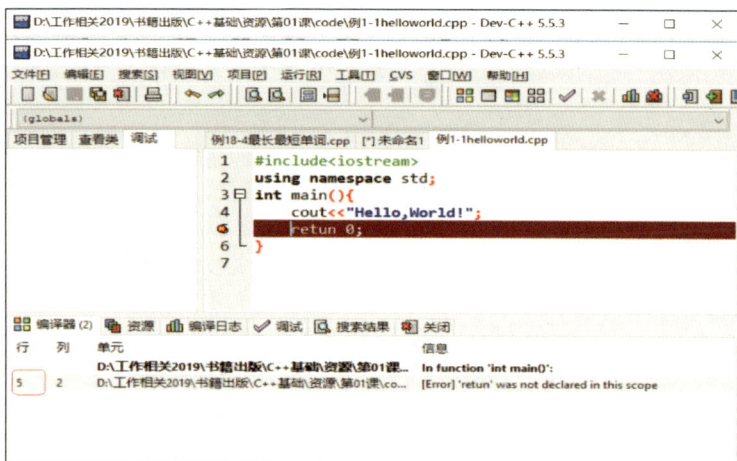

图A-16　标红位置可进行修改程序

"战略性新兴产业发展重大行动计划研究" 丛书编委会名单

顾　问：

徐匡迪　　路甬祥　　周　济　　陈清泰

编委会主任：

钟志华　　邬贺铨

编委会副主任：

王礼恒　　薛　澜

编委会成员（以姓氏笔画为序）：

丁　汉	丁文华	丁荣军	王一德	王天然	王文兴
王华明	王红阳	王恩东	尤　政	尹泽勇	卢秉恒
刘大响	刘友梅	孙优贤	孙守迁	杜祥琬	李龙土
李伯虎	李国杰	杨胜利	杨裕生	吴　澄	吴孔明
吴以成	吴曼青	何继善	张　懿	张兴栋	张国成
张彦仲	陈左宁	陈立泉	陈志南	陈念念	陈祥宝
陈清泉	陈懋章	林忠钦	欧阳平凯	罗　宏	岳光溪
岳国君	周　玉	周　源	周守为	周明全	郝吉明
柳百成	段　宁	侯立安	侯惠民	闻邦椿	袁　亮
袁士义	顾大钊	柴天佑	钱清泉	徐志磊	徐惠彬

栾恩杰　　高　文　　郭孔辉　　黄其励　　屠海令　　彭苏萍
韩　强　　程　京　　谢克昌　　强伯勤　　谭天伟　　潘云鹤

工作组组长：周　源　　刘晓龙

工作组（以姓氏笔画为序）：

马　飞　　王海南　　邓小芝　　刘晓龙　　江　媛　　安　达
安剑波　　孙艺洋　　孙旭东　　李腾飞　　杨春伟　　张　岚
张　俊　　张　博　　张路蓬　　陈必强　　陈璐怡　　季桓永
赵丽萌　　胡钦高　　徐国仙　　高金燕　　陶　利　　曹雪华
崔　剑　　梁智昊　　葛　琴　　裴莹莹

数字创意产业发展重大行动计划研究
课题组成员

潘云鹤　　中国工程院院士
丁文华　　中国工程院院士、中央电视台总工程师
徐志磊　　中国工程院院士
吴志强　　中国工程院院士
孙守迁　　浙江大学教授
许　平　　中央美术学院教授
周明全　　北京师范大学教授
王效杰　　深圳职业技术学院教授
贺景卫　　湖南师范大学教授
汤永川　　浙江大学教授
王振中　　中央电视台高级工程师
刘曦卉　　香港理工大学助理教授
王　贞　　湖南师范大学
徐国仙　　浙江大学
黄江杰　　浙江大学
杜雅军　　浙江大学

"战略性新兴产业发展重大行动计划研究"
丛书序

  中国特色社会主义进入了新时代，中国经济已由高速增长阶段转向高质量发展阶段。战略性新兴产业是以重大技术突破和重大发展需求为基础，对经济社会全局和长远发展具有重大引领带动作用的产业，具有知识技术密集、物质资源消耗少、成长潜力大、综合效益好等特点。面对当前国际错综复杂的新形势，发展战略性新兴产业是建设社会主义现代化强国，培育经济发展新动能的重要任务，也是促进我国经济高质量发展的关键。

  党中央、国务院高度重视我国战略性新兴产业发展。习近平总书记指出，要以培育具有核心竞争力的主导产业为主攻方向，围绕产业链部署创新链，发展科技含量高、市场竞争力强、带动作用大、经济效益好的战略性新兴产业，把科技创新真正落到产业发展上[①]。党的十九大报告也提出，建设现代化经济体系，必须把发展经济的着力点放在实体经济上，把提高供给体系质量作为主攻方向，显著增强我国经济质量优势[②]。要坚定实施创新驱动发展战略，深化供给侧结构性

[①] 中共中央文献研究室. 习近平关于科技创新论述摘编. 中央文献出版社，2016
[②] 习近平. 决胜全面建成小康社会　夺取新时代中国特色社会主义伟大胜利. 人民出版社，2017

· i ·

改革，培育新增长点，形成新动能。

为了应对金融危机，重振经济活力，2010 年，国务院颁布了《国务院关于加快培育和发展战略性新兴产业的决定》；并于 2012 年出台了《"十二五"国家战略性新兴产业发展规划》，提出加快培育和发展节能环保、新一代信息技术、生物、高端装备制造、新能源、新材料、新能源汽车等战略性新兴产业；为了进一步凝聚重点，及时调整战略性新兴产业发展方向，又于 2016 年出台了《"十三五"国家战略性新兴产业发展规划》，明确指出要把战略性新兴产业摆在经济社会发展更加突出的位置，重点发展新一代信息技术、高端制造、生物、绿色低碳、数字创意五大领域及 21 项重点工程，大力构建现代产业新体系，推动经济社会持续健康发展。在我国经济增速放缓的大背景下，战略性新兴产业实现了持续快速增长，取得了巨大成就，对稳增长、调结构、促转型发挥了重要作用。

中国工程院是中国工程科技界最高荣誉性、咨询性学术机构，同时也是首批国家高端智库。自 2011 年起，配合国家发展和改革委员会开展了"战略性新兴产业培育与发展""'十三五'战略性新兴产业培育与发展规划研究"等重大咨询项目的研究工作，参与了"十二五""十三五"国家战略性新兴产业发展规划实施的中期评估，为战略性新兴产业相关政策的制定及完善提供了依据。

在前期研究基础上，中国工程院于 2016 年启动了"战略性新兴产业发展重大行动计划研究"重大咨询项目。项目旨在以创新驱动发展战略、"一带一路"倡议等为指引，紧密结合国家经济社会发展新的战略需要和科技突破方向，充分关注国际新兴产业的新势头、新苗头，针对《"十三五"国家战略性新兴产业发展规划》提出的重大工程，提出"十三五"战略性新兴产业发展重大行动计划及实施路径，推动重点任务及重大工程真正落地。同时，立足"十三五"整体政策环境进一步优化和创新产业培育与发展政策，开展战略性新兴产业评价指标体系、产业成熟度深化研究及推广应用，支撑国家战略决策，引领产业发展。

经过两年的广泛调研和深入研究，项目组编纂形成"战略性新兴产业发展重大行动计划研究"成果丛书，共 11 种。其中 1 种为综合卷，即《战略性新兴产业发展重大行动计划综合研究》；1 种为政策卷，即《战略性新兴产业：政策与治理创新研究》；9 种为领域卷，包括《节能环保产业发展重大行动计划研究》《新一代信息产业发展重大行动计划研究》《生物产业发展重大行动计划研究》《能源新技术战略性新兴产业重大行动计划研究》《新能源汽车产业发展重大行动计划研究》《高端装备制造业发展重大行动计划研究》《新材料产业发展重大行动计划研究》《"互联网+智能制造"新兴产业发展行动计划研究》《数字创意产业发展重大行动计划研究》。本丛书深入分析了战略性新兴产业重点领域以及产业政策创新方面的发展态势和方向，梳理了具有全局性、带动性、需要优先发展的重大关键技术和领域，分析了目前制约我国战略性新兴产业关键核心技术识别、研发及产业化发展的主要矛盾和瓶颈，为促进"十三五"我国战略性新兴产业发展提供了政策参考和决策咨询。

2019 年是全面贯彻落实十九大精神的深化之年，是实施《"十三五"国家战略性新兴产业发展规划》的攻坚之年。衷心希望本丛书能够继续为广大关心、支持和参与战略性新兴产业发展的读者提供高质量、有价值的参考。

前　　言

　　数字创意产业是在全球数字化和网络化的背景下，以数字创意技术与创新设计为基础支撑，以文化创意、内容生产、版权利用为发展核心，通过融合渗透带动周边产业领域发展的新兴产业集群。当前数字创意产业和文化产业、内容产业、版权产业、休闲体验产业以及数字经济、创意经济等概念相交错，完善的产业链和稳定的产业结构还有待形成。同时，数字创意产业覆盖众多的细分领域，产业边界模糊、产业领域重叠，具有多向交互融合及无边界渗透的特点。近几年，英国、美国、日本、韩国、新西兰和新加坡等都致力于加快发展数字创意产业，总体形成了全球数字创意产业快速发展的态势。

　　全书的主要内容如下：

　　首先，结合当前英国、美国、日本、韩国等国家和地区对数字创意产业的定义和分类，概述了数字创意产业的基本内涵和整体发展面貌，论述了各主要发达国家主要基于传统的产业属性，其对数字创意产业的理解和发展重点虽然不尽相同，但都在不同程度上反映了数字化技术的影响。同时，分析了国内外数字创意产业的发展动态，提出了数字创意产业作为一种智力密集型、高附加值的新兴产业，正处于高速增长期，在世界各国产业中的比重逐年增加，逐渐成为各国国民经济的重要支柱产业之一，对世界经济和社会就业做出了巨大贡献。

此外，结合我国《"十三五"国家战略性新兴产业发展规划》，介绍了我国促进数字创意产业发展的一系列政策措施，阐述了我国在2020年将形成文化引领、技术先进、链条完整的数字创意产业发展格局，相关行业产值规模达到8万亿元，展示了我国高速发展中的数字创意产业的极大潜力。

其次，以数字创意产业的三大领域——基础支撑、核心开发和融合渗透为主线，勾画出数字创意产业神经网络全景图、数字创意产业IP（intellectual property，知识产权）价值全景图和数字创意产业文化及经济价值全景图，提出了数字创意产业中的三大能力构成：以创新设计能力和数字创意技术应用能力作为基础支撑能力，以文化创意、内容生产和版权利用作为核心开发能力，以科技+设计+文化的深度融合引领周边产业领域发展从而形成融合渗透能力。同时，还详细梳理了我国数字创意产业中设计业、VR（virtual reality，虚拟现实）/AR（augmented reality，增强现实）产业、文化与博物业、影视传媒业、数字出版业、动漫游戏业、玩具业、旅游业、体育健康业、时尚服饰业等相关产业的发展状况。

再次，结合《"十三五"国家战略性新兴产业发展规划》，提出了"十三五"期间数字创意产业发展的重点：建成完备的数字文化创意技术与装备创新体系；初步形成连接全国主要文博单位的中华文明大数据网络；构建基于中华文明大数据与全民创意的数字出版与传播新业态；形成数字文化内容服务应用与创新设计的蓬勃发展态势；形成若干数字创意产业集群与其他产业融合发展的格局。另外，提出了数字创意产业发展重大行动计划实施路径，具体包括数字文化创意技术装备创新提升、数字内容创新发展和创新设计发展三项重大工程的战略意义、现状分析、重大行动计划目标、主要内容和实施途径。此外，介绍了数字文化创意技术装备创新提升、数字内容创新发展和创新设计发展三项重大工程的实施情况。

最后，阐述了在我国经济结构转型和社会主义文化强国建设的关键时期，数字创意产业面临的一系列机遇和挑战。同时，提出了当前发展数字创意产业的重点举措：建立数字创意国家重点实验室，引导数字创意产业集聚发展，推进数字创意特色小镇建设与示范，加大数字创意人才培养。

目　　录

第一章　数字创意产业概述

当今世界，数字创意技术的大规模应用正有力推动着产业升级，催生新的业态，并引发新的变革。对于众多行业，数字化不仅改变了产品及内容的设计、生产、销售和服务方式，也改变了企业的管理策略和商业模式。对设计服务业和文化创意产业来说，数字化也带来了深刻的影响，在三维打印、移动互联网、云计算、大数据、物联网、人工智能（artificial intelligence，AI）以及 VR 等高新技术的影响下，数字创意产业正在逐步形成。

数字创意产业是指以数字创意技术与创新设计为基础支撑，以文化创意、内容生产、版权利用为发展核心，通过融合渗透带动周边产业领域发展的新兴产业集群。数字创意产业具有多向交互融合以及无边界渗透的特点。当前数字创意产业覆盖众多的细分领域，产业边界模糊以及产业领域重叠是其发展的特点。总体来说，目前我国数字创意产业包括或部分包括 VR/AR 产业、设计业、影视传媒业、动漫游戏业、数字出版业、人居环境设计业、文化与博物业、时尚服饰业、玩具业、体育健康业、旅游业等产业领域。

2016 年 11 月，国务院正式发布《"十三五"国家战略性新兴产业发展规划》，数字创意产业首次被纳入国家战略性新兴产业发展规划，成为规划中的一大亮点，备受人们关注。该规划提出，到 2020 年，我国将形成文化引领、技术先进、链条完整的数字创意产业发展格局，相关行业产值规模达到 8 万亿元。8 万亿元的产值规模，将为数字创意产业发展提供更多的可能性，展示高速发展中的数字创意产业的极大潜力。

数字创意产业是在全球数字化和网络化的背景下，数字信息技术融入设计服务业与文化创意产业而形成的新兴产业。从农耕时代的传统文化艺术及手工艺，到工业时代的文化创意产业与设计服务业，再到当前知识经济时代的数字创意产业，反映了创意活动不同时代的发展趋势与方向。

数字创意产业是当今世界发达国家经济社会发展的重要组成。它和文化产业、内容产业、版权产业以及休闲体验产业等概念相交错，形成了新的产业发展方向和模式。近几年，英国、美国、日本、韩国、新西兰及新加坡等都致力于加快发展数字创意产业，总体形成了全球数字创意产业快速发展的态势。

一、数字创意产业的提出及领域内涵

1998 年，《英国创意产业路径文件》首先提出了创意产业这一概念，并将其定义为"源于个人创意、技巧及才能，通过知识产权的生成和利用，具有创造财富并增加就业潜力的产业"。2002 年，英国经济学家霍金斯（John Howkins）在其出版的《创意经济》一书中，将创意产业界定为其产品都在知识产权法的保护范围内的经济部门，认为版权、专利、商标和设计产业共同组成了创意产业和创意经济。2004 年，联合国教科文组织将文化产业定义为"按照工业标准生产、再生产、储存及分配文化产品和服务的一系列活动"，显然这一定义也已延伸到创意产业领域。

文化产业在我国是一个独立的产业领域。国家统计局将文化产业定义为：为社会公众提供文化、娱乐产品和服务的活动，以及这些有关活动的集合。从概念上看，我国的文化产业侧重点在于与文化相关的活动，强调社会价值，而不是由文化带来的市场价值和经济价值。但目前我国还没有形成统一公认的关于数字创意产业的概念或定义。目前出现的相关概念有信息内容产业、数字内容产业、文化创意产业及文化产业等，但数字创意产业的概念显然有别于以上所有这些概念。不过这些相关概念的出现，从一个侧面反映出了我国数字创意产业正在对国家经济和社会发展产生积极作用和重要价值。同时，作为新兴产业，目前数字创意产业完善的产业链和稳定的产业结构还有待形成，因而暂时还难以从宏观角度上进行完整的统计。实际上，当前各主要发达国家对数字创意产业的理解和发展重点也不尽相同。

（一）英国及欧盟

英国是最早提出文化创意产业的国家。近年来，随着数字化技术对文化创意产业的影响日益增强，英国也在对文化创意产业的范畴进行调整，以体现数字化的趋势。英国政府从 1991 年开始重视创意产业的发展，1997 年 5 月布莱尔首相上任之初就成立了创意产业工作小组，以推动英国文化创意产业发展。1998 年，英国创意产业工作小组在《英国创意产业路径文件》中，首次对创意产业进行了定义，即"源自个人创意、技巧及才华，通过知识产权的生成和利用，具有创造财富并增加就业潜力的产业"，这一概念强调了创意产业的主要特点，即个人创意、才华的重要性，以及其能否带来价值、创造财富。英国开创了创意产业的先河，使创意及其相关产品真正成为一个产业并得到发展。英国政府将 13 项内容（表 1.1）归入创意产业的范围中，包括广告、建筑、艺术品和古玩、手工艺、设计、时尚设计、电影和录像、互动休闲软件、音乐、表演艺术、出版、计算机服务、广播和电视。其中出版、音乐、广播和电视、电影和录像、互动休闲软件及计算机服务等门类是数字创意产业的主要构成。

表 1.1 英国文化创意产业的分类及内容

分类	内容
产品类	出版、广播和电视、电影和录像、互动休闲软件、时尚设计
服务类	计算机服务、设计、音乐、广告、建筑
艺术+工艺类	表演艺术、艺术品和古玩、手工艺

英国作为老牌创意产业国家，创意产业已经占到了整个经济的9.7%，它提供了超过250万个工作岗位，这在英国比金融服务业和高端制造业的就业岗位要多。英国的创意产业一直是其他国家研究和学习的主要对象。尽管如此，英国一家独立的创新基金会在2013年发布了一份《创意经济宣言》，指出英国原有的创意产业的定义、相关政策和经营模式已经跟不上互联网时代的发展。该宣言建议英国政府重新定义创意产业，将创意产业简化为"专门使用创意才能实现商业目的的部门"进而扩大分类；同时还建议充分利用互联网资源，在教育方面加强数字化技术的普及，通过税收政策鼓励创意创新等。

欧盟2007年在文化创意产业的定义中（图1.1），明确地划分了三个层面以及与其密切相关的制造业活动。其中文化创意产业的核心区域为：视觉艺术、表演艺术、文化遗产，向外拓展到文化产业：电影、电视广播、电子游戏、音乐、出版，再到创意产业与活动：设计、建筑、广告等。而与文化创意产业密切相关的制造业活动有个人计算机制造业、音乐播放器制造业、手机制造业等。

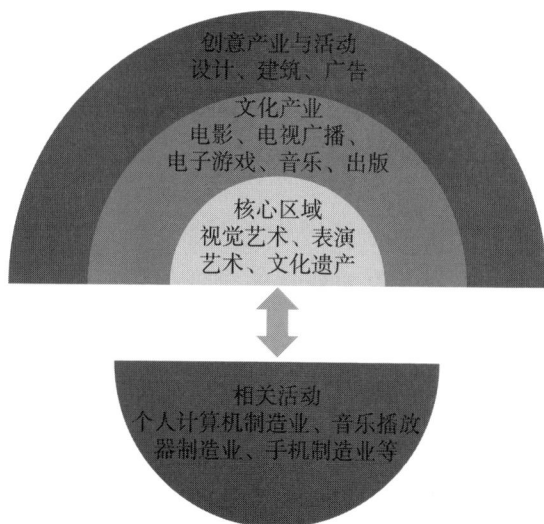

图 1.1　欧盟关于文化创意产业的定义

资料来源：Pasqua S. European Commission，DG Education and Culture[R]. 2007

（二）美国

有别于英国文化创意产业的传统定义，即"从个人的创造力、技能和天赋中获取发展动力的企业，以及那些通过对知识产权的开发可创造潜在财富和就业机会的活动"，美国创意产业的定义更具包容性，即"包含多种具有内部联系的、致力于提供创意服务的产业部分"，显然美国强调创意产业的服务业属性（表 1.2）。

表 1.2　美国文化创意产业的分类及内容

分类	内容
市场营销	广告和市场营销机构及从业者
建筑	建筑企业和建筑设计师
视觉艺术+手工	博物馆、画廊、管理者、艺术家、工匠和制作者
设计	产品、室内、图形和服装的设计公司和设计师
电影+媒体	电影、动画、电视和广播，组织者和个人
数字游戏	生产游戏的企业、程序员和个人
音乐+娱乐	场地、剧院、制作人及音乐人和表演者
出版	印刷与数字出版，内容制造者、编辑者和作者

美国创意产业相较于英国有着不同的特点，美国凭借其知识产权的重要地位，将与文化产业相关的产业称为"版权产业"，通过对版权的控制来反映文化产业的特点。版权产业在美国可以说是文化产业的代名词，其产业中的主要内容包含着文化、创意、数字内容等多方面信息。美国目前持续加大对数字化技术和社交媒体的研发，继续保持高水平创意人才数量的全球领先地位。

（三）日本与韩国

日本的数字创意产业采用的是另外一个概念——数字内容产业。内容产业有两种版本的定义。版本一将内容产业定义为"那些制造、开发、包装和销售信息产品及其服务的产业"，这一定义最早由欧盟在《信息社会2000计划》中提出，可称为欧盟版本。版本二将内容产业定义为"加工制作文字、影像、音乐、游戏等信息素材，通过媒介流通到用户的信息商品，包括瞬间可以接收、消费的信息和历经百年拥有大批读者的文学作品"，这是日本经济产业省在《新经济成长战略（2006）》中所提出的定义，可称为日本版本。从概念上看，日本版本的定义强调信息产品需要通过某种媒介进行传播、消费使用、产生价值，从而形成实际意义上的内容产业。其数字内容产业则是指以数字形式记录的内容产业，它从传统的内容产业基础上发展演变而来。日本数字内容协会将数字内容产业分为以下四个方面：音乐、影像、游戏和信息出版，这几个门类的数字化产品结合新媒体模式，形成了日本数字内容产业的主体部分。

20世纪90年代，韩国开始重视文化产业的作用，并将文化产业作为一种新的产业机会进行发展。随着数字化技术的发展，数字创意产业开始成为韩国文化产业的重要组成部分，同日本一样，韩国采用的也是数字内容产业这一概念。《韩国2003年信息化白皮书》中将数字内容产业定义为"利用电影、游戏、动漫、唱片、卡通、广播电视等视像媒体或数字媒体等新媒体，进行储存、流通、享有的文化艺术内容的总称"。韩国的数字内容产业包括数字游戏、数字动漫、数字学习、数字内容软件、数字影音、移动增值服务、网络服务和数字出版等领域,从其概念可以看出其数字创意产业强调的是通过新媒体方式流通的数字化的文化艺术内容,注重数字化背景下传统文化和现代文化带来的价值,其数字创意产业包含的内容和范畴要大于日本对数字内容产业的划分。

二、数字创意产业的定义与范畴

"创意"和"技术"是数字创意产业的两大特征。创意是数字创意产业价值的核心、发展的生命线和利润的源泉。技术让数字创意产业实现了创意范围、创意手段与商业模式的突破。正是创意与技术的有机结合使得数字创意产业成为目前回报率最高、增长速度最快的产业之一。在创意特性和技术特性的驱动下,影响数字创意产业发展的关键结构因子是:政治因子——创新型服务型政府以及知识产权与法律法规;经济因子——中小创意企业与风险资本;社会文化因子——原创多元的包容文化与另类创意人才;技术因子——数字化网络化技术等。通过对各国对应的数字创意产业进行分类汇总(表 1.3),可以对数字创意产业的范畴建立一个初步的概念。

表 1.3 各国文化创意产业定义与范畴对比

国家	名称	定义	分类
英国	创意产业	源于个人创意、技巧及才华,通过知识产权的生成和利用,具有创造财富并增加就业潜力的产业	广告与市场、建筑、工艺、设计(产品、平面、时尚)、电影/电视/视频/广播与摄影、IT(information technology,信息技术)/软件与计算机服务、博物馆/图书馆/画廊、音乐/视觉与表演艺术、出版

续表

国家	名称	定义	分类
美国	版权产业	从个人的创造力、技能和天赋中获取发展动力的企业，以及那些通过对知识产权的开发可创造潜在财富和就业机会的活动	核心版权产业、交叉产业、部分版权产业、边缘支撑产业
日本	数字内容产业	加工制作文字、影像、音乐、游戏等信息素材，通过媒介流通到用户的信息商品，包括瞬间可以接收、消费的信息和历经百年拥有大批读者的文学作品	内容制造产业、休闲产业、时尚产业
韩国	数字内容产业	利用电影、游戏、动漫、唱片、卡通、广播电视等视像媒体或数字媒体等新媒体，进行储存、流通、享有的文化艺术内容的总称	数字游戏、数字动漫、数字学习、数字内容软件、数字影音、移动增值服务和网络服务、数字出版等领域

目前，国际上数字创意产业呈现出不同的发展路径。例如，英国仍以轻量的创意产业为主，美国通过版权来连接整个数字创意产业，日韩的数字内容业发展强势。在我国，数字创意产业主要是指驾驭数字技术的创意内容业和创意制造业，它以数字创意技术与创新设计为基础支撑，以文化创意、内容生产、版权利用为发展核心，通过融合渗透带动周边产业领域发展的新兴产业集群。可以看出，我国数字创意产业的概念显然有别于以上国家，真正将科技、文化、创意有机融合、协同发展。作为一种智力密集型、高附加值的新兴产业，数字创意产业正处于高速增长期，在世界各国产业中的比重逐年增加，逐渐成为各国国民经济的重要支柱产业之一。

数字创意产业具有多向交互融合以及无边界渗透的特点。当前数字创意产业覆盖众多的细分领域，产业边界模糊以及产业领域重叠是其发展的特点。目前我国数字创意产业包括或部分包括 VR/AR 产业、设计业、影视传媒业、动漫游戏业、数字出版业、人居环境设计业、文化与博物业、时尚服饰业、玩具业、体育健康业、旅游业等产业领域。内容涵盖数字文化创意技术装备、数字文化创意内容制作、设计服务等，同时还渗透扩散到相关产业部门，通过数字创意在电子商务、社交网络、教育、旅游、医疗、体育、"三农"、展览展示、公共管理等各领域创造新的应用业态。

三、发展数字创意产业的意义与价值

数字创意产业定义的提出与产业发展对我国经济的可持续发展、和谐社会的塑造、中华文化的振兴都有着重要意义与价值。

经济价值与影响。普华永道（PricewaterhouseCoopers）《2012—2016 年全球娱乐及媒体行业展望》的研究结果表明，在经济危机背景下创意产业继续保持着增长。2011 年全球娱乐与媒体支出共增长了 4.9%。其在《2016—2020 年全球娱乐及媒体行业展望》报告中进一步预测，全球娱乐及媒体行业的收入将在未来五年内实现 4.4%的年均复合增长率，从 2015 年的 1.72 万亿美元上升到 2020 年的 2.14 万亿美元。联合国《创意经济 2010》报告中也曾指出，2008 年的金融和经济危机爆发使得全球贸易额减少了 12%，但同时创意产品与服务的世界出口额却仍保持增长，达到 5 920 亿美元。联合国在《创意经济 2013》报告中进一步指出，创意经济继续在创造收入、创造就业机会和出口收入方面成果卓著，而且已经成为更加强劲的发展驱动力，特别是创意城市网络（包括文学之都、电影之都、音乐之都、民间手工艺之都、设计之都、媒体艺术之都、美食之都）正在形成。中国的很多城市都被纳入这一网络中，是该网络占比最高的国家。其中，深圳、上海、北京和武汉是设计之都，哈尔滨是音乐之都，杭州是民间手工艺之都，成都是美食之都。随着新一代信息技术的不断发展，文化创意产业不仅仍然发展迅速，而且在全球范围内都显示出不同程度的越界扩容与转型升级。西方发达国家已经开始制定相关政策，促进数字创意产业的发展与壮大。我国也必须紧紧抓住历史机遇，大力发展数字创意产业。

文化与社会效益。数字创意产业的知识密集型、高附加值、高整合性，对于提升我国产业发展水平、优化产业结构具有不可低估的作用。发展数字创意产业，其核心是增长方式的转变、发展观念的转变、发展模式的创新，这将有利于全面提高我国的发展水平，把经济社会发展切实转入全面协调可持续发展的轨道。数字创意产业的发展理念是在数字化和网络化背景下，通过新商业模式、服务模式促成不同行业、不同领域的跨界融合，以推动文化发展与经济发展。并且通过在全社会推动创造性发展，来促进创新创业以及社会创新。数字创意产业的发展可以有效地拉动社会就业，提高国民收入和税收，有助于经济可持续发展，使成千上万的人发挥自己的创造才能。无论是对于发达国家还是发展中国家，数字创意产业都是国家经济发展的重要组成部分，对价值创造、社会就业和出口贸易都有十分重要的作用。

第二章　国内外数字创意产业发展现状

　　文化创意产业是全球经济的支柱产业，对世界经济和社会就业做出了巨大贡献，无论是在发达国家还是在新兴市场经济体中，它都开始成为重要的战略性资产。近期，联合国教科文组织与国际作者和作曲者协会联合发布了文化创意产业最新研究报告——《文化时代：全球文化创意产业总览》。该研究报告显示，2013 年，全球文化创意产业收入总额 2.25 万亿美元，占世界各国 GDP 总量的 3%，超过了通信业（1.57 万亿美元）；为世界各国创造了 2 790 万个就业岗位，占世界就业总人口的 1%，高于欧洲、日本和美国汽车制造业就业人口的总和（2 500 万）。该研究报告全面展示了文化创意产业的多极世界，全景呈现出世界文化的多样性。该研究报告分别对亚太、欧洲、北美、拉美、非洲和中东地区的文化创意产业包括广告设计、建筑艺术、图书、电子游戏、音乐、电影、报刊、演出、广播、电视、视觉艺术 11 个领域进行了综合分析研究。数据显示，亚太地区是世界文化创意产业最繁荣的地区（总收入 7 430 亿美元），其次是欧洲地区（总收入 7 090 亿美元）、北美地区（总收入 6 200 亿美元）、拉丁美洲地区（总收入 1 240 亿美元）以及非洲和中东地区（总收入 580 亿美元）。该研究报告指出，在数字化技术的推动下，数字经济的繁荣发展对某些传统行业如平面媒体、实体书店等造成了影响，但为更多的相关领域注入了发展活力。2013 年文化创意产业为世界数字经济创造了 2 000 亿美元的利润，大大地提高了数码设备的销量和宽带通信服务的需求，其中数字广告创作收入 851 亿美元，数字文化终端设备销售额263亿美元，数字化文艺作品网络销售额660亿美元，文化媒体网站广告收入217亿美元。

一、英国及欧盟

在欧洲，英国的创意产业发展最为成熟，并形成了完整的产业链。首先，政府从政策上支持创意产业的发展，并成立专门机构和部门指导创意产业的发展，包括专门的文化创意产业工作小组、英国国家科学与艺术基金会以及英国文化媒体和体育部。其次，注重培养创意人才。2008 年，英国文化媒体和体育部发布《创意英国：新人才创造新经济》的战略计划，向文化创意产业特别是青少年创意教育投资 7 050 万英镑。2013 年 3 月，英格兰艺术委员会正式启动了一项《创意产业就业计划》，拨款 1 500 万英镑帮助年轻人获得文化艺术方面的技能和工作经验。这些创意人才培养计划为推动英国成为世界创意中心发挥了关键作用。最后，英国致力于通过立法为创意产业发展提供有力保障。陆续通过的法案有《广播法案》《通讯法案》《电影法案》《数字经济法案 2010》《现场音乐法案》等。

当前，文化创意产业已经成为英国经济增长的支柱产业，根据英国文化媒体和体育部 2014 年的《创意产业经济评估》报告，创意产业每年为英国经济带来714亿英镑收益，创意产业在2012年的总收益增长 9.4%，超过英国其他产业，成为增速最快的产业，其中计算机软件、广告业、影视业和文博机构增长最快。与此同时，创意产业还为168万人提供就业岗位，占英国总就业人口的5.6%。创意产业不仅在经济中占有绝对地位，也融入了全民的生活中，政府利用数字化技术开发多家博物馆、数字图书馆并将所有数据档案数字化，数字电影、音乐、休闲软件等创意产品充斥着人们的生活，全民都在使用和享受数字创意产业的成果。

普华永道 2015 年的研究报告《创意欧洲的数字化未来——数字化和互联网化对欧洲创意产业的影响》显示，大规模及高效使用数字化网络化技术已经彻底改变了创意产业：欧盟 27 国创意产业收入，包括数字创意和非数字创意产业，在 2003~2013 年增长了 12%，从 2003 年的 1 762 亿欧元增长到 2013 年的 1 977 亿欧元。所有创意产业的增长均来源于数字创意产业。2003~2013 年，创意产业每年利润增长 220 亿欧元。但是，非数字创意产业利润每年负增长 140 亿欧元，而在这期间，数字创意产业每年净增长 560 亿欧元。欧盟消费者媒体使用率每年持续增长 4%；创意产业销售收入增加 12%，其中数字游戏的增长速度超越所有其他行业。电影和电视部门保持了 3%的稳定增长，图书出版是 1%。期刊和音乐平均下降了 2%。

欧盟委员会于 2011 年开始提出"创意欧洲"大型文化基金项目（以下简称"创意欧洲"项目），旨在为欧洲的电影等文化创意产业提供资金支持，提高其对就业和经济增长的贡献。"创意欧洲"项目从 2014 年开始实施，计划 7 年里（2014~2020 年），投入 14.6 亿欧元支持文化创意产业的发展。"创意欧洲"项目计划至少支持 25 万名艺术家和文化专业人士，促进其作品创作和发行；至少 800 部欧洲电影将获得发行上的支持；至少 2 000 家欧洲电影院将获得资金支持；至少 4 500 本书籍及其他文学作品将得到翻译支持；数以千计的文化、视听机构及专业人士将得到培训机会，掌握数字化时代的新技能。欧盟委员会估计，数百万人将直接或间接地得到"创意欧洲"项目的支持。

二、美国

创意产业是美国经济的主要驱动力之一。美国经济分析局（U.S. Bureau of Economic Analysis，BEA）于 2015 年 1 月发布了美国创意产业 1998~2012 年的统计数据。数据表明，创意产业在 2012 年为美国经济贡献了 6 980 亿美元——占美国商品与服务生产的 4.32%。创意产业在 2012 年共提供了 470 万个工作岗位，其中部分核心产业提供了 100 万个工作岗位，而边缘支持产业部分提供了约 350 万个工作岗位。前者提供最多工作岗位的为广告产业，岗位数约为 13.35 万；后者提供最多工作岗位的为政府部门，岗位数约为 110 万。另一份来自民间组织美国人艺术协会（Americans for the Arts）的统计报告则显示，截至 2015 年 1 月，创意企业总数共 70.2 万家，占全美国企业总数的 3.9%。其中，华盛顿、纽约、加利福尼亚三个州/市的创意产业最为发达。

美国创意产业的产生、发展与技术变革密不可分。特别是自 20 世纪 90 年代以来，美国有 2/3 的就业是由信息技术直接或间接创造的，美国经济增长的 1/4 以上归功于信息技术。此时，创意产业已经具有完整的产业门类，在国民经济中发挥着越来越重要的作用。美国电影、音像等视听产品出口额仅次于航空航天工业，成为利润最大的行业之一；在全美最富有的 400 家公司中，从事文化产业的企业有 72 家；在全球 500 强企业中，美国的时代华纳、迪士尼、维亚康姆、新闻集团、贝塔斯曼等都是典型的文化企业。

美国之所以能成为数字创意产业的全球的引领者，原因在于其高度重视数字化技术在创意产业中的应用以及对原创的重视和知识产权的保护。科技含量高、数字化技术应用快是美国创意产业成功的重要原因。尤其是在媒体与娱乐领域，以美国电影业为例，其电影产量仅占全球的 6%，而市场占有率却高达 90%。迪士尼基于对先进数字化技术和原始创意的有机结合，保证了其每个动画片的市场规模保持在10 亿美元。

美国政府采用"无为而治"的策略为创意产业的发展提供了宽松的环境。在行政体制上，美国没有文化部；在文化政策方面，也少有官方文化政策文件。政府仅通过高水平的管理以及对知识产权的保护，促进创意产业的发展。美国国会先后通过了《知识产权法》《半导体芯片保护法》《跨世纪数字知识产权法》《电子盗版禁止法》《伪造访问设备和计算机欺骗滥用法》等一系列有关知识产权保护的法律法规，为创意产业的繁荣和发展提供了法律保障。美国各州政府和市政府等各级政府都十分重视创意产业。例如，马萨诸塞州政府通过设立创意经济委员会，负责立法和制定政府策略，以促进州内创意经济的发展。又如，纽约市政府在创意产业方面的投入力度空前，在布隆伯格担任市长期间，创意产业在纽约经济中的重要性日益增加，各地区文化创意活动十分丰富活跃。

另外，美国在创意产业园区的经营管理方面具有无可比拟的优势和经验。美国的创意产业园区发展大致经历了四个阶段：20 世纪 50年代至 80 年代属于初级阶段，大多数园区都由政府和社区合作建立、以非营利性机构的形式存在，基本上以混合型的园区为主；20世纪 80 年代中后期开始从单个园区向系统园区过渡，政府提供信息和网络的支持，同时政府部门、企业界、教育研究机构、社会团体开始全面协作，园区的经营主体转向多元化；20 世纪 90 年代前期，园区的服务对象由内而外扩张，越来越注重创新；20 世纪 90 年代后期至今，出现了很多创业园区集团。美国发展文化创意目标明确，重点培育创意市场，注重集聚效应，打造并完善了创意产业链，从而形成了一系列产业集群。

三、日本与韩国

日本是亚洲数字创意产业最为发达的国家。政府各种法规和措施的颁布是推动数字创意产业发展的基础动力和保障，《内容促进法》《知识财产推进计划》等直接促进了数字创意产业的发展，这些政策和计划通过一系列的具体发展措施来强化创意人才的培养，发挥人才在内容制作、发行等一系列产业链过程中的积极作用。与此同时，政府采取积极措施建立与企业之间的良性合作关系，给予企业政策、资金、市场上的支持。除政府的力量外，日本数字内容协会、日本设计振兴会等组织也是推动数字创意产业发展的中坚力量，通过举办展览评选、人才培训、国际交流等各种活动来促进日本数字内容产业的发展。21 世纪以来，日本数字创意产业占到亚太地区市场规模的一半以上，日本《数字内容白皮书》中的统计资料显示，其数字创意产业的发展规模和市场总值仅次于美国，位居世界第二位。

为了推动数字创意产业的发展，韩国政府先后出台了《韩国信息基础设施计划》《网络韩国 21 世纪计划》《电子政府推进计划》等政策。其信息通信部推出了《数字内容产业发展综合计划》，加大政府和民间对数字创意产业的投资；文化观光部将数字内容列为国家重点发展的战略性产业；韩国文化观光部、产业资源部及信息通信部通力合作，建立"游戏技术开发中心"等部门，重点扶植游戏产业；韩国政府还在韩国之外的国家建立了许多文化推广机构，从事韩国文化的推广和宣传事业。韩国在数字创意产业的发展过程中坚持"OSMU"（one source multi use）的理念，即"一个来源，多种用途"，将一个创意题材用在不同的项目中，使数字创意产业拥有了持久的生命力。

四、我国数字创意产业发展现状

近几年，我国开始重视数字创意产业的发展，先后制定了一系列政策措施来推动其发展，包括《国务院关于进一步促进资本市场健康发展的若干意见》《国务院关于推进文化创意和设计服务与相关产业融合发展的若干意见》《国务院关于加快发展对外文化贸易的意见》。2016 年的《政府工作报告》在"加强供给侧结构性改革，增强持续增长动力"篇章中首次提出了"大力发展数字创意产业"。全国人民代表大会审议通过的《中华人民共和国国民经济和社会发展第十三个五年规划纲要》，在第 23 章"支持战略性新兴产业发展"中明确列出了数字创意产业。发展数字创意产业，将为转变经济发展方式、促进消费增长、繁荣群众文化生活、引领社会风尚提供有力支撑和有效供给。2016 年 12 月 19 日，国务院正式公布《"十三五"国家战略性新兴产业发展规划》。其中，数字创意产业首次被纳入国家战略性新兴产业发展规划，成为规划中的一大亮点，备受人们关注。该规划提出，到 2020 年，我国将形成文化引领、技术先进、链条完整的数字创意产业发展格局，相关行业产值规模达到 8 万亿元。8 万亿元的产值规模，为数字创意产业发展提供了更多的可能性，也展示了高速发展中的数字创意产业的极大潜力。

通过一系列政策推动和财政支持，我国的数字创意产业发展势头迅猛。以上海为例，近年来上海市抓住上海自贸试验区开放机遇，充分利用联合国教科文组织"创意城市网络"的平台功能，大力提升上海市数字创意产业竞争力、影响力和经济贡献度，文化创意产业占上海市地区生产总值的比重已经超过10%。上海市文化创意产业推进领导小组发布了《上海市文化创意产业发展三年行动计划（2016—2018年）》，将 2018 年创意产业发展目标设定在占全市地区生产总值比重超过 12.6%，"十三五"末占比超过 13.0%。新三年行动计划特别强调了云计算、大数据、物联网等新一代信息技术在创意产业的创新应用，重点发展设计服务业、电影业、网络媒体业、数字娱乐业等数字创意产业，并且通过创意产业与科技的融合、与制造的融合以及与金融贸易的融合来推动数字创意产业发展。上海创意产业在短短几年时间里，获得了快速发展，推动了一批创意型行业起飞，建立了一批具有很高知名度的创意产业园区，聚集了一批具有创造力的优秀创意人才。数字创意产业已经成为上海的支柱性产业之一，成为"创新驱动、转型发展"的重要力量。

进入"十三五"时期，数字创意产业高速发展，产业规模不断扩大，不断为转变经济发展方式、促进消费增长、引领社会发展提供有力支撑和有效供给（图2.1）。2016年，中国VR/AR产业市场规模增长速度飞快，未来五年中，VR市场的年复合增长率将超过80%；设计业正进入规模化高速增长阶段，其中工业设计在2015~2018年的年均复合增长率预计达到29.8%；影视业和传媒业繁荣发展，结构调整显著，数字技术成为重要推手，影视业转型提质，回归理性，2016年传媒业产业总规模达1.6万亿元，较上年同比增长19.1%；数字出版业发展势头强劲，新技术、新产品、新业态不断涌现，盈利模式不断成熟，2016年产业总收入5 721亿元，增长速度稳居30%之上，远远超越了其他行业；游戏产业2016年市场规模1 653亿元，首超美国，成为全球最大的游戏市场，未来有望保持25%的年均增长速度；动漫产业2016年市场规模达到1 300亿元，国内动漫产业以IP为核心、内容为王，衍生盈利模式基本形成，预计未来将保持15%的年均增长速度；人居环境设计业稳步发展，持续年均增长速度7%，特色小镇的设计规划成为未来一段时间的亮点；文化与博物业蓬勃发展，与数字技术融合成为趋势；时尚服饰业产业规模在2.5万亿元级别，未来有望保持14%的发展速度，并将加快智能化、数字化进程；玩具业已达到千亿元级产业规模，近年来也是稳步上升发展，研发设计驱动和内容IP驱动逐渐成为产业发展的重要动力；体育业规模在2万亿元级别，规模体量庞大并稳步上升，体育赛事 IP、电子竞技成为数字化新兴领域；旅游市场迎来了爆发式增长，在线旅游成为旅游业市场主流，数字化技术广泛应用，预计未来五年将以 25%的速度高速增长。

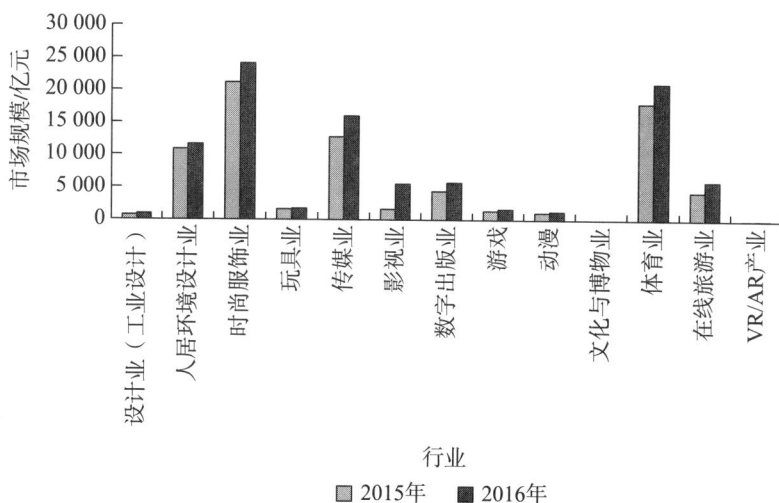

图 2.1　2015~2016 年数字创意产业市场规模

资料来源：根据国家统计局、国家旅游局、国家体育总局、《中国传媒产业发展报（2017）》、《中国广播电影电视发展报告（2017）》、《2016-2017中国数字出版产业年度报告》、艾瑞咨询、申万宏源报告等相关数据整理

数字创意产业同样是投资的热点和风口。根据国家信息中心发布的《数字创意产业投资热点报告》可知，2016~2017 年上半年，投资案例 3 990 件，投资金额 6 727.6 亿元，其中数字创意产业投资案例达到了 859 件，投资金额高达 659.3 亿元，分别占总体的 21.5%和 9.8%（图 2.2）。从地域上来看，一线城市的比例依然遥遥领先，仅北京市、上海市、深圳市三个城市的比例就超过七成；从投资轮次上看，数字创意产业的融资轮次主要集中在天使轮和 A 轮，二者加起来占比76.3%；从投资金额上来看，数字创意产业的投资金额主要集中在5 000 万元以下，一半以上集中在 1 000 万元及以下。

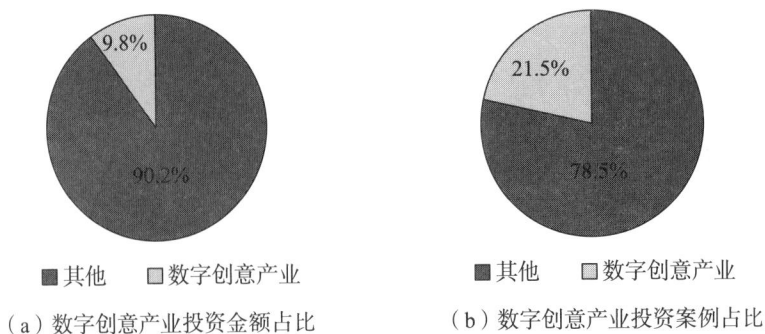

(a) 数字创意产业投资金额占比 　　(b) 数字创意产业投资案例占比

图 2.2　数字创意产业投资金额占比和投资案例占比

资料来源：根据国家信息中心《数字创意产业投资热点报告》整理

在数字创意产业各个细分领域中，VR/AR 产业、设计业、文化与博物业成为最具潜力产业；人居环境设计业、数字出版业和影视传媒业是数字化程度最高、成长速度最快的产业。在制造强国和文化强国发展战略的大背景下，国家相继推出了提升创新设计能力、创新数字文化创意技术装备、丰富数字文化创意内容和形式、推进相关产业融合发展的有关政策和举措，为未来数字创意产业的发展积蓄了充足的新动能。

第三章 数字创意产业重点领域及产业全景图

数字创意产业分为基础支撑领域、核心开发领域和融合渗透领域，分别以创新设计能力和数字创意技术应用能力作为基础支撑能力，以文化创意、内容生产和版权利用作为核心开发能力，以科技+设计+文化的深度融合引领周边产业领域发展，从而形成融合渗透能力。以上三种能力正在重塑并引领着 VR/AR 产业、设计业、影视传媒业、动漫游戏业、数字出版业、人居环境设计业、文化与博物业、时尚服饰业、玩具业、体育健康业、旅游业等产业领域的快速发展（图 3.1）。

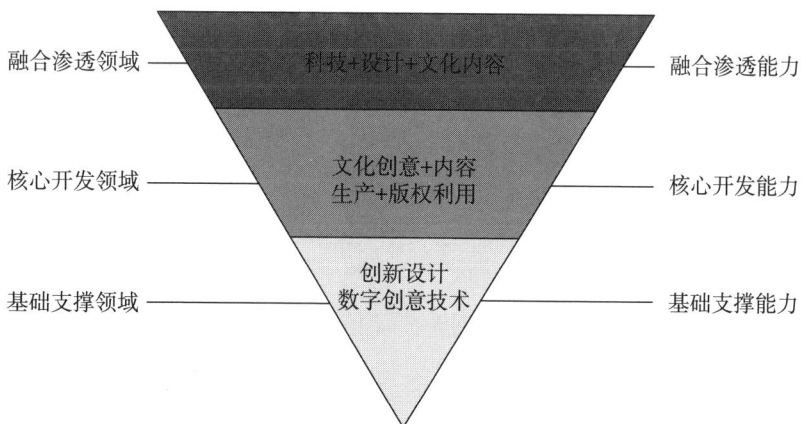

图 3.1 数字创意产业三大重点领域

从层级结构来看，数字创意技术和创新设计是数字创意产业发展的支撑基础和驱动力，不管是核心开发领域的内容创意业，还是融合渗透领域的下游产业，都离不开设计的创新和技术的更新。内容创意业是数字创意产业的核心也是其主体内容，内容创意业既受设计与技术的影响，同时又反过来推动设计创新与技术革新。同时，内容创意业非常容易和下游产业跨界融合，形成新的内容、业态和模式。融合渗透领域中的旅游业、体育业等都是体量十分巨大的全民产业，作为数字创意产业中的下游产业，往往借助于富于创意的想象力集成整合，依托于先进的数字创意技术提供支撑，融合富于文化内涵的创意内容，呈现出提供新供给、引领新消费的强大活力与生机。不仅形成了变现能力强的特点，同时也反哺于内容创意业、创新设计、数字创意技术装备的发展（图 3.2）。

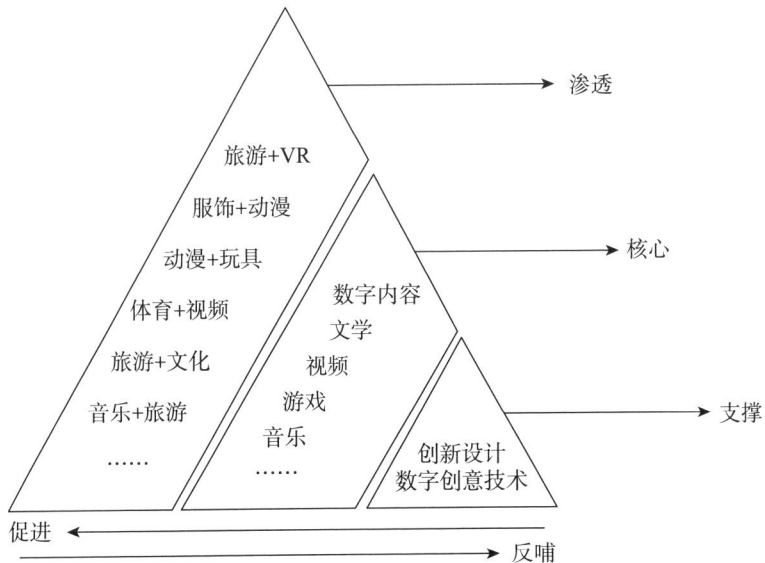

图 3.2　数字创意产业层级结构全景图

从组成结构来看，数字创意产业形成了一个全连接的三层神经网络结构。输入层为基础支撑（TD），由数字创意技术（Technology）

和创新设计（Design）两个节点组成，提供基础能力输入。中间层为核心内容（4C），由文化（Culture）、创意（Creativity）、内容（Content）和版权（Copyright）四个节点组成，提供可以消费的文化创意内容，并形成版权。输出层为融合渗透（X），由玩具（Toy）、体育（Gym）和旅游（Travel）等多个节点组成，提供新的业态和消费点。对于数字创意产业来说，数字创意技术和创新设计作为两大基础能力，决定了数字创意产业的想象力、科技力和制造力水平。文化、创意、内容和版权是数字创意产业的核心能力，内容创新与科技创新是相辅相成的关系，依托于数字创意技术和创新设计的新动力，不断引领新供给、新传播和新消费，同时引发数字创意产业向周边产业不断融合渗透，促进数字创意产业向尖端化、跨界化、国际化发展（图 3.3）。

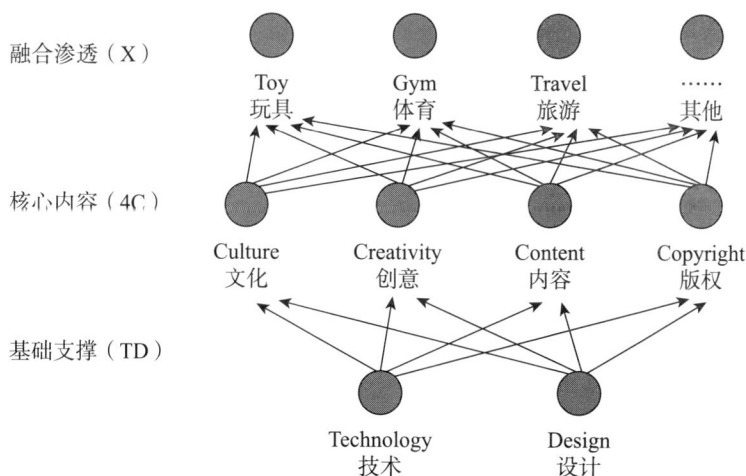

图 3.3　数字创意产业网络全景图

在数字创意产业各个细分领域中，IP 作为数字创意产业的核心和线索，贯穿了以内容创作为主的上游产业，以衍生品和扩大 IP 影响为主的中游产业，以及实现变现并且反哺上游的下游产业，由此形成了一条系统且完整的 IP 价值循环链条。文化与博物业作为中华文化的重要资源和载体，是内容创作的灵感源泉，是各种原创的宝库。动漫业与设计业，通过对文化、现实、艺术等元素的利用与再创作，形成了一大批具有影响力的 IP 精品，构成了数字创意产业的上游内容。游戏业和影视业，既有对之前 IP 的利用和开发，也有原创的内容，随着互联网的普及，其影响力日益增强。数字出版业是 IP 价值产业链中重要的一环，是 IP 开发利用的保证，也是优质 IP 多元发展的重要途径。玩具业、VR/AR 产业是 IP 内容衍生品的重要产业，对进一步扩大 IP 的影响力有重要的作用。传媒业是 IP 价值链流动的重要载体，在扩大 IP 价值、实现 IP 变现方面都有重大的作用，是 IP 中下游产业链中不可缺少的一环。旅游业、体育业、人居环境设计业都是源头 IP 渗透发展的领域，如主题公园、电子竞技、特色小镇等不仅变现能力强，而且能够在一定程度上延长 IP 的寿命，反哺上游的原创 IP（图 3.4）。

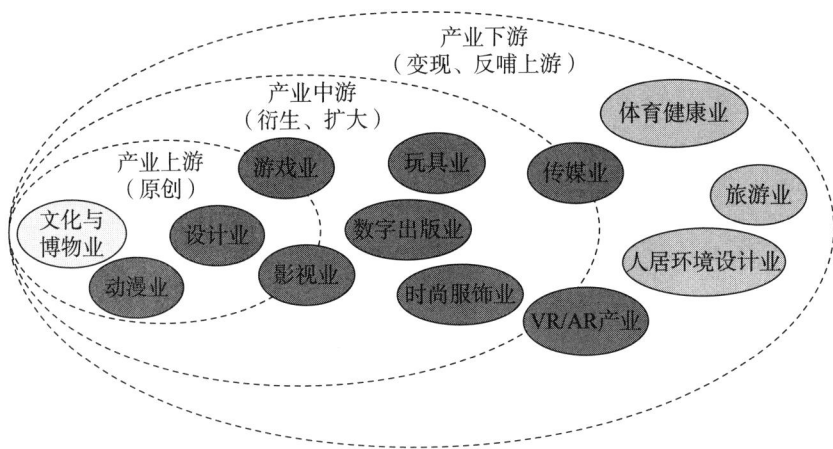

图 3.4　数字创意产业 IP 价值全景图

数字创意产业有其独特的经济价值和文化价值，在其细分领域，价值侧重各有不同。在设计服务方面，设计业当前经济体量不大，经济和文化价值中等，但依然有很大的发展潜力，对实体经济和其他产业的发展有很大的推动作用。在文化创意方面，以文化与博物业为典型代表，表现出较高的文化价值，对其经济价值的开发利用还有很大的空间；其中与内容创作有关的影视传媒业是当前这些领域中经济体量相对较大的产业，同时具备较高的经济价值和文化价值；另外动漫业与游戏业也呈现出较高的经济价值以及一定的文化价值。数字出版业作为版权利用的主要产业，在文化与经济方面都具有较高的价值。数字创意产业通过与玩具、旅游、体育健康、人居环境设计、时尚服饰等行业的融合渗透，推动这些行业在经济和文化上进一步发展（图3.5）。

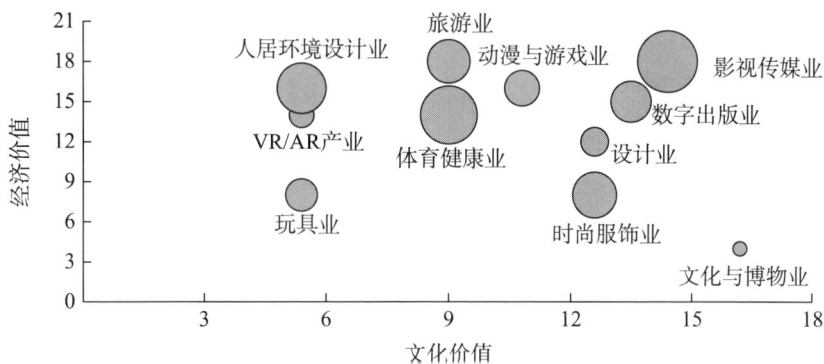

图 3.5　数字创意产业文化及经济价值全景图

横轴表现为文化价值，纵轴表现为经济价值，气泡大小为当前经济体量

一、基础支撑领域

（一）创新设计

创新设计是一种具有创意的集成创新与创造活动，它面向知识网络时代，以产业为主要服务对象，以绿色低碳、网络智能、共创分享为时代特征，集科学技术、文化艺术、服务模式创新于一体，并涵盖工业设计、人居环境设计、工艺流程设计、工程设计、服务设计及商

业模式设计等全生命周期和全产业链的综合与拓展，是科技成果转化为现实生产力的关键环节，可以有力支撑和引领新一轮产业革命。

1. 工业设计

工业设计主要服务于制造业，近年来正在快速发展，行业需求逐步增长，创新能力有所提升，产业格局初步形成，设计成果不断涌现，为经济社会发展做出了积极贡献。申万宏源报告预测，2018年工业设计市场规模将达到 1 556 亿元，2015~2018 年复合年均增长率将达到 29.8%。尽管设计服务业与实体经济的融合程度在不断加深，但我国工业企业的设计能力以及工业设计企业的服务能力还急需提高。当前我国工业设计产业的主要发展瓶颈在于：企业的创新设计能力不足，工业设计对制造业转型升级的推动作用不够；大量的代工生产（original equipment manufacturer，OEM）使企业丧失设计能力和品牌建设；工业设计发展水平存在区域与行业短板；设计企业小型分散，缺乏系统设计和管理能力；创新设计人才匮乏，设计教育体系不适应产业体系发展。

"中国制造 2025"制定了建设制造强国的重点任务与重点领域，其核心是致力于我国制造业从产业链的低端向高端发展。除了技术创新驱动发展智能制造以外，还应该按照产业价值链的微笑曲线，推动企业向两端延伸，这实际上需要依靠创新设计驱动发展。在面临"中国制造 2025"的重点任务时，当前可以工业设计为抓手，推动创新设计发展。但从长远和全局来看，还需明确制造业创新设计行动纲要和具体内容。

以智能手机行业为例，2016 年全球智能手机出货量排名前十的企业有三星、苹果、华为、Oppo、Vivo、小米、ZTE、LG、联想、TCL 等，其中中国有七家企业。但市场调研机构 Strategy Analytics 的最新报告显示，在 2016 年总营业利润的 537 亿美元中，苹果稳居榜首，占比 79.2%，三星占比 14.6%，尽管华为、Oppo 及 Vivo 已跃居全球前五大智能手机制造商行列，但是由于其所销售的大部分都是利润微薄的低端机，三家中国手机制造商上年在全球智能手机利润中的总占比不到 5%。众所周知，苹果智能手机是设计驱动的典范，创新设计是苹果可持续发展和价值创造的核心竞争力。我国手机企业还需要大力提高创新设计能力，以提升产品的核心竞争力。

近年来，随着我国新型工业化、信息化、城镇化进程的加快，设计服务已贯穿经济社会各领域各行业，呈现出多向交互融合态势。设计服务具有高知识性、高增值性和低能耗、低污染等特征。设计服务业融合发展有以下三个重点方向。

一是要通过设计服务业重点塑造制造业新优势。大力支持基于新技术、新工艺、新装备、新材料、新需求的设计应用与研究，促进工业设计向高端综合设计服务转变，推动工业设计服务领域延伸和服务模式升级。努力提高汽车、飞机、船舶、轨道交通等装备制造业的设计竞争力。着力推动消费类工业提升新产品的设计和研发能力，以质量和品牌塑造为重点，加快实现由"中国速度"向"中国质量"、由"中国产品"向"中国品牌"的转变。

二是要通过设计服务业提升人居环境质量。坚持以人为本、安全集约、生态环保、传承创新的理念，进一步提高城乡规划、建筑设计、园林设计和装饰设计水平。加强城市建设设计和景观风貌规划，提高园林绿化、城市公共艺术的设计质量。加强村镇建设规划，培育村镇建筑设计市场。贯彻节能、节地、节水、节材的建筑设计理念，推进技术传承创新，积极发展绿色建筑。

三是要推动设计服务业从"设计 2.0"转变成以创新设计为表征的"设计 3.0"。创新设计面向知识网络时代，以产业为主要服务对象，以绿色低碳、网络智能、共创分享为时代特征，集科学技术、文化艺术、服务模式创新于一体，涵盖工程设计、工业设计、服务设计等各类设计领域。提高国家创新设计能力已被"中国制造2025"列为重要战略任务，是建设创新型国家的重要抓手。创新设计的手段正日益依赖互联网、大数据、云计算、物联网等新技术，创新设计的发展正日益依赖五大创新的有机融合。

2. 人居环境设计

人居环境设计是建筑业中的重要组成部分，由城乡规划、风景园林、建筑、室内等内容组成了一个大的人居系统。人居环境设计可以体现出城乡地域特征、民族特色和时代风貌，提升人居生活质量。人居环境设计也一直对全新的数字化技术有迫切需求。VR 技术和大数据技术可以广泛应用于城市规划、设计的各个方面，并能带来实际可观的利益。VR 技术在展示规划方案时能够给人带来沉浸式的互动，利用数据接口还有助于项目工程的规划、设计、投标、报批、管理。

我国人居环境设计业近年来稳步发展，产业规模已达到万亿元级别。国家高度重视人居环境设计问题。2013 年 12 月，中央城镇化工作会议提出，让城市融入大自然，让居民望得见山、看得见水、记得住乡愁。2015 年 12 月，中央城市工作会议上指出，要通过城市设计，统筹城市建筑布局，协调城市景观风貌，体现城市地域特征、民族特色和时代风貌。2017 年 2 月，习近平总书记在考察北京城市规划建设和北京冬奥会筹办工作时指出，"不但要搞好总体规划，还要加强主要功能区块、主要景观、主要建筑物的设计，体现城市精神、展现城市特色、提升城市魅力"[①]。

3. 商业模式创新

全球知识网络时代的创新设计将基于全球信息网络物理环境，形成绿色、智能、超常、全球、网络协同，以及个性化、定制式创造与智造。未来的创新设计将创造全新的网络智能产品、工艺装备以及新的设计模式和商业服务方式。生意帮-协同智造众包平台，作为一家

---

① 新华社. 习近平在北京考察：抓好城市规划建设 筹办好冬奥会. http://www.xinhuanet.com/politics/2017-02/24/c_129495572.htm. 2017-02-24

初创企业，基于大数据和互联网技术，进行了成功的服务模式和商业模式创新。生意帮通过工程师专业评审、生产工艺优化、网络众包分包、精准供应链匹配、全生产流程品控，为创客团队、外贸公司、工厂等提供高性价比的供应链解决方案，包括模具加工、五金加工、表面处理和成品采购等，帮助客户缩短工期、提高效率、降低成本，实现制造业委托外加工环节生产力的智能调度和统筹优化，面向全球提供优质的专业代工服务。小米公司的商业模式创新在于其铁人三项——"软件+硬件+互联网服务"，通过将互联网服务的思维导入硬件和软件业务，构建 MIUI 系统及其软硬件服务生态；通过粉丝营销、饥饿营销等方式，与消费者（"米粉"）共同创造价值的模式，加强了用户的体验感和参与感。

国家政策导向层面，正逐年加大对创新设计的培育和支持力度。工业和信息化部采取了一系列的措施来提升企业创新设计能力，自 2013 年起，工业和信息化部每两年认定一次国家级工业设计中心，通过推动企业工业设计中心和工业设计企业的建设，促进工业设计产业发展；《国务院关于推进文化创意和设计服务与相关产业融合发展的若干意见》中提出，推进文化创意、设计服务与实体经济深度融合；《中国制造 2025》里面，将创新设计作为制造业转型升级的重要能力建设，并为提高创新设计能力、完善创新设计生态系统做出重要布局；《中华人民共和国国民经济和社会发展第十三个五年规划纲要》明确列出了数字创意产业，支持发展工业设计和创意产业，支持工业设计中心建设，设立国家工业设计研究院。《"十三五"国家战略性新兴产业发展规划》中十分重要的内容是促进数字创意产业蓬勃发展，创造引领新消费，以数字技术和先进理念推动文化创意与创新设计等产业加快发展，促进文化科技深度融合、相关产业相互渗透；《战略性新兴产业重点产品和服务指导目录》中，指明了数字创意产业（包括设计服务业）的重点方向及细分产品和服务；《文化部关于推动数字文化产业创新发展的指导意见》中提出，推进数字内容创新，通过"文化+"提高相关产业的文化内涵、设计创意水平和附加价值。

"十三五"期间，设计服务业和创新设计将面临巨大的发展机遇和发展空间。发展创新设计是培育国民经济新的增长点、提升国家文化软实力和产业竞争力的重大举措，是发展创新型经济、促进经济结构调整和发展方式转变、加快实现由"中国制造"向"中国创造"转变的内在要求，其必将为促进产品和服务创新、催生新兴业态、带动就业、满足多样化消费需求、提高人民生活质量等提供新动力。

（二）数字创意技术

数字创意技术在产业发展过程中有着不可替代的重要地位，新兴的数字创意技术代表了数字化环境中产生的信息与传播的所有形式，同时也代表了新一代信息技术和创意产业深度融合与应用的所有形式。以新一代信息技术为核心的数字创意技术作为产业发展引擎，成为创新设计、影视、媒体、动漫、游戏、数字出版等相关产业发展的重要推动力。其中，新型数字感知技术、新一代 AI 技术、下一代媒体传播技术、新一代文物保护技术正在逐步成为十分重要的数字创意技术。

1. 新型数字感知技术

新型数字感知技术是未来技术发展方向之一，利用先进的数字化手段捕获、再生或合成各种来自外部世界的感官输入（视觉、听觉、触觉、嗅觉、味觉等）；以各种不同的方式将再生的或合成的输入与自然接收的输入进行组合；协助人类感知组合的输入并对其做出反应；协助机器感知组合的输入并对其做出反应。

在当今新型数字感知技术中，最具有热度和影响力的主要包括 AR、VR 及 MR（mixed reality，混合现实）。VR 借助计算机软件系统及硬件传感器构建一个三维环境，借助体感交互装备为用户营造身临其境的沉浸式体验。AR 将多维数字信息与现实世界的某种介质建立映射，进而融合虚拟与现实。MR 介于 VR 和 AR 之间，既呈现逼真的虚拟物体，又让用户看到真实的现实世界，数字信息和物理实体并存，实现真实的人、场景与虚拟物体的混合效果。从产品形态和应用场景来看，三者经常会出现重叠，未来市场产品融合趋势明显。

艾瑞咨询数据显示，2016 年中国 VR 市场规模为 34.6 亿元，尽管当前这一规模有限，但是市场规模增长速度非常快，未来五年中，VR 市场的年复合增长率将超过 80%。预计到 2021 年，中国会成为全球最大的 VR 市场，行业整体规模将达到 790.2 亿元（图 3.6）。

图 3.6 2016~2021 年中国 VR 市场规模及同比增长率
资料来源：艾瑞咨询

2016 年，中国 VR 市场中规模最大的细分市场是 VR 头戴设备，以 20.5 亿元的规模占据整体份额的 59.2%。而目前占比最小的 VR 内容市场（包括消费级内容、企业级内容和 VR 营销），会在未来五年快速增长，预计 2021 年的市场规模为 386.4 亿元，年复合增长率为 163.4%。这也意味着 VR 内容市场将达到整体市场规模的近 50%，成为 VR 市场中最大的细分市场。预计到 2021 年左右，VR 产业将进入相对成熟期，硬件解决方案统一、平台系统开源化、内容支撑全面、应用场景改进、产业链逐渐完善（图 3.7）。

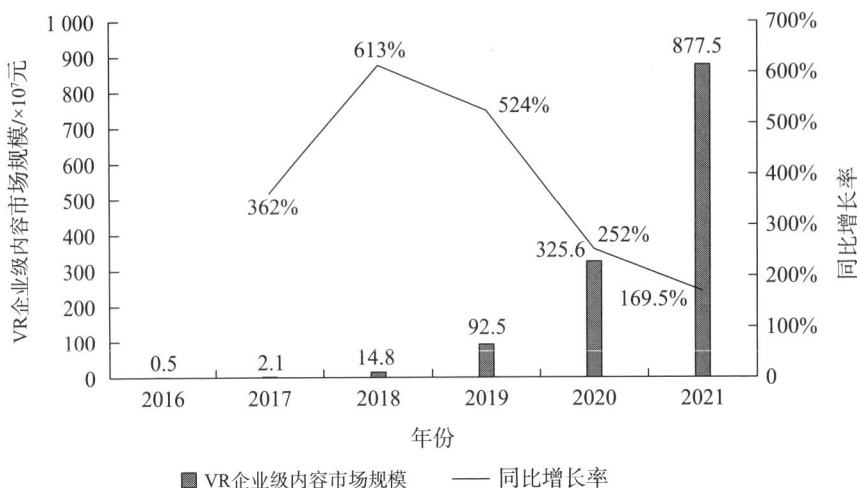

图 3.7　2016~2021 年中国 VR 企业级内容市场规模及同比增长率
资料来源：艾瑞咨询

　　根据科技产业分析机构 Canalys 的权威数据，2016 年中国 VR 市场中，HTC Vive 的市场份额最大，达到 17.7%，发货量超过了 5 万台。国产品牌同样表现出色，三家企业产品榜上有名，其中大朋 VR 以 16.9% 的市场份额位列次席，发货量超过 4.7 万台。其他国产品牌 3Glasses、小派科技分别以 9.4% 和 7.7% 的份额位列第三和第五。索尼 PS VR 占市场份额 9.1%，排名第四。目前，小米、华为以及一些 VR 初创企业开始将目光聚焦在 VR 手机和储备手机 VR 头戴式显示设备。互联网巨头百度、腾讯和阿里巴巴也开始提供 VR 电影、电视、游戏等 VR 内容研发。VR+游戏、VR+健身+电竞等产品服务模式不断兴起，但因为 VR 产业仍处发展初期，产品低端同质化竞争严重，也有厂商就此倒下。

　　VR 市场具有产业链长、产业带动比高的特点，涉及产业众多，包括 VR 硬件设备、内容制作、分发平台和行业应用。硬件设备类可细分为输入设备、输出设备、显示设备、拍摄设备、交互设备等；内容制作可细分为影视、游戏等内容；分发平台可细分为应用商店、社交影院、实体体验店、网店、播放器等内容；行业应用可细分为娱乐、工业、军事、医疗、教育、房地产、旅游等内容。由于 VR 产业涉及面极广，急需在国家统一协调和管理下，通过技术标准体系、关键标准的制定，以及标准符合性检测和相应的质量验证系统的支撑，保证产业健康持续发展。

2017 年上半年，VR 产业政策出台落地，软硬件和内容应用等产业链关键环节发展迅速，产业规模仍保持快速增长。至少来自三个方面的力量将会大力推动 VR 产业发展。

其一是行业应用的驱动，目前 VR 产业发展重点由硬件向内容演进，行业应用将会带来产业的引爆点，目前消费级和企业级 VR 设备形态分化将日趋明显。VR 应用场景多样，消费级应用是最容易推动市场火爆发展的驱动力。游戏是 VR 行业最直接的应用领域，消费基础最好。因此以游戏为主的娱乐产业最易培育成为 VR 杀手级应用（killer application）。而企业级应用则需要依靠企业、政府等多方面市场主体共同推动，目前看来，教育、工业界最有可能产生引领企业级市场的应用。

其二是技术的发展，软件、系统和分发平台是推动 VR 产业发展的核心，从底层硬件到上层应用的各个环节都需要前沿技术的支持。主要涉及的技术领域涵盖计算机图形学、计算机视觉、人机交互、通信等，可以说主导技术发展即掌握产业发展制高点，是完善产业生态体系必不可少的关键环节。目前三维引擎技术快速发展，图形图像处理工具日益丰富，开放平台和操作系统也在逐步发力。可以预见在未来几年内，随着技术的演进，光场技术的发展，空间定位、动作捕捉等交互技术的成熟，VR 软件技术在用户体验、内容生成方面将取得大幅进步，必将极大推动 VR 产业发展。

其三是政府引导政策支持，作为科技前沿领域，VR 产业必然受到从国家到地方政府的高度重视，我国在《"十三五"国家信息化规划》《"十三五"国家科技创新规划》《"互联网+"人工智能三年行动实施方案》《智能硬件产业创新发展专项行动（2016-2018年）》等国家政策中明确提出鼓励和支持 VR 产业发展，同时，多个省市纷纷出台相应的专项政策鼓励 VR 产业发展。集聚发展是重要发展模式，当前，国内各省市积极布局，加紧打造 VR 产业基地和产业集聚区。在产学研结合方面，目前形成了以北京航空航天大学、清华大学、工业和信息化部电子工业标准化研究院、北京师范大学、浙江大学等各大高校、研究院所和高科技公司联合研究开发制作、密切结合的良好发展局面。随着已建设产业集聚区的经济带动效应显现，我们可以预见将有更多地区建设孵化器、小镇、产业园等形式的产业基地，推动 VR 产业集聚发展。

2. 新一代 AI 技术

AI 技术正在成为新科技革命和产业变革的核心技术，正在突破传统的"用计算机模拟人的智能"用途，如人机博弈、机器识别、自然语言处理等。同时，正向着"机器与人融合智能"（人工智能 2.0 时代）的方向迈进，如自主无人系统、机器自主创作、智慧城市、智慧医疗、智慧金融、智能制造等。2016 年以来，出现了几次国际大并购，说明 AI 芯片技术被业界普遍看好。2016 年 7 月，日本电信巨头软银（Softbank）花了 320 亿美元收购全球最大的半导体芯片公司 ARM（Advanced RISC Machines），当时收购的目的就是应对 AI 时代的到来；同年 9 月，英特尔（Intel）收购了硅谷计算机视觉领域的初创公司 Movidius；2017 年 3 月，英特尔又花 153 亿美金收购以色列自动驾驶辅助公司 Mobileye。这预示着 AI 正在进入竞争、整合的高潮阶段。在数字创意领域，将会出现基于新一代 AI 技术的数字内容理解与创作以及智能设计等关键技术。

3. 下一代媒体传播技术

近年来 VR、AI 技术的崛起，将会引领传媒行业进入一个新的发展阶段，下一代媒体传播体系将会体现出沉浸式、智能化、互动化等特点，不仅可以借助 VR、超高清（ultra high definition，UHD）、全息成像等技术为观众提供更加逼真的临场感受，同时还会加强观众对于媒体内容的参与互动程度，通过家庭交互娱乐中心等平台，观众可以融入内容制作和传播的各个环节中，真正实现由观看者到参与者，甚至是制作者的转变。

数字技术的发展已经渗透到各个产业之中，成为各行业发展的重要推动力量，传媒行业的传播体系构建也在其影响下发生着深刻的变革。随着移动互联、云计算、大数据等技术的成熟，媒体传播的渠道、载体、速度等都在发生着飞速的变化，近年来 VR、AI 技术的崛起，将会引领数字创意产业进入一个新的发展阶段，下一代技术与装备将会体现出沉浸式、智能化、互动化等特点，随着"十三五"期间国家对数字创意产业的大力推动，数字创意产业目前已经在全国范围取得了较大的进展，如雄安新区等地已经将数字创意产业列入本地发展规划中的重点方向。下一代媒体传播技术与装备整体进展主要体现在三个层面，即使能技术、应用技术和终端设备技术。

1）使能技术

使能技术指通用的基础性信息技术，包括 AI、大数据、云计算、数字感知、未来网络技术等，这些技术是各行业进行数字化建设的前提条件，为行业自身应用的开展提供支撑平台。

2）应用技术

应用技术指媒体行业中，各专业技术领域实现层面的技术，如集成广播宽带平台技术、交互娱乐引擎开发、数字内容加工处理软件、VR 处理软件、动漫游戏制作引擎软件和开发系统、家庭娱乐产品软件、文化资源数字化处理等。

3）终端设备技术

终端设备是用户进行内容消费的承载对象，包括硬件及其装载的应用软件，如 4K 电视机（支持 HDR 功能）、沉浸式音频设备（支持 3D Audio）、裸眼 3D 电视机、VR 头戴设备、AR 及 MR 眼镜、感知终端（数据手套、游戏控制器、人机交互装置）、超感影院（观众座椅、多维渲染器）等。

4. 新一代文物保护技术

文物在保存的过程中经常遭受人为和自然因素的破坏，为加强对文物的保护，继承中华民族优秀的历史文化遗产，发展新型文保技术和装备意义重大。其中，与数字文化创意产业有关的技术装备主要包括文保虚拟修复、博物馆虚拟布展、博物馆互动体验、古建筑数字化平台等。

1）文保虚拟修复

文保虚拟修复是利用计算机、图形图像处理、VR 等信息领域的最新技术，结合传统的文物保护与修复工作，形成文化遗产的科学保护理念和程序。它采用近景摄影测量和三维扫描技术等采集获取文物现状信息数据，通过三维建模技术建立模型，结合计算机技术、专家研究分析、相关资料的记载等对文物模型进行修补，通过计算机调色技术、多光谱技术等对文物进行色彩的复原，最终实现对文物的虚拟修复。

2）博物馆虚拟布展

博物馆虚拟布展是将三维 VR 技术和二维网上信息系统融合在一起，采用嵌入式技术运行，将现实中的博物馆以三维模型的方式展现于客户端，构造出栩栩如生的三维网上博物馆环境。结合博物馆三维虚拟漫游功能、虚拟娱乐功能等，博物馆虚拟布展综合服务系统具有划时代的意义。将博物馆的运营维护从现实转到计算机环境，减少或避免珍贵文物的搬运与环境多次变化等，通过计算机即可实现不同摆放布置、不同环境的切换，并实时呈现最终效果，为博物馆的宣传环境和文物保护提供直接的技术保障。

3）博物馆互动体验

通过创建 VR 互动体验室、虚拟体验装备等，以博物馆教育主题、展览主题、宣传主题为蓝本，创建三维 VR 环境，再现历史场景或新建虚拟场景，实现游客身临其境的互动游览，通过第六感模拟等技术，实现寓教于乐的目的。

4）古建筑数字化平台

建立建筑遗产数据库，实现对测绘图纸、文档、照片、视频、三维模型、管理数据等数字资源进行存储管理，形成更广泛的互联互知与更科学的可视化管理；综合运用互联网、物联网、空间信息技术、云计算、大数据等新技术手段，制定文物资源信息采集、加工、存储、传输、交换系列标准；建立古建筑文物信息资源共享、利用、挖掘、创新的数字化服务平台。

二、核心开发领域

数字内容产业是数字创意产业的核心组成部分，它包含多个方面，影响巨大。数字内容领域，由文化创意、内容创作、版权利用作为主要环节形成完整的链条。在"互联网+"的大背景下，中国数字内容产业呈现蓬勃发展的态势。2016 年数字内容产业的产值突破 5 600 亿元，其中直接创造的产值超过 3 800 亿元，数字内容产业已经成为社会经济发展中的重要组成部分，也已经形成十分严密、庞大的产业链群。

数字内容是全民创新最活跃的领域，核心用户庞大，参与人群更多。据统计，直接参与过内容创造的用户超过 1.4 亿人，而为内容消费过的用户超过了 5 亿，更不用说几乎每个人每天都会接触数字内容产品（图 3.8）。

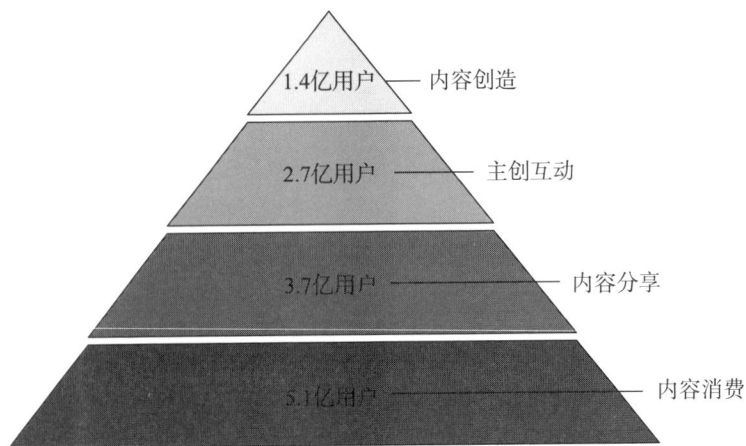

图 3.8　互联网内容产业各环节用户参与程度

数字内容的生产模式也从单一的专业生产内容（professional generated content，PGC）模式转变为专业生产内容和用户生产内容（user generated content，UGC）模式并存，同时也产生了完全不同的两种商业模式。高质、大型但耗时较长、数量较少的 PGC 作品，更多地被用作 IP 的生产，一部优秀的作品，就能跨越多个内容领域，拥有多领域的受众人群。而相对数量众多，小型、轻质、即时的 UGC 作品，可快速通过相应的平台实现快速传播与变现。

然而，数字内容产业快速发展的同时依然存在很多的问题。例如，国内创新的环境不佳，UGC 的大部分作品质量偏低，优秀人才匮乏，并且相对应的政策机制还不是很完善等。这些问题依然需要政府、企业、个人的共同努力来克服。

（一）文化创意

文化产业是指从事文化产品生产、提供文化服务的经营性行为，属于第三产业范畴。博物馆作为文化载体，具有发展文化产业的先天优势。一方面，博物馆承担着以公益为主的社会功能，如文物收藏、展示、文化传播与教育；另一方面，博物馆可以为文化产业运营的各个阶段提供宝贵的文化资源。博物馆文化产业发展蕴藏着巨大的社会经济效益，将博物馆与文化产业有机融合形成博物馆经济，可带来综合社会效益，有效带动区域经济发展和软实力提升。

据国家统计局发布的数据，我国 2016 年文化及相关产业增加值为 30 254 亿元，首次突破 3 万亿元，与 2011 年的 15 516 亿元相比实现翻番（图 3.9）；占 GDP 的比重为 4.07%，首次突破 4%。

图 3.9　2011~2016 年中国文化产业市场规模及同比增长率

资本投入方面，国家统计局资料显示，近年来社会资本对文化产业充满热情，涉及数字创意的文化产业固定资产投资洁跌，2015 年为 2.8 万亿元，2016 年达到 3.2 万亿元，同比增长 14.3%。截至 2016 年底，全国文化及相关产业企业数量达 297.65 万户，注册资本 14.29 万亿元。

营业收入方面，截至 2016 年，全国规模以上文化及相关产业 5 万家企业实现营业收入 8.03 万亿元，比上年增长 7.5%，增速比上年加快 0.6 个百分点。从细分结构看，以"互联网+"为主要形式的文化信息传输服务业营业收入增速最快，达到 5 752 亿元、增长 30.3%。依托博物馆衍生出的博物馆数字创意产业发展势头迅猛，截至 2016 年底，全国登记注册的博物馆已达到 4 873 家，博物馆接待观众 8.5 亿人次，同比增长 8.9%。蓬勃发展的博物馆事业为博物馆文化产业提供了丰厚的资源以及产业融合的有利环境。

文博产业是文化创意应用的重要领域，但是传统的文博行业更多地被认为是一种公益性服务，由国家提供扶持和保障。制约我国文博产业发展的因素较多，主要体现为不成体系、实用性差，数字化建设滞后于整体发展需求。同时，还存在着重硬件轻软件、信息资源零散且共享性差、开发程度和服务质量较低、技术人才短缺等问题。近年来，国内外艺术品拍卖市场繁荣，民间大众收藏火爆，各类国营博物馆、私人博物馆、高校博物馆不断涌现并引起热议，文博行业的产业属性逐渐显现。

数字技术引发的系列变革正在向文博产业迅速扩展，为文博产业带来了颠覆性的变革。当前文博产业多以发展实体文化创意产业为主，与互联网、VR/AR 等信息技术融合，形成数字博物馆，发展虚拟浏览、在线参观是典型趋势。从技术层面看，互联网环境下数字博物馆开发技术相对成熟，互联网公司如百度、腾讯等 IT 巨头也在数字博物馆、文创产品开发领域有所涉及。其中百度百科的数字博物馆已上线 220 家博物馆，收录 1 611 家博物馆，目前已有超过 6 000 万访问量。VR 技术和博物馆的融合，可使观众在足不出户的情况下，身临其境地体验到 3D 环境下的博物馆建筑、博物馆陈列、考古发掘现场等。它不仅能提升观众参观展览的趣味性和参与性，使展示内容具有更高的接受度，也能让人们在认知层面和心理层面上达到良好的接受效果。由于其为博物馆教育和陈列展示带来了较好的体验和感受，自 2016 年以来，VR/AR 技术也为博物馆文化发展提供了新的热点。一个典型项目是故宫博物院推出的端门数字博物馆，利用最新的 VR/AR 和交互技术，采用立体投影、CAVE 系统、VR 眼镜等设备营造了虚实结合的参观体验，实现了故宫文物的全新数字化展示。此外，AI 技术的发展势必会为博物馆文化产业带来新的发展机遇。

为促进博物馆事业发展，发挥博物馆功能，满足公民精神文化需求，提高公民思想道德和科学文化素质，《博物馆条例》于 2015 年 3 月 20 日正式实施，该条例鼓励博物馆挖掘藏品内涵，与文化创意、旅游等产业相结合，开发衍生产品，增强博物馆发展能力。同时，为促进文化产业发展，国内一些博物馆设立了馆属企业，这些企业拥有独立法人资格，使得博物馆文化产品的开发更为方便。中国国家博物馆、故宫博物院、首都博物馆、辽宁省博物馆等许多国家一级博物馆较早实现了这样的运营机制。受众群体结构变化，用户需求提升，加之现代科技在社会各个层面的渗透，让博物馆不得不重新审视顾客体验。无论规模大小，博物馆都趋向于考虑如何通过 VR 技术创造独特的用户体验，以独有的方式欣赏收藏品，使用户获得更加生动直观的观赏感受。总体看来，文博产业链所涉及的专业复合性强，具有产品丰富多样、产业外延丰富、涉及行业广、区域属性强等特点。为满足更加多样化的游客需求，科技与文化的有机融合势在必行。

在全球博物馆市场相对稳定成熟的情况下，我国博物馆产业发展势头突出。美国主题景点协会和国际专业技术与管理咨询服务提供商 Aecom 的经济部门发布的 2016 年《主题公园指数和博物馆指数报告》显示，在排名前 20 的全球最受欢迎的博物馆中，中国共有 4 家博物馆榜上有名，分别是中国国家博物馆、上海科技馆、台北故宫博物院和中国科学技术馆。中国国家博物馆以 755 万的参观人数在全球 TOP20 的博物馆中位列榜首，成为全世界人气最旺、最受欢迎的博物馆。

"十三五"规划明确提出，继续构建文化产业体系，使之在"十三五"末成为国民经济支柱产业，到 2020 年，文化产业将占 GDP 比重 5%以上，文化产业增加值应在 4.5 万亿元以上。加之"一带一路"倡议，博物馆的产业价值不容小觑。以数字博物馆、博物馆文化创意及特色资源类博物馆为主的产业项目潜力巨大。国务院也于 2016 年 3 月 4 日印发《关于进一步加强文物工作的指导意见》，全面部署"十三五"时期文物保护工作。该意见强调，要大力发展文博创意产业，支持引导文博单位和社会资本开发原创文化产品，打造文化创意品牌。当前文博产业处于巨大的战略机遇期，未来发展空间巨大。同时，在当前整个文化创作生产和消费形态都趋于数字化、网络化、智能化的形势下，数字信息新技术的蓬勃发展，正成为文博业经济持续健康发展的新动力，并日益成为支撑传统文博行业转型升级、提质增效的一股关键力量。"文化+科技"的融合发展，将会给文博产业的发展带来新的势能。

（二）内容创作

数字内容包含网络文学、网络游戏、网络动漫、数字视频、数字音乐、互联网广告等多个领域。一般而言，网络文学和网络动漫作品自带的完整世界观设定，使其天生即具有易于改编为其他作品形式的特性，并且改编后的作品也更易于为原有核心用户所支持，形成粉丝经济效应。因此，网络文学和动漫作品逐渐成为影视题材、游戏题材的重要构成，也是整个 IP 生态的核心。

在数字视频和数字音乐领域，正版化的趋势逐渐凸显，逐渐打破了长久以来的盗版困局，培养了用户的付费习惯。同时，数字视频和数字音乐业呈现出三大主要发展趋势：一是移动化，网络视频和音乐用户在移动端的使用时长已经超过 PC（personal computer，个人计算机）端；二是社交化，视频成为塑造用户个人社交形象的重要媒介形式，视频直播成为发展新方向；三是付费化，视频收入结构由以广告为主向广告、会员付费转变。

网络游戏是数字内容产业中规模最大、变现能力最强的领域，在 2016 年产值已经突破 1 700 亿元，占据全球市场份额的四分之一以上，已经成为全球最大的游戏市场。近几年，电子竞技成为网络游戏发展的新方向，成为未来发展的新动力。

网络动漫领域，借助于迅捷的网络传播以及年轻核心用户的成长，二次元动漫逐步从小众亚文化走向大众视野。在核心群体带动下，泛二次元用户不断增多，动漫的影响日益增大。由于二次元动漫本身的营利能力较弱，其最主要的商业化路径是 IP 化运营，促进粉丝消费，二次元和三次元彼此融合，跨次元统合发展。

近几年，百度、阿里巴巴及腾讯（统称为BAT）等互联网巨头积极布局内容产业，也从一定程度上促进了内容产业的蓬勃发展。以腾讯为例，其先后布局游戏、文学、动漫、影视、音乐、资讯、体育等内容业务，构建了腾讯泛娱乐内容矩阵，较好地实现了多产业领域的联动发展（图 3.10）。

游戏
腾讯游戏，2016年营收超过700亿元，全球用户及收入第一

文学
阅文集团，作品储备接近1 000万部，在全中国超过90%的白金作者和大神作家都在阅文平台发布内容，所以阅文平台是中国最大的内容源头，也是中国用户规模最大的网络小说阅读平台

动漫
腾讯动漫，月活跃用户已经超过了9 000万人，是中国动漫领军平台

影视
腾讯视频，腾讯视频的移动端日活跃用户超过1.5亿人，是互联网视频行业领军平台；在影视内容制作方面，有腾讯影业和企鹅影视，也在快速发展

音乐
QQ音乐、酷狗音乐、酷我音乐组成的在线音乐矩阵，月活跃用户已经超过7亿人

资讯
腾讯新闻移动资讯矩阵，每天为超过3亿用户提供及时、可信的资讯内容

体育
作为行业内领先的体育内容平台，全年体育职业赛事直播超过5 000场，体育视频总播放量达到350亿次

图 3.10　腾讯泛娱乐内容矩阵
资料来源：易观智库

1. 网络文学

近年来，网络文学市场规模保持平稳增长，尤其是移动端成为网络文学平台之间竞争的主要战场。网络文学市场用户和市场规模呈持续上升态势，2015 年，网络文学用户达到 3.5 亿人，市场规模达到 70 亿元，2016 年，网络文学用户达到 4.5 亿人，同比增长 28.6%，市场规模达到 100 亿元，同比增长 42.9%（图 3.11）。

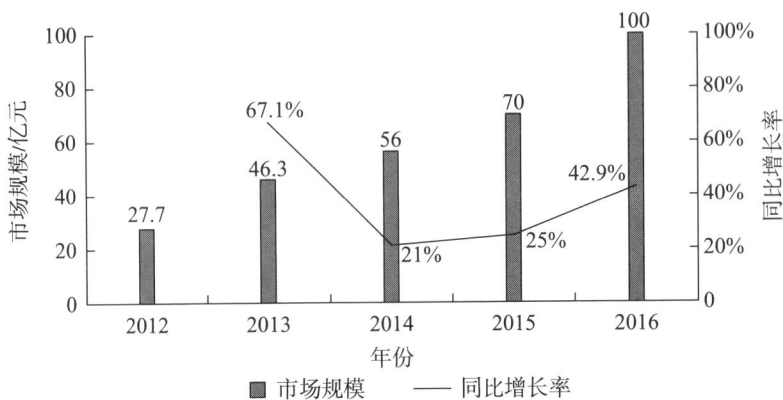

（a）网络文学市场规模走势图及同比增长率

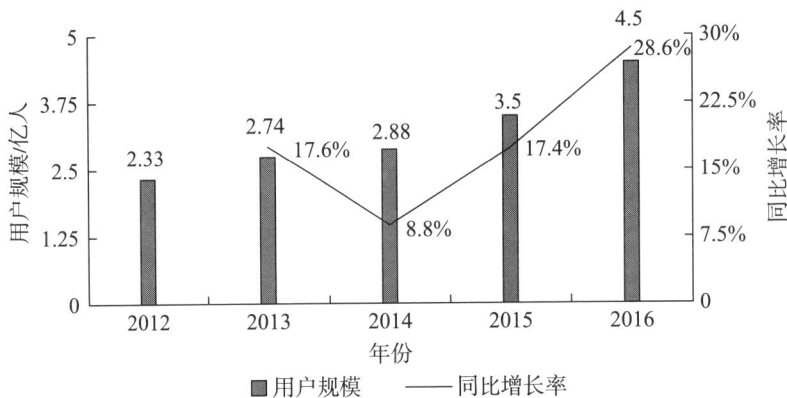

（b）网络文学用户规模走势图及同比增长率

图 3.11　网络文学市场规模及用户规模走势图及同比增长率

　　网络文学的各平台市场格局日渐清晰，主要有腾讯系阅文集团、阿里系阿里文学、百度系百度文学、中文在线、掌阅文学等（图 3.12）。

　　网络文学成为互联网内容产业重要的 IP 来源。据统计，2015 年移动游戏题材有 19.9% 为文学作品；而 2015 年上半年，TOP100 影视作品中有 39.0% 的题材来自网络小说 IP 改编（图 3.13）。随着网络文学成为互联网内容产业最重要的 IP 库，培养、扶持拥有广泛受众的优质内

腾讯系 阅文集团		腾讯泛娱乐战略：打通文学、游戏、动漫、影视业务，形成四大泛娱乐业务矩阵
阿里系 阿里文学		阿里巴巴大文娱版块：阿里影业、合一集团、音乐、体育、UC、游戏、文学、数字娱乐事业部
百度系 百度文学		百度文娱：百度文学、贴吧、百度游戏、百度音乐、百度视频等业务仍独立运营
中文在线		中文在线文娱：推进文学、游戏等业务合作
掌阅文学		基于掌阅文学建立游戏、动漫等业务战略合作

图 3.12 网络文学市场格局

容成为经营者的普遍选择，跨界影游联动代表了网络文学产业未来的发展方向。

（a）2015年移动游戏典型IP类型构成   （b）2015年上半年TOP100影视IP分布情况

图 3.13 2015 年移动游戏典型 IP 类型构成及 2015 年上半年
TOP100 影视 IP 分布情况

2. 网络游戏

2016 全球游戏产业总值 6 473 亿元，同比增长 13%，其中欧洲 1 527 亿元、北美 1 651 亿元、亚太 3 029 亿元、拉丁美洲 266 亿元，中国游戏市场规模 1 789 亿元，占全球市场规模的 28%，首次超越美国成为全球最大的游戏市场（图 3.14）。

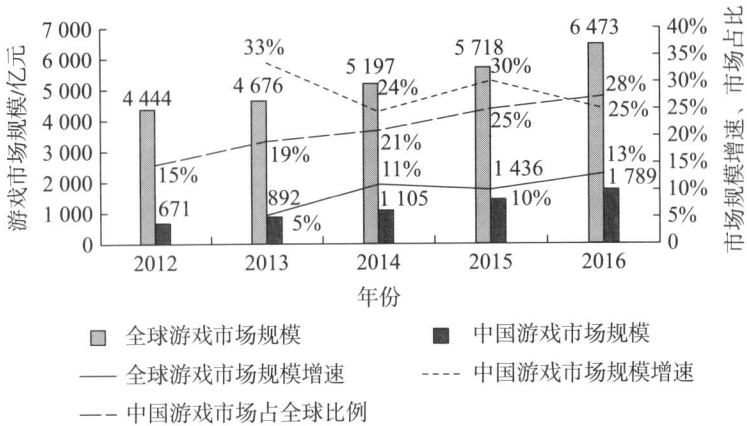

图 3.14 2012~2016 年中外游戏市场规模及增速、占比
资料来源：根据艾瑞咨询《2016 年中国网络游戏行业研究报告》重新生成

2016年国内游戏市场销售收入 1 655.7亿元，同比增长 17.7%，增长率相对上年有所放缓，但销售收入增量保持稳定（图 3.15）；游戏产业中移动游戏产业 2016 年总值 818.2 亿元，占比 49.4%，呈两位数增长，首次超过 PC 游戏；网络游戏市场从 PC 端逐渐向移动端转移，成为游戏产业最大的细分市场；电子竞技类达 504.6 亿元、占游戏业的 30.5%，游戏直播已达 1 亿用户；TOP10 企业游戏总值 357.6亿元，占全国总值的 21.6%；在新游戏投入中，网易与腾讯占51%，移动游戏海外收入占比 63.4%，客户端游戏与网页游戏产值下降 7.7%。2016年移动游戏用户约 5.21 亿人，其中 PC 端游戏用户约 4.8 亿人。移动游戏经过前两年的爆发式增长，人口红利逐步消退，用户规模几乎达到天花板；而由于移动市场的冲击，PC 端游戏用户规模更是出现明显下滑，相比2015年，2016年的用户规模下降了12.9%（图3.16）。"90后""00 后"消费者将是移动游戏市场潜在用户；端游与页游呈萎缩态势，增长率在 6%~7%；移动游戏呈明显增长态势，这一态势趋于平缓；开设游戏专业的高校已有 200 多家，部分高职已开设电子竞技专业；未来国内游戏产业有 60 万人的就业需求。

2016 年以来，我国游戏产业链已完善，游戏产业发展呈现新的

图 3.15　2008~2016 年中国游戏市场实际销售收入及同比增长率
资料来源：中国音像与数字出版协会游戏出版工作委员会

特征：①IP 改编占比最高，其中客户端最出色、影视改编也较突出；IP 战略成发行商突破口，市场竞争 IP 重要性愈发突出，IP 的释放与获取实现运营精细化，多领域布局合作来挖掘 IP 价值成为竞争关键。②从硬件上看，光纤网络和移动 4G 网络的全面普及为网络游戏的发展提供了良好的硬件设施；从需求上看，人民生活水平快速提升，人们对娱乐的需求越来越重；从企业经营来看，游戏泛娱乐化，影视文学动漫游戏化，文娱产业间的跨界联动频繁，拓宽了游戏产业的外延。③游戏业新的增长将在 VR 游戏、电子竞技、游戏直播方面呈明显增长趋势；游戏与媒体融合的加强。④游戏跨界联动的升级与进化，形成游戏业从衍生到深度植入相互导流，尤其是影视与游戏联动更为突出。⑤海外市场明显扩大，音乐类游戏及游戏广告变现能力在增强。⑥2016 年移动游戏业在用户获取方面表现出较强的优势，66 项新款游戏产品市场收入占移动游戏总值的一半。⑦2016 年 5 月国家新闻出版广电总局手游过审施行上线，审批前置严格管控，苹果 Appstore 上传游戏严格管控施行版号管理。⑧2017 年由于游戏艺术性提升，消费市场泛娱乐化发展显现；游戏品类日趋丰富和移动硬件提升，游戏全民化趋势显现；终端游戏与页游产品的移动化，使得手机游戏重度化愈加明显；伴随 PC 游戏平台化、游

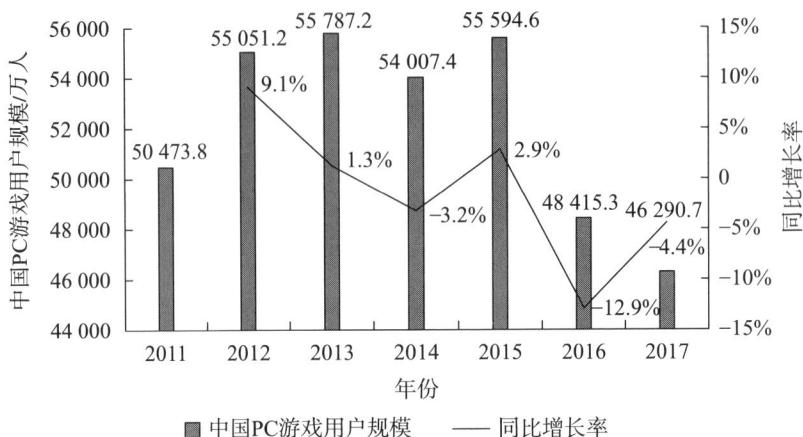

（a）2011~2017 年 iUserTracker 中国 PC 游戏用户规模及同比增长率

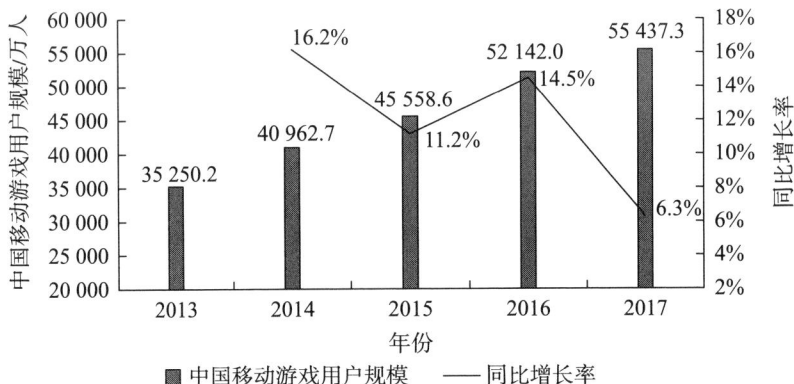

（b）2013~2017 年 mUserTracker 中国移动游戏用户规模及同比增长率

图 3.16　2011~2017 年中国游戏用户市场规模及同比增长率

iUserTracker 表示艾瑞咨询的网络用户连续行为研究产品；mUserTracker
表示艾瑞咨询的移动智能终端用户连续行为研究产品
资料来源：艾瑞咨询《2017 年中国网络游戏行业研究报告》

戏分发社会化，PC 游戏业各自为政的格局将被打破。

3. 网络动漫

2016 年国内动漫产业市场规模达 1 301 亿元，全球占比在 8% 左右，同比增长 15.0%（图 3.17）；2016 年国内动画电影产量票房 23.43 亿元，电视动画产量 11.989 5 万分钟，继续维持动画产量从 2011 年起逐年下降的态势（图 3.18）；2017 年，我国动漫产业总产值达到 1 500 亿元，2021 年可突破 2 300 亿元。当前中国动漫企业约有 4 600 家，从业人数有 22 万人，其中国家认定动漫企业 370 家、重点企业 43 家。二次元动漫产值与用户数量呈明显增长趋势，2017 年用户规模达到 2.5 亿人（图 3.19），覆盖 68% 的 "90 后" "00 后" 人群。

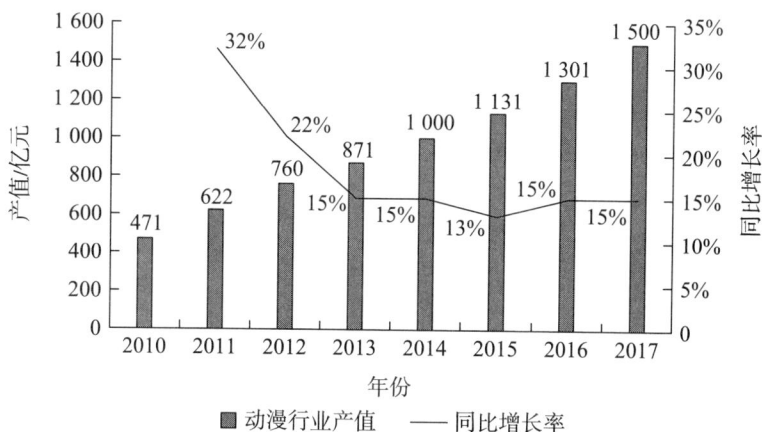

图 3.17　2010~2017 年中国动漫产业总产值及同比增长率
资料来源：中国产业信息网

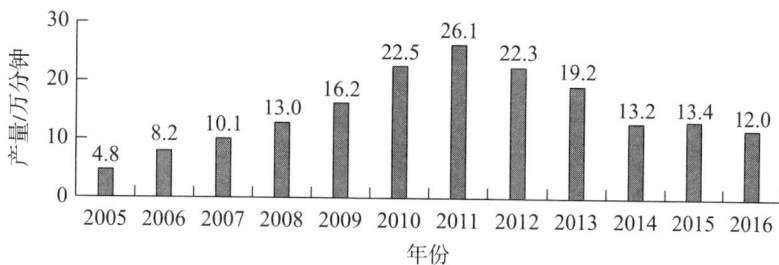

图 3.18　2005~2016 年中国电视动画产量
资料来源：中国动画产业网

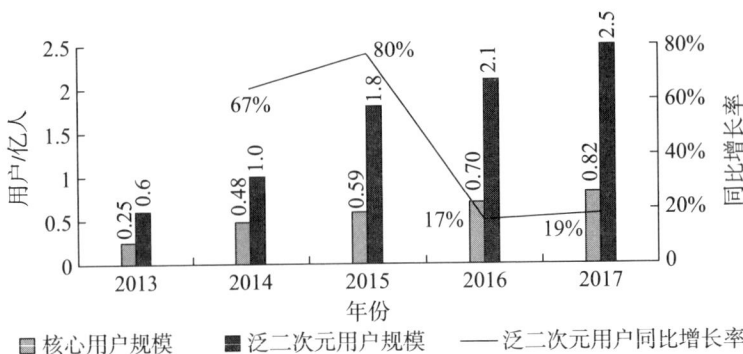

图 3.19　2013~2017 年中国二次元用户市场规模及同比增长率
资料来源：中国产业信息网

2016 年以来，动漫产业发展呈现新的特征：①动漫产业多元发展格局基本形成，业务、产品、品质、市场活力、产业潜能等进入整体结构调整、产业融合和转型升级的关键阶段。②国内动漫产业链基本形成，动漫产业强调"以 IP 为核心"，全面推行"内容为王"的策略，整个产业衍生盈利模式基本形成。③IP 成动漫发展热点，IP 市场化运营成主流。④二次元动漫愈发风靡，"95 后""00 后"人群成为二次元主力军。⑤动画电影创制投资与生产规模显著扩大，动画电影包含的成年观众人数明显增加。⑥伴随年龄的延伸自然增长，动漫呈全龄化发展态势增强。⑦动漫与游戏、影视、出版的相互融合模式基本呈现，表情包与弹幕网络动漫呈显著增长趋势。⑧动漫产业以其强大的创意设计力量和品牌版权价值日渐融入国民经济大循环，个性化、多样性、无边界的动漫文化消费促进动漫产业跨界融合日益强化。⑨动漫衍生产值呈现为动漫核心价值的 3~10 倍，但国内动漫衍生产业发展现状仍然落后于美国和日本。

4. 网络视频

网络视频市场规模持续扩大，移动端用户规模贡献突出。网络视频行业积极与线下影视企业合作，实现优质 IP 内容同步，借力热门 IP 跨界发展，优质内容资源扩大了市场机遇并丰富了变现方式。根据中国互联网络信息中心（China Internet Network Information Center，CNNIC）数据，截至 2016 年 6 月，我国网络视频用户规模达 5.14 亿人，较 2015 年底增加 1 000 万人；网络视频用户使用率为 72.4%。其中，手机网络视频用户规模为 4.40 亿人，与 2015 年底相比增长了 3 514 万人，增长率为 8.7%；手机网络视频使用率为 67.1%，相比 2015 年底增长了 1.7 个百分点。在市场规模方面，仅以广告收入与会员付费计算，网络视频行业从 2012 年的 91.8 亿元快速增长至 521 亿元（图 3.20）。各大主流视频网站积极与各娱乐行业合作，打通相关产业链，打造娱乐生态系统。根据 Analysys 易观千帆监测数据，2016 年 12 月，网络视频各大平台月度活跃用户规模基本保持增长趋势，其中爱奇艺、腾讯视频和优酷月度活跃用户超过 1 亿人，头部优势明显（图 3.21）。

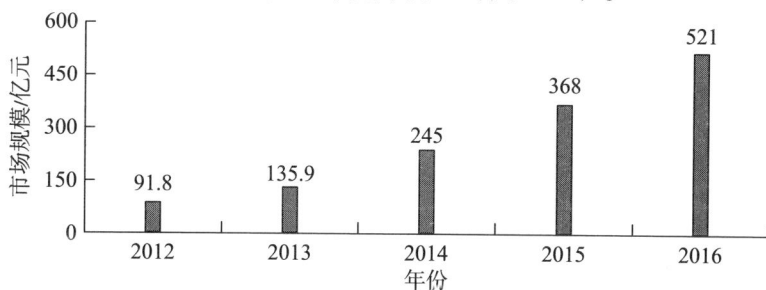

图 3.20　2012~2016 年网络视频行业市场规模

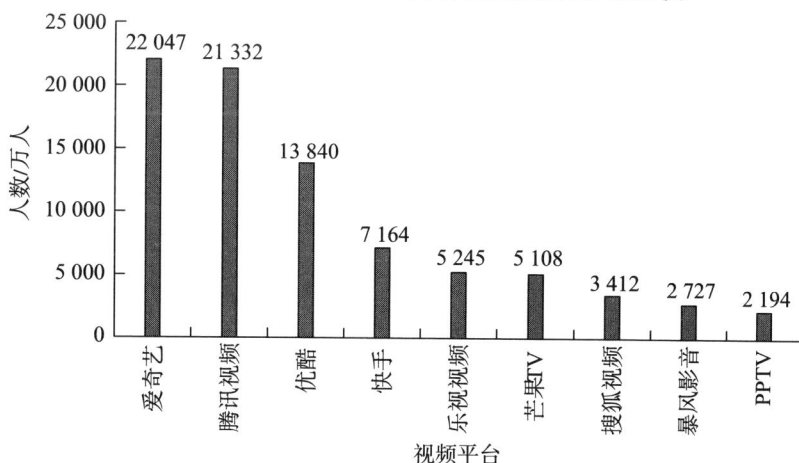

图 3.21　2016 年 12 月主要网络视频平台月度活跃用户规模

在网络视频平台渠道地位不断彰显、内容成为移动端流量入口的背景下，网络视频平台"版权+自制"的比例分配发生着变化，平台通过与专业制作公司加紧合作以及自行搭建内容制作团队的形式，加深与渠道和内容环节的融合程度，通过大力投入提升自制内容数量，实现平台品牌的塑造（表3.1）。

表 3.1 主要网络视频平台 2017 年自制策略

平台	2017 年自制策略
爱奇艺	2017 年内容投入超过 100 亿元，其中自制剧 28 部、自制综艺 38 部
乐视视频	大剧资源中自制内容超过 60%，推出 18 档自制综艺
芒果 TV	推出超过 10 部网络 IP 自制剧
搜狐视频	重点开发自制剧内容；自制综艺重点在网生动漫、喜剧、定制综艺等
腾讯视频	2017 年自制投入是 2016 年的 8 倍。2017 年旗下企鹅影视联合欢瑞世纪共同开发 4 部自制剧，自制综艺推出 20 档
优酷	2017 年自制剧重点在悬疑、玄幻、古装题材，自制综艺将覆盖脱口秀、喜剧、真人秀、亲子类、偶像养成、音乐六大品类

5. 数字音乐

2015 年 7 月 8 日，国家版权局发布《关于责令网络音乐服务商停止未经授权传播音乐作品的通知》，同时启动规范网络音乐版权专项整治行动，要求各网络音乐服务商必须将未经授权的音乐作品全部下架。经过规范整治之后，国内的网络音乐版权问题明显得到改善，直接推动网络音乐行业突破长久以来的盗版困局，有效培养了用户的付费习惯，市场规模进一步提升。

近几年来，数字音乐产业快速发展，市场规模不断扩大，2012年为 45.4 亿元，2016 年达到 152.3 亿元，较上年增长了 20%（图 3.22）。同时得益于各大网络音乐平台的正版黏性和新兴互联网演艺平台的社交吸引力，网络音乐用户规模持续大幅增长，移动音乐用户渗透率继续提升。截至 2016 年 6 月，网络音乐用户规模达到 5.02亿人，较 2015 年底增加 77 万人，占网民总体的 70.8%。其中手机网络音乐用户规模达到 4.43 亿人，较 2015 年底增加 2 706 万人，占手机网民的 67.6%（图 3.23）。

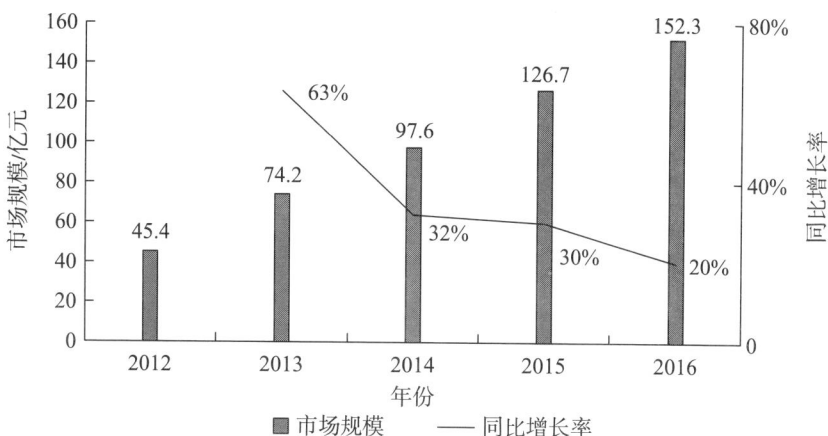

图 3.22　2012~2016 年中国数字音乐整体市场规模及同比增长率

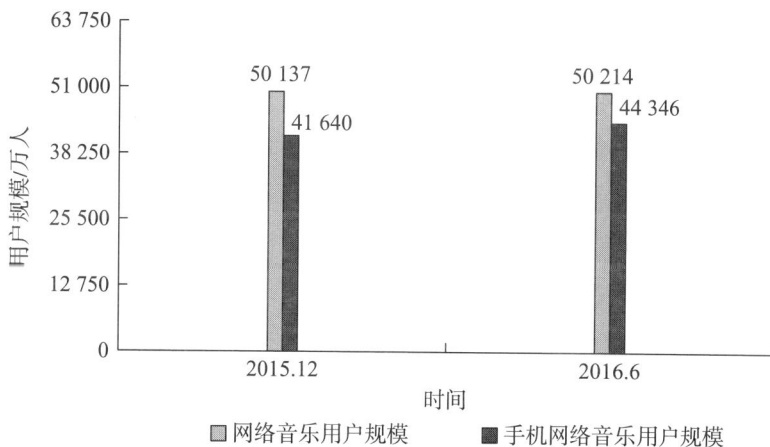

图 3.23　2015 年 12 月和 2016 年 6 月网络音乐/手机网络音乐用户规模

音乐产业的三大盈利模式基本确立，包括在线演艺、粉丝经济、互动式演唱会。

在线演艺即秀场模式，以音乐舞蹈的在线演出为展现形式，依靠高黏性的用户道具付费获得收益，其主要用户群体分布于三、四线城市，用户黏性高，付费意愿强，目前已经成为围绕着音乐产业的最强变现方式。

粉丝经济作为文化娱乐产业的主流商业模式，移植于互联网音乐产业同样适用，经营100%的用户群体，赚其中5%的粉丝的钱是其要义。

互动式演唱会这种模式始于乐视音乐的电视大屏演唱会直播，整场演唱会线上直播入口实现了数十万元的售卖，一时间成为行业的典型案例，也成为被互联网冲击多年之后，第一次实现规模化的内容售卖变现。

6. 互联网广告

2016 年度中国网络广告市场规模达到 2 902.7 亿元，同比增长 32.9%，在电视、广播、杂志、报纸、网络五大媒体广告收入中的占比已达到 68%；同期电视广告收入 1 049.9 亿元，在五大媒体广告收入中的占比接近四分之一。随着网络的进一步普及、数字媒体使用时长增长以及网络视听业务快速增长等因素推动，未来几年，报纸、杂志、电视广告收入将继续下滑，而网络营销收入还将保持较快速度增长。2016年度移动广告市场规模达到 1 750.2 亿元，同比增长率为75%，在网络广告市场中占比 60%，发展势头强劲。移动广告的整体市场增速远远高于网络广告市场增速（图 3.24）。

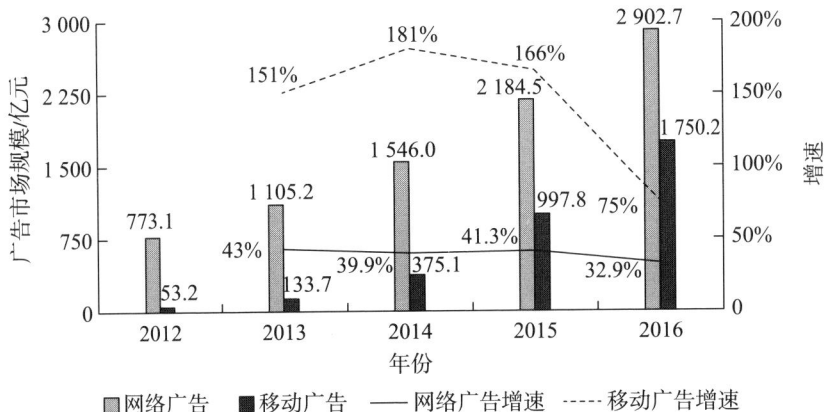

图 3.24　2012~2016 年网络广告市场规模及增速
资料来源：艾瑞咨询

　　在政策方面，国家工商行政管理总局于 2016 年 7 月 4 日发布了《互联网广告管理暂行办法》，界定了互联网广告范围，强化了互联网广告的监察和管理措施，并首次提及了程序化购买。该办法于 2016 年 9 月 1 日起正式施行，并提出"本办法所称互联网广告，是指通过网站、网页、互联网应用程序等互联网媒介，以文字、图片、音频、视频或者其他形式，直接或者间接地推销商品或者服务的商业广告"，其包括以推销商品或者服务为目的的，含有链接的文字、图片或者视频等形式的广告、电子邮件广告、付费搜索广告、商业性展示中的广告以及其他通过互联网媒介推送的商业广告等。

（三）版权利用

　　数字出版业内容提供方有网络文学、图书出版机构和有声机构。运营方则有互联网运营方、线下运营方和第三方服务提供方。近年来由于数字版权内容分发的新技术、新产品、新业态的不断涌现、盈利模式的不断成熟，数字出版行业收入实现了高速发展，增长速度稳居 30% 之上，远远超越了其他行业。中国新闻出版研究院发布的《2016-2017 中国数字出版产业年度报告》显示，2016 年我国数字出版产业总收入 5 720.85 亿元，比 2015 年增长 29.9%。其中互联网广告收入约 2 902 亿元，占整个数字出版收入的 50.7%；移动出版收入约 1 399 亿元，占比 24.4%；网络游戏收入约 827 亿元，占比 14.5%；在线教育收入约 251 亿元，占比 4.4%；网络动漫收入约 155 亿元，占比 2.7%；其他产业（包括互联网期刊、电子书、数字报纸、博客类应用、在线音乐等）收入约 186.85 亿元，占比 3.3%（图 3.25）。

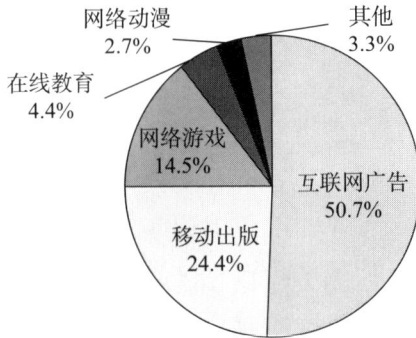

图 3.25　2016 年数字出版业收入构成
资料来源：《2016-2017 中国数字出版产业年度报告》

　　《中国网络版权产业发展报告（2017）》显示，2016 年中国网络核心版权产业的行业规模 5 084.6 亿元，比 2015 年增长了 31.3%。其中，网络广告产业规模达到 2 486.2 亿元，占比 49%；网络游戏产业规模达 1 827.4 亿元，占比 36%；网络视频产业规模达到 521 亿元，占比 10%；网络音乐产业规模 150 亿元，占比 3%；网络文学产业规模 100 亿元，占比 2%。从这些数据可以看出，在我国版权保护生态环境不断改善的前提下，中国网络核心版权产业规模正在大幅增长，已经成为中国经济增长的新动能（图 3.26）。

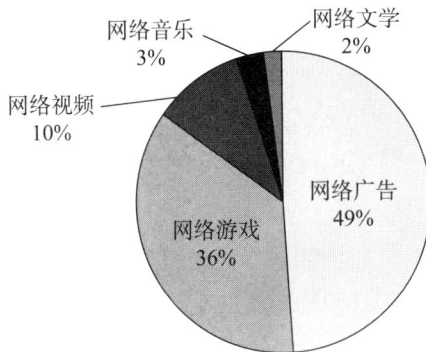

图 3.26　2016 年网络版权产业规模构成
资料来源：《中国网络版权产业发展报告（2017）》

　　值得说明的是，《中国网络版权产业发展报告（2017）》是遵照

WIPO（World Intellectual Property Organization，世界知识产权组织）指南和分类方法，将网络核心版权产业划分为五个子类别，即网络游戏软件、网络文学作品、网络广告服务、网络视频、网络音乐演艺。并且，因为网络核心版权产业处于早期发展阶段，盈利模式尚在摸索，该报告是以产业行业规模即产业内各企业的营收规模总计，来替代 WIPO 指南中的行业增加规模，以更准确地反映产业的当前面貌。

《中国网络版权产业发展报告（2017）》显示，在 2006~2016 年的 11 年间，我国网络核心版权产业行业规模从 2006 年的 163.8 亿元增长到 2016 年的 5 086.9 亿元，年增长率保持在 30%以上，产业规模增长超过了 30 倍，形成了泛娱乐等跨界版权运营的独特商业模式，并且带动了智能硬件、线下 IP 授权开发等实体经济转型升级。由此可以看出，中国网络核心版权产业规模大幅增长，已经成为中国经济增长的新动能（图 3.27）。

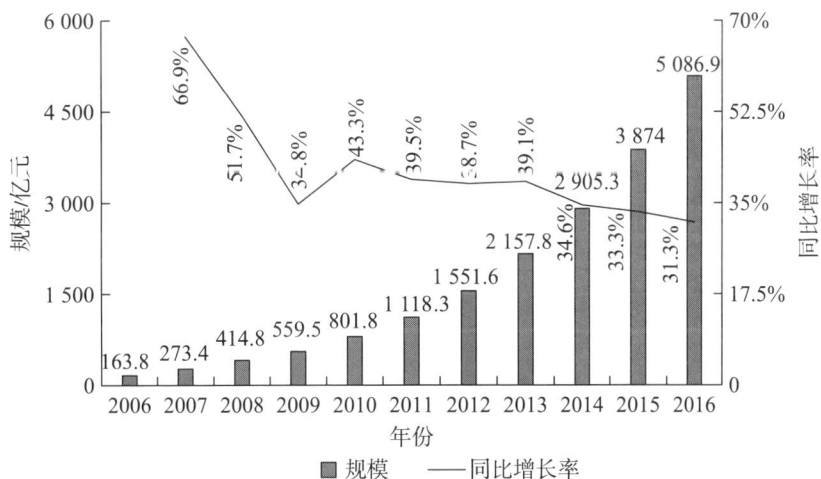

图 3.27　2006~2016 年网络核心版权产业规模及同比增长率

2013 年国务院下发的《国务院关于促进信息消费扩大内需的若干意见》中，着重强调了大力发展数字出版等新兴文化产业，促进数字文化内容消费，提升文化产品的制作传播能力，鼓励提供健康向上的信息内容。在国家"十三五"规划纲要中，也明确提出加快发展数字出版等新兴产业。2016 年 12 月 27 日首个全民阅读的国家级五年规划《全民阅读"十三五"时期发展规划》出台，进一步激发了数字阅读的市场活力，激发了数字出版的热情。

尽管国家先后出台了《关于推动传统媒体和新兴媒体融合发展的指导意见》《关于推动新闻出版业数字化转型升级的指导意见》《关于推动传统出版和新兴出版融合发展的指导意见》等推动数字出版业发展的政策和文件，但从 2016 年的数据来看，互联网期刊、电子图书、数字报纸收入总数为 78.5 亿元，这些传统出版的数字化的收入比 2015 年增长了 5.44%，其在数字出版收入中所占比例为 1.37%，与 2015 年相比有所下降。传统出版物的数字化收入虽然总量有所增加，但在整个数字出版收入中所占比例有所下降，这说明传统出版物数字化收入低于数字出版其他的增长速度，出版单位在数字化转型升级、融合发展方面仍不尽如人意，需要加大改革创新力度。

三、融合渗透领域

（一）玩具业

1. 产业发展现状

中国是一个玩具生产大国，据估计，全球约 80% 的玩具在中国生产。最重要的玩具生产和出口基地是"五省一市"：广东、江苏、上海、山东、浙江和福建。广东又是中国的玩具大省，玩具生产主要集中在深圳、东莞、广州、汕头、佛山等地。但是，中国玩具业大部分的出口是为国外品牌加工生产，创新设计水平薄弱。2015 年我国玩具市场销售额达到 102.5 亿美元，玩具出货量全球第一。尽管面临外需市场增速放缓、国内生产成本上升、人民币汇率变化等诸多压力，但从相关数据来看，我国玩具业市场规模一直稳步上升，市场增长率也明显快于全球玩具市场增长率（图 3.28 和图 3.29）。

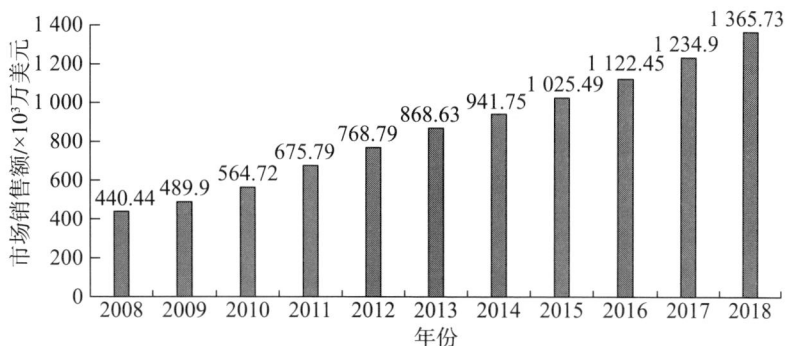

图 3.28　中国玩具市场销售额规模走势
资料来源：中国产业信息网

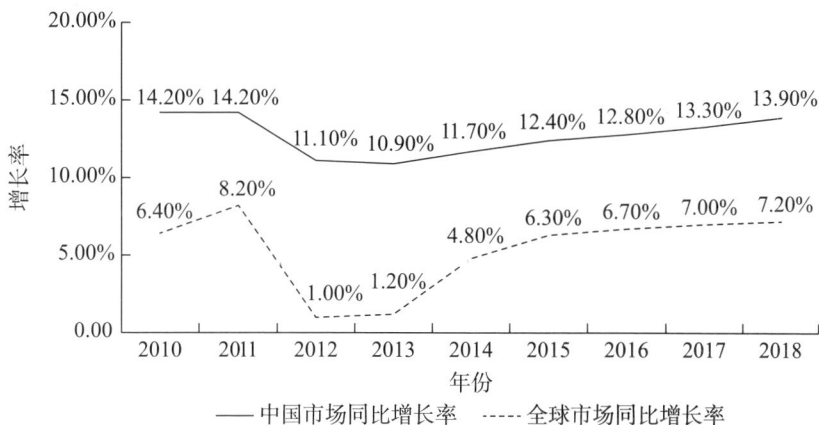

图 3.29　中国玩具市场增长率及全球玩具市场增长率走势
资料来源：中国产业信息网

"十三五"期间，三大因素合力助推国内玩具行业发展：第一，随着中国经济的稳步发展，城乡居民收入不断提升，消费能力逐渐加强，在玩具消费上也会有相应的增加；第二，第四次婴儿潮的到来以及二胎政策的放开，为玩具行业提供了很好的消费者基础人群；第三，当前国内家庭玩具消费尚处于较低水平，和成熟的玩具市场以及部分新兴市场相比仍有很大的提升空间。

2. 产业发展特征

玩具产业链一般由材料制造开始，到玩具设计再到玩具制造，最后通过玩具批发零售商到达消费者。玩具从材质上可分为传统材料和新型材料。传统材料有陶瓷、橡胶、塑料、毛绒等；新型材料有信息材料、生物材料、纳米材料、稀土材料等。玩具设计主要有研发设计驱动和内容 IP 驱动两种产业链价值模式。研发设计驱动的玩具产业价值链以乐高企业等为典型。内容 IP 驱动的玩具产业价值链是由动漫衍生品产业向上游动漫影视产业拓展逐步建立起品牌优势，再利用动漫品牌推动下游动漫衍生产业及周边产业发展，从而建立起完整的动漫产业体系，是一种逆产业链的扩张的发展模式，其以万代、孩之宝、迪士尼等企业为典型。但是，绝大多数的中国玩具制造业具有小、散、低的特点，仍以贴牌生产经营模式为主，在价值链中局限在制造加工环节，依赖性和局限性十分明显。

随着信息时代的发展，玩具产业也呈现出新的趋势：①个性化定制，如 MakieLab、亚马逊等；②社交 IP 形象，如 Line Friend、QQ Family 等；③Stem 教育，如 Lego Boost、Fisher-Price 等；④可穿戴式，如迪士尼的 Playmation 等；⑤3D 打印，如 Blokko、Moyupi、FabZat 等；⑥VR 技术，如美泰与谷歌的合作、小米等；⑦AR 技术，如 Crayola&Daqr、口袋动物园等；⑧AI，如 Elemental Path、Toy Talk 等；⑨O2O 玩具租赁平台，如 Pley、玩具超人等（图 3.30）。

目前，国内玩具产业不足以与欧洲、美国、日本竞争。虽然中国的玩具制造水平已经达到全球领先水平，但是，中国玩具业也存在着若干劣势，如缺少大 IP 支持、缺乏玩具的整体运作思路、设计人员匮乏、自主品牌少等。制造只是玩具产业链的底层环节，而获得成功的都是像美泰、孩之宝这种掌握大量 IP 的巨头。因此，提升创新设计水平，拓展业务至上游 IP 开发端，才是中国玩具业发展的关键。

图 3.30　国际著名的玩具品牌

（二）旅游业

旅游产业作为全球经济产业中最具活力的"朝阳产业"，日渐成为我国国民经济发展的重要力量。旅游业作为一个产业集群，对相关产业起到带头作用。除了具有鲜明的营利性质，旅游产业还包括了许多发展旅游所必需的社会非营利因素，如文化教育、博物馆、古迹遗址等。以文化作为相互关联的枢纽，旅游与文博结合形成了自然的产业概念延伸，即文化旅游。文博产业能够成为发展文化旅游的一个亮点，为旅游提供源源不断的文化资源和产品创意。借助旅游的平台市场，可以更好地传播文化元素，实现对文化遗产的保护和再创造。从而使二者建立起真正的良性互动关系，实现高品位的文化旅游资源组合。

2017 年是实施"十三五"规划的重要一年，也是推进供给侧结构性改革的深化之年。我国旅游市场规模稳步扩大，继续领跑宏观经济。酒店、旅游度假产品、景区门票、机票、社交媒体、租车等快速实现在线化，在线旅游度假产品、在线度假租赁、旅游网络购物、在线租车平台等快速生长，中国的旅游市场迎来了爆发式增长。

2017 年 11 月 8 日，国家旅游局数据中心发布了《2016 年中国旅游业统计公报》。该公报指出，2016年实现旅游业总收入 4.69万亿元，同比增长13.6%。在线旅游发展十分迅速，代替传统旅游成为未来发展的主要领域。2016年在线旅游市场交易规模 5 934.6 亿元，增长率34.0%，线上渗透率12.1%，对 GDP 的贡献达到6.3%。在线旅游已完全代替传统旅游成为市场主流，同时也进一步促进在线交通的发展。2016年，在在线旅游领域，携程旅游网和去哪儿网居于市场领先地位，交易规模分别为2 636.2亿元和1 345.1亿元，两者加起来的市场份额超过在线旅游市场总额的一半。同时，以大数据UGC为特色的马蜂窝，为用户精准推荐旅游产品，提升用户体验，也获得了很多用户。

2017 年上半年，文化部下发《文化部关于推动数字文化产业创新发展的指导意见》。该意见提出，数字文化产业以文化创意内容为核心，依托数字创意技术进行创作、生产、传播和服务，呈现技术更迭快、生产数字化、传播网络化、消费个性化等特点，有利于培育新供给、促进新消费。当前，数字文化产业已成为文化产业发展的重点领域和数字经济的重要组成部分。作为与数字创意产业紧密结合的旅游业，也在大好形势下蓬勃发展。

当前旅游产业的产业图谱比较系统和完整。由海航旅游、万达集团组成旅游产业上游综合性企业，如家、首旅等组成上游住宿资源，航空公司、铁路公司组成上游交通资源，宋城、方特等组成上游景区资源。在旅游产品组合分销阶段，由港中旅、中青旅等比较传统的旅行社组成现在分销渠道，由易行天下、旅游圈等组成B2B平台、由途牛、驴妈妈旅游、携程等组成OTA类B2C平台，由去哪儿、马蜂窝、飞猪等组成非 OTA（online travel agency，在线旅行社）类 B2C 平台，而在产业下游，一方面有马蜂窝、穷游等 UGC 平台和如约伴、走呗等社交媒体，另一方面，传统媒体如门户网站、搜索引擎等也有营销，当然还包括景区的直销。

数字创意技术与文化创意对旅游业的发展作用日益增大。

1. VR 技术的发展使得旅游的内容更加丰富

近几年 VR 技术的发展，使旅游的内容更加丰富，成为旅游业发展的又一新模式。国内许多景区目前已在尝试利用 VR 技术，并结合当地景区特色来实现旅游多样化，如海南海口的火山口森林公园就计划建设全景式 VR 火山森林灯光秀来弥补景区夜晚没有旅游体验项目的缺陷；走在 VR 旅游发展行列前沿的企业有赞那度、空空旅行、到此一游等平台，它们将 VR 旅游作为一种营销方式，通过自主拍摄的旅游目的地全景宣传视频向用户提供旅前体验服务；国内某些景区已经开始利用 VR 技术与设备培训新导游，同时导游也可以利用 VR 技术来改善自己的服务；在主题公园方面，VR 技术提供了更有趣且趋近真实的体验场景，为前来主题公园寻求刺激或者乐趣的人提供了更新奇的体验，同时也给没有能力购买昂贵 VR 设备的普通民众提供了一次体验机会（图 3.31）。

图 3.31　VR 技术使旅游的内容更加丰富

2. 大数据技术推动精准营销

随着近年计算机技术的不断发展，"智慧旅游"逐渐出现在人民群众的生活中，大数据成为智慧旅游的核心技术，大数据将分散的数据孤岛串联起来，是精准营销和精准运营的保障。例如，马蜂窝利用大数据结构内容，为个性化交易提供指导；九寨沟等景区利用大数据预测高峰流量，合理分配运营资源。

3. AI 技术助力旅游业发展

AI 技术突飞猛进，也在旅游行业大规模应用，现在主要的应用领域主要集中在客服的人机交互上，从而降低了行业的运营成本。例如，飞猪通过"店小蜜"辅助平台商家客服运营；携程四成的机票预订客服请求是通过机器人完成的。信用系统基于真实信息和交易状况对个人偿付能力进行测评，形成产品化解决方案，为共享经济、签证服务等旅游交易提供信用保障，简化交易流程，提升交易效率。例如，飞猪通过芝麻信用简化签证办理和酒店入住等流程；蚂蚁短租通过信用体系免收租房押金。智能设施也大量运用在旅游领域，尤其是以景区为代表，电子闸门和监控系统为景区积累运营数据，实时调控奠定基础，并为大数据应用积累底层数据。例如，国家旅游产业运行监测与应急指挥平台于 2016 年 10 月启动。直连在 2016 年也成为新模式频繁出现，它体现了供应链两端合作模式的改变，代理商从独占渠道的定位退出，将更多的资源分享给供应商，并推动供应商与用户直接对接，实现三赢的平衡，为供应链合作提供新选择。例如，携程与汉莎航空达成系统直连；众荟和石基信息达成战略合作，共同推动酒店与在线平台的直连。

4. 共享经济模式为旅游业带来新的发展空间

共享经济成为未来旅游业发展的重要趋势，在各个领域都有发展前景。在交通领域，滴滴打车等网约车平台大大丰富了新的出行方式，一方面，大大提高了闲置车辆的利用率，另一方面，大大提高了人们旅游的自由度；在住宿领域，Airbnb（爱彼迎）等平台也为旅游住宿增加了新的选项，一方面，大大提高了闲置房屋资源的利用率，另一方面，也让用户的住宿体验大幅增加（图 3.32）。

图 3.32　共享经济模式为旅游业带来新的发展空间

　　旅游作为一个具有高度包容性的产业，与其他产业融合发展也成为重要趋势。乡村旅游、工业旅游、商务旅游、文化旅游、科技旅游、研学旅游、养生旅游、医疗健康旅游、科考探险旅游、邮轮游艇旅游、低空飞行旅游等，在发展旅游业的同时，也促进了当地文化、科技等其他产业的发展。但是，旅游产业当前依然存在许多问题。就我国旅游业来看，城乡区域发展差距、东中西部地区发展差距依然明显，与优质旅游的整体发展要求不相适应。并且在线旅游用户大多分布在一、二线城市，三线及三线以下的城市渗透率较低。一、二线城市竞争激烈，未来可以在渠道下沉方面加大力度，着力布局三线及三线以下的城市，为我国在线旅游发展提供新的市场空间，使在线旅游覆盖面更广，惠及更多的用户。

（三）体育健康业

1. 产业发展现状

我国体育产业规模体量庞大，从 2006 年到 2015 年的 10 年间，产业规模及产业增加值持续稳步上升（图 3.33）。2015 年，我国体育人口达 4 亿人，体育行业总产值为 1.7 万亿元，实现增加值 4 737 亿元，同比增长率 17.2%，占当年 GDP 的 0.70%，其中体育用品占比近 79%，体育服务占比近 21%。在体育产业结构方面，美国体育产业竞技赛事占比24.8%，健身户外占比 30.8%，体育用品占比 26%，体育产业结构比较科学完善。2025 年，我国体育人口预计将达到 5 亿人，体育行业总产值预计将达到 3 万亿元，体育行业增加值GDP占比预计达到 2%，体育服务业占比预计将超过 55%（表 3.2）。

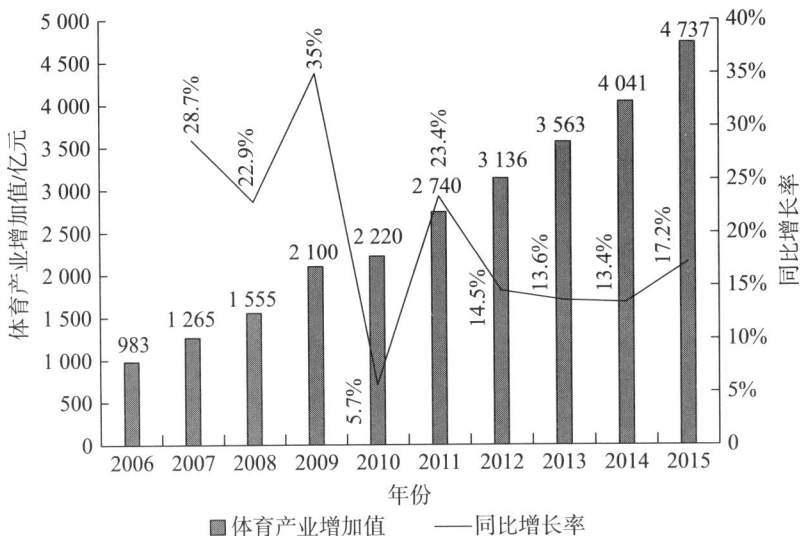

图 3.33　2006~2015 年我国体育产业增加值及同比增长率

表 3.2　我国体育产业发展态势

年份	2010	2015	2020	2025
体育人口/亿人	3.5	4	4.35	5

续表

年份	2010	2015	2020	2025
体育行业总产值/万亿元	0.22	1.7	3	5
体育行业增加值 GDP 占比	0.5%	0.7%	1%	2%
体育服务业占比	12.4%	21%	>30%	>55%

　　《全民健身计划（2011—2015 年）》实施效果评估报告显示，截至 2014 年底，中国"经常参加体育锻炼人"的人数比例已达 33.9%。我国拥有一个基础庞大且潜力十足的体育产业市场，各大体育项目不同程度吸引着各类运动的赛事观众和参与爱好者；同时在互联网技术红利的带动下，互联网体育人口迅速崛起。然而，虽然中国体育人口的体育消费水平在逐年提升，但从结构来看，更加集中于体育用品的消费，服务付费仍然处于培养期（图 3.34）。我国体育产业虽然发展十分迅速，但是也存在许多急需解决的问题，如管理体制改革需要深化，公共服务水平不高，竞技体育布局不够合理，产业结构占比不平衡，体育文化的贡献率较低，等等。

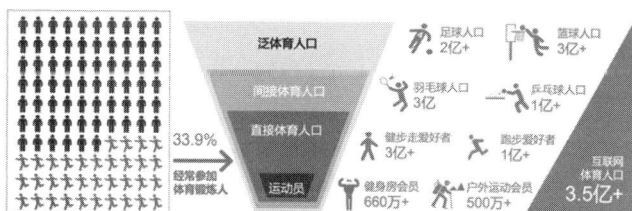

图 3.34　2017 中国体育人口规模、构成及消费现状
"+"代表人口规模超过
资料来源：艾瑞咨询

　　体育产业图谱比较系统和完善。由皇马俱乐部和恒大俱乐部等著名俱乐部组成的职业运动俱乐部和包括美国男子职业篮球联赛（National Basketball Association，NBA）、欧冠赛等在内的职业赛事 IP 组成了体育产业的上游，由包括华体集团、佳兆业集团、华熙国际等在内的体育场馆服务、包括万达赛事和腾讯体育等在内的赛事运营

和包括新浪体育、搜狐体育、乐视体育等在内的体育传播、媒体和社区平台组成了体育产业的中游，而体育产业的下游则由赛事票务、体育旅游、体育博彩、体育游戏和体育电商等不同领域组成。另外，近几年，民间/大众赛事 IP 也逐渐受到大众的欢迎，智能运动产品和健身管理类 App 也因为"互联网+体育"而变得流行起来。同时运动O2O 社交也成为新的社交方式。

国家政策助力体育产业发展。《全民健身计划（2016—2020年）》提出，到 2020 年，经常参加体育锻炼的人数达到 4.35 亿，体育消费总规模达到 1.5 万亿元。《竞技体育"十三五"规划》提出以足球改革为突破口，提升足、篮、排三大球发展水平，巩固和扩大优势项目，挖掘潜在优势项目增长点。进一步转变职能，深化单项体育协会改革，管办分离，提高公共服务能力。水上运动、冰雪运动、航空运动、山地户外运动，四大新兴领域成为实现体育产业"十三五"目标的关键。

《体育产业发展"十三五"规划》中提出，"十三五"期间要实现产业总量进一步增长，体育产业总规模超过 3 万亿元，产业增加值占 GDP 的比重达 1.0%；产业体系进一步完善，体育服务业增加值占比超过 30%。

健康产业在我国是一个新兴产业，发展潜力巨大。但我国健康产业的发展步伐较慢，还存在产业体系不完善、产业链较短、产业资源城乡分布不均、缺乏专业人才等问题。2013年，我国健康服务业仅占GDP 的 5%左右，而美国 2009 年已达到 17.6%。这表明在保证基本医疗卫生需求的基础上，人民群众正迫切期待多元化的健康服务供给，我国健康服务产业具备巨大发展潜力。2013年10月，国务院印发的《国务院关于促进健康服务业发展的若干意见》指出，到 2020 年，我国健康服务业规模将达到 8 万亿元，占 GDP 比重将达到 6.5%，而另一项数据显示，截至 2012 年底，我国医药产业总资产还不到 1.7 万亿元。随着"十三五"规划、"健康中国"战略的提出，医疗健康产业正被越来越多的人关注。从全球范围看，医疗健康产业正处于快速发展阶段。而随着我国经济水平的不断提高，广大民众对医疗健康的重视程度也日渐提升，中国的医疗健康产业开始进入高速发展时期。

2. 产业发展特征

近几年，随着互联网与各行各业的融合日渐加深，互联网体育发展迅速。互联网给体育服务行业带来重大变革，诞生出更多新型的体育服务模式，促使体育用户群体产生更多商业价值点，为进一步提升体育服务的占比提供了新的发展模式。

体育赛事 IP 成为重点发展方向。苏宁、腾讯、新浪等企业纷纷布局体育产业，购买国际著名赛事的版权，获得体育爱好者的青睐。自主商业赛事也慢慢发展起来，如昆仑决，是中国首个体育赛事版权国际输出的成功案例。商业版图涵盖赛事运营、场馆、俱乐部、游戏、线上社区等。另外，中国乒乓球队联手腾讯体育将国兵直通赛打造成"地表最强 12 人"赛，是传统精品赛事+互联网时尚化包装的成功案例。充分利用赛事 IP 价值，能够推动体育产业跨界发展。

电子竞技成为数字与体育结合的新兴领域，发展十分迅速，电竞赛事数量迅速提升，电竞直播快速兴起，移动电竞也开始逐渐兴起。电子竞技存在 IP 培养快、变现周期短、用户规模大、潜在需求大、用户黏性强的特点，但同时也存在社会认可度低、知识产权意识弱、赛事体系未成熟、缺少专业人才、用户消费力待提升的问题。

大众健身领域，2016 年马拉松、越野跑、趣味跑等各种路跑赛事大幅增加，参与运动健身的人数也不断增多。跑步、骑行等运动形式具有广泛的群众基础，大众参与度很高，商业化的潜力十分巨大；足球、篮球等在赛事组织、明星培养、媒体传播、衍生品销售等方面市场化程度相对较高（图 3.35）。马拉松是国际上普及度最高的长跑项目，2013 年以来，我国马拉松赛事增长迅速，2016 年在中国田径协会注册备案的马拉松及相关运动赛事达到 328 场，同比增长 144.8%。在报名人数和参赛人数方面，2015 年，上海马拉松赛事报名与参赛人数分别达到了126 789人和 35 000 人，参赛率27.6%，广州马拉松和杭州马拉松等赛事也呈现出较高的热度（图 3.36）。

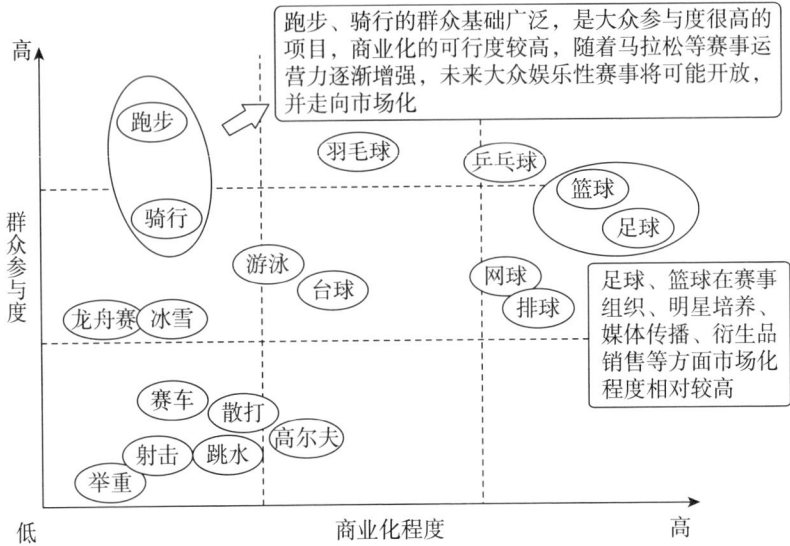

图 3.35　中国体育项目商业化程度与群众参与度分布图

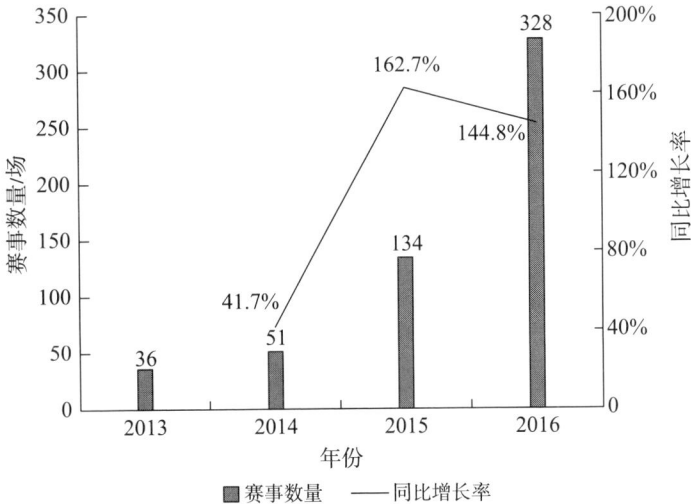

（a）2013~2016 年中国马拉松赛事规模

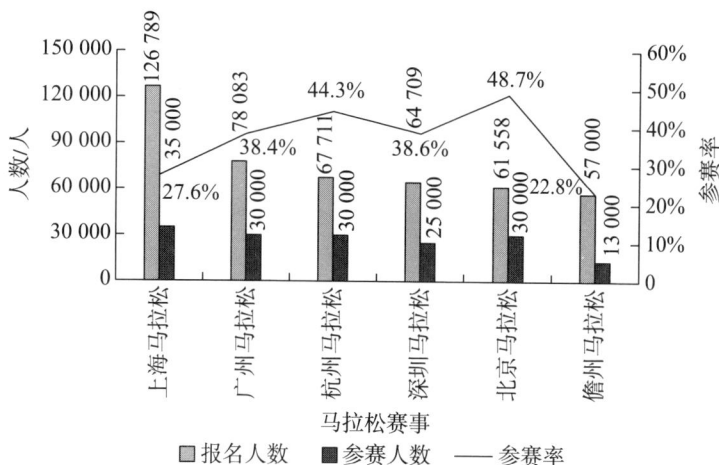

（b）2015 年国内马拉松赛事报名与参赛人数对比

图 3.36　2013~2016 年中国马拉松赛事规模以及 2015 年国内
马拉松赛事报名与参赛人数对比
资料来源：Analysys 易观《中国体育市场年度综合分析 2017》

　　近年来，伴随着经济稳步增长，体育与科技、文化、医疗、养老、会展等相关行业日益融合，体育产业的内涵和外延不断地丰富和拓展，体育服务贸易、体育康复等新型业态层出不穷。体育产业正体现出多面性、混合性和包容性等特点。其中体育旅游是未来发展的重要方向，随着国内优质赛事的不断增加，观赛旅游和参赛旅游的用户需求也不断上升，加上大众赛事的兴起和户外休闲体育活动的类型不断增多，以体育为主要特色的旅游形式受到大家的喜爱。

　　在健康产业方面，政策红利密集出台，"健康中国"被写入"十三五"规划相关议题，并上升为国家战略。2016 年 8 月 8 日，国务院正式印发《"十三五"国家科技创新规划》，将健康保障列为"科技创新 2030—重大项目"。围绕健康中国建设需求，重点部署精准医学、医疗器械国产化、智慧医疗、主动健康等关键技术领域。我国庞大的人口总量和社会日趋老龄化也为健康产业提供了极具潜力的市场，而新一代信息技术、互联网应用的普及以及生命科学领域研究和临床应用等的不断突破，则在提升医疗水平和健康管理能力、提供技术保障的同时也给健康产业带来新的变革，医疗器械、养老服务、医药电商和移动医疗等产业迎来新的发展机遇。

（四）时尚服饰业

中国服装市场迅速增长，由 2011 年的 7 966 亿元增加至 2015 年的 14 150 亿元，期内复合年增长率为 15.4%，预计中国服装市场的零售额于 2020 年将达 27 543 亿元。中国服装与时尚市场的四大销售渠道为购物中心、百货公司、专卖店及网上平台。Analysys 易观发布的《中国 B2C 市场季度监测分析 2017 年第二季度》数据显示，2017 年第二季度，中国 B2C 市场服装交易规模达 3 077.4 亿元，同比增长 47.3%（图 3.37）。

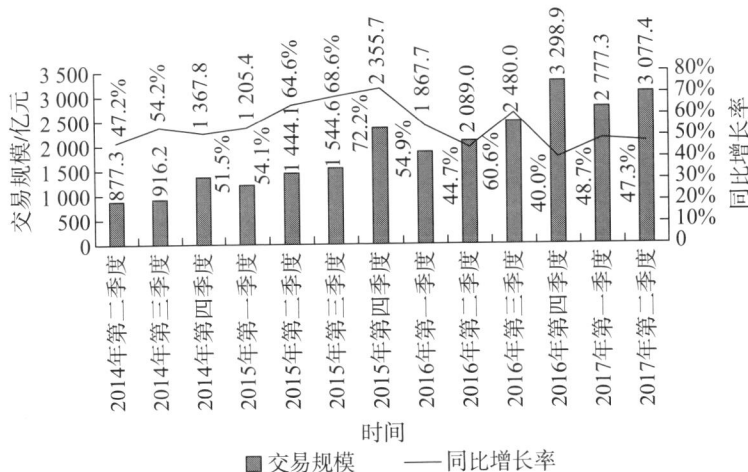

图 3.37　2014 年第二季度至 2017 年第二季度中国 B2C 市场
服装服饰品类交易规模及同比增长率
资料来源：Analysys 易观《中国 B2C 市场季度监测分析 2017 年第二季度》

服装与时尚产业价值链条包括纺织相关技术研发、原料处理、产品设计、加工生产、成品销售等主要过程。据行业统计，全球服装与时尚价值链条上的利润分配比例为：设计研发占 40%，营销占 50%，生产占 10%。从比例来看，数字创意所在的设计研发处于服装与时尚价值链的高端，加强数字创意设计的发展对于中国服装与时尚行业来说至关重要，因为目前中国的服装与时尚行业还未真正进入国际市场竞争中，目前中国服装与时尚行业主要还是以代工或是模仿跟随为主要生存方式。部分成长起来的品牌生产商以代工厂经营自有品牌（own branding & manufacturing，OBM），如美特斯·邦威、森马、雅戈尔、彬彬等品牌，虽然在国内市场控制服装价值链，但是与全球价值链存在较大距离。

服装与时尚产业链是消费者驱动型的。近年来，中国互联网电商的快速发展为中国服装与时尚产业带来了新的契机，越来越多的自主品牌、独立设计师通过创新研发+互联网的方式快速成长，如韩都衣舍、361 度等。

1. 新趋势及典型技术、企业

2016 年 9 月 28 日工业和信息化部正式发布了《纺织工业"十三五"发展规划》，中国服装行业正式迈进智能化、数字化的转型进程。中国服装与时尚产业通过融入数字创意，实现了增长迅速，主要呈现以下四个趋势。

1）个性化柔性制造：数字高级时装定制

个性定制正在颠覆千篇一律的同质化产品，推动整个产业生产方式、交换方式的革命性变革。有数据显示，2016 年我国私人定制服装市场规模 1 022 亿元，预计 2020 年将达到 2 000 亿元。新的数字高级时装定制是利用手机 App 里面的追踪技术来根据用户所处的位置、活动、当地天气等信息设计出最合适的衣服，也能根据用户的生活方式和喜好，为他们定制服装。服装生产中的人体测量、体型分析、款式选择、服装设计、服装定购、服装生产等各个环节都要依赖数据分析。

2）服装时尚产业智能制造工程

服装 PDM（product data management，产品数据管理）系统，不仅实现了对板房的服装 CAD（computer aided design，计算机辅助设计）文件数字化、工艺开发数字化、版单开发的数字化管理，同时有效协助产品的制版、工艺、版单的信息处理与管理，使服装产业制造工程全面智能化，以数字信息化为手段，整合并优化产业链，全面提升企业的综合竞争实力，以此带动整个产业的升级。

3）"互联网+智能制造+智慧物流"引领个性定制新风潮

目前，"智能化转型"成为服装行业追求的新方案。通过"互联网+智能制造+智慧物流"的无缝连接闭环，打通服装行业智能制造的完整链条，引领个性定制新风潮。以往需要量体师手工测量的三维数据，现在只需往 3D 智能扫描仪上一站，两秒便可以收集人体 200 多项数据，而且量体地点可根据实际位置就近选择。更加方便的是，消费者可自行选择线上或者线下试衣。通过 3D 人模，魔镜试衣系统可以展示各种款式衣服穿在顾客身上的效果。尤其值得一提的是，该"智能化转型"所生成的方案都建立在海量的数据基础上，根据测量识别的体型、脸型、肤色等特征，自动检索出适合消费者的搭配风格，款式数据和工艺数据囊括了各种流行元素，能满足消费者自我设计，99.9%覆盖个性化需求。

4）数字化高科技让线上交易形态深度虚拟化

阿里巴巴在 2016 年推出全新购物方式：Buy+，Buy+使用 VR 技术，利用计算机图形系统和辅助传感器，生成可交互的三维购物环境。Buy+将突破时间和空间的限制，真正实现各地商场随意逛、各类商品随便试，使消费者以虚拟的方式购得实物，提升消费者在网络购物上的现实体验感。这一购物方式的出现，使得服装创意产业线上交易形态越来越虚拟化。

2. 新的商业模式及国内本领域的发展状况

"新零售"的核心要义在于推动线上与线下的一体化进程，其关键在于使线上的互联网力量和线下的实体店终端形成真正意义上的合力，从而完成电商平台和实体零售店面在商业维度上的优化升级。同时，促成价格消费时代向价值消费时代的全面转型。在新零售时代，企业将以实体门店、电子商务、移动互联网为核心，通过融合线上线下，实现商品、会员、交易、营销等数据的共融互通，向顾客提供跨渠道、无缝化体验。而随着智能化购物设备的普及，新零售时代的店铺将融入更多科技元素，实现门店数字化与智能化改造终端，智能终端取代旧式的货架货柜，延展店铺时空，构建更加丰富多样的消费场景。

大数据时代的精准研发与营销。"单品全程运营体系"是指每一款产品从设计、生产到销售都以"产品小组"为核心，企划、摄影、生产、营销、客服、物流等相关业务环节配合，全程数据化、精细化的运营管理系统。它具有"多款少量，以销定产"的特点，最大限度地发挥互联网的优势，建立了"款式多，更新快，性价比高"的竞争优势，也有效地解决了服装行业最为头痛的库存问题，可以保证以极高的性价比给顾客提供更多的商品选择。山东韩都衣舍电商集团创立于 2006 年，是中国最大的互联网品牌生态运营集团之一。韩都衣舍电商集团凭借"款式多，更新快，性价比高"的产品理念，深得全国消费者的喜爱和信赖。2016 年 7 月，其获批成为互联网服饰品牌第一股，旗下运营了 70 个自由品牌，满足了各类人群的不同需求。

第四章　数字创意产业发展重大行动计划实施途径及实施情况

　　《"十三五"国家战略性新兴产业发展规划》提出以数字创意技术和先进理念推动文化创意与创新设计等产业加快发展，促进文化科技深度融合、相关产业相互渗透，创造引领新消费。同时提出了促进数字创意产业蓬勃发展的三项重大工程，主要包括数字文化创意技术装备创新提升工程、数字内容创新发展工程和创新设计发展工程。

　　国家信息中心数据显示，在数字创意产业主要领域，从投资类型上来看，有146笔投在数字创意技术与装备上，占比17%；495笔投在数字创意内容创作上，占比 57%；49 笔投在创意设计服务上，占比6%；169 笔投在外围融合发展上，占比 20%。从数字创意产业主要领域投资金额来看，数字创意技术与装备占比9%，数字创意内容创作占比78%，创意设计服务占比4%，外围融合发展占比9%（图4.1）。可以看出数字创意内容创作是数字创意产业的投资核心，但对比 2016 上半年、下半年、2017 上半年的上述四部分比例变化发现，内容创作和创意设计服务的份额都有显著上升，潜力巨大。在数字创意产业投资内部结构变化方面，我国创新设计和数字创意内容领域投资规模出现了上升，分别从 2016 年上半年占比 2.4%和67.1%，上升到 2017 年上半年占比 5.4%和 85.8%；数字创意技术和装备领域和外围融合发展产业投资规模出现了下降，分别从 2016 年上半年占比 13.5%和 17.0%，下降到 2017 年上半年占比 5.3%和 3.5%；在这四大主要领域中，数字内容制作领域占据了投资额的绝大多数（图 4.2）。

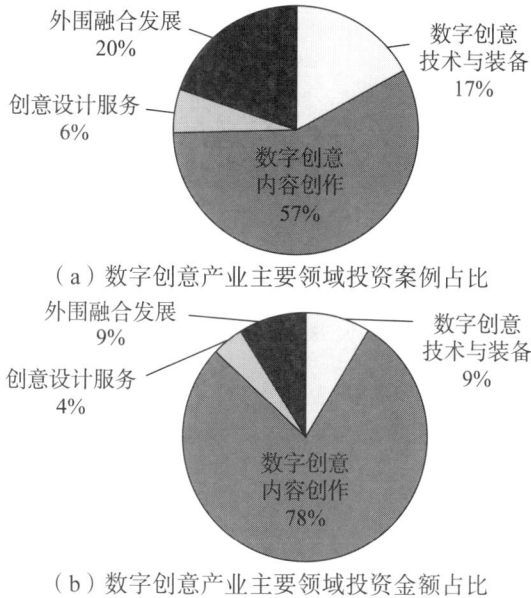

（a）数字创意产业主要领域投资案例占比

（b）数字创意产业主要领域投资金额占比

图 4.1　数字创意产业投资案例占比和投资金额占比

资料来源：根据国家信息中心《数字创意产业投资热点》重新生成

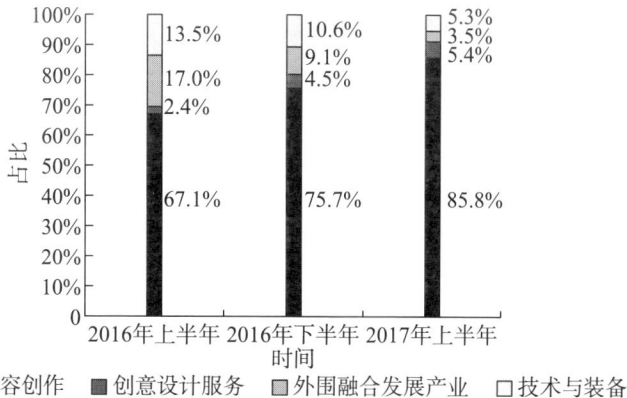

图 4.2　数字创意产业投资内部结构变化

资料来源：根据国家信息中心《数字创意产业投资热点》重新生成

一、"十三五"数字创意产业发展重点

2016 年的《政府工作报告》中首次提出了"大力发展数字创意产业"。全国人大审议通过的《中华人民共和国国民经济和社会发展第十三个五年规划纲要》，在第 23 章"支持战略性新兴产业发展"中明确列出了数字创意产业。以数字技术和先进理念推动文化创意与创新设计等产业加快发展，促进文化科技深度融合、相关产业相互渗透。《"十三五"国家战略性新兴产业发展规划》中，数字创意产业首次被纳入国家战略性新兴产业发展规划。到 2020 年，我国将形成文化引领、技术先进、链条完整的数字创意产业发展格局，相关行业产值规模将达到 8 万亿元。发展数字创意是把握新工业革命机遇的关键环节，而"一带一路"倡议、京津冀协同发展、长江经济带发展等区域发展策略是推动数字创意产业发展的新动力。

"十三五"期间数字创意产业的发展目标是面向 2020 年形成 8 万亿元数字创意市场，发展的重点是：建成完备的数字文化创意技术与装备创新体系；初步形成连接全国主要文博单位的中华文明大数据网络；构建基于中华文明大数据与全民创意的数字出版与传播新业态；形成数字文化内容服务应用与创新设计的蓬勃发展态势；形成若干数字创意产业集群与其他产业融合发展的格局。

二、数字创意产业发展重大行动计划实施途径

数字文化创意技术装备创新提升工程的主要内容包括：以企业为主体，产学研用相结合，构建数字文化创意产业创新平台；加强基础技术研发，大力发展 VR/AR、互动影视等新型软硬件产品，促进相关内容开发；完善数字文化创意产业技术与服务标准体系，推动手机（移动终端）动漫、影视传媒等领域标准体系广泛应用；建立文物数

字化保护和传承利用、智慧博物馆、超高清内容制作传输等标准；完善数字创意"双创"服务体系。

数字内容创新发展工程的主要内容包括：依托先进数字创意技术，推动实施文化创意产品扶持计划和"互联网+"中华文明行动计划，支持推广一批数字文化遗产精品，打造一批优秀数字文化创意产品，建设数字文化资源平台，实现文化创意资源的智能检索、开发利用和推广普及，拓展传播渠道，引导形成产业链。

创新设计发展工程的主要内容包括：制定实施制造业创新设计行动纲要，建设一批国家级工业设计中心，建设一批具有国际影响力的工业设计集聚区。建设增材制造等领域设计大数据平台与知识库，促进数据共享和供需对接。通过发展创业投资、政府购买服务、众筹试点等多种模式促进创新设计成果转化。

（一）数字文化创意技术装备创新提升工程

1. 战略意义

数字技术的发展已经渗透到各个产业之中，成为各行业发展的重要推动力量，传媒行业的传播体系构建也在其影响下发生着深刻的变革。随着移动互联、云计算、大数据等技术的成熟，媒体传播的渠道、载体、速度等都在发生着飞速的变化，传统上以广播、电视、电影、平面媒体为主的方式，面临着微博、微信、APP 等新媒体手段的严峻挑战，这不仅改变了信息传播的方法和传媒产业的格局，也在重塑人们的生活习惯。

2. 现状分析

在以数字技术为核心驱动力的现代社会，各产业的发展往往需要建立在核心技术的突破之上，这对于下一代数字内容传播体系的构建来说也不例外。诸如 VR、AI、云计算等多项基础支撑技术都会对传媒体系的演进做出贡献，但在"十三五"期间会起到最核心引领作用的无疑应是 4K 超高清技术，该技术不仅代表了广大观众和广电工业对完美画质的不懈追求，也是提升观众收视体验的最有效手段。

1）技术产业现状

我国目前仍处于高清时代，截至2018年底，仅有中央电视台和广东广播电视台开通了 4K 超高清频道。中央电视台及北京、上海、广东、湖南等地电视台已经开展 4K 超高清电视节目制播试验。广东省政府也制定了 4K 发展规划，同时网络视频企业投入大量资金自制、购买 4K 内容，江苏有线、歌华有线等有线运营商及部分电信运营商已经启动超高清业务部署。

2）与国际的比较

随着国际标准的制定及测试验证工作的完成，4K/UHD 于2017~2018 年在全球范围进入大规模部署阶段。作为超高清的重要支撑，高动态范围（high dynamic range，HDR）、3D Audio 成为近年来备受瞩目的热点话题，国际电信联盟、数字视频广播、动态图像专家组、电影电视工程师协会、中国质量检验联盟等各大国际标准化组织在近两年完成了相关标准的制定和颁布工作，各大国际知名厂商公司也纷纷推出 HDR 与 3D Audio 的相关产品，总体而言，技术层面已经成熟，美国、俄罗斯、法国、日本及韩国等国家均已制定 4K 业务部署规划。

3）瓶颈和问题

数字创意产业目前仍然存在着核心技术研发能力不足、创新支撑体系还未完善等问题，配套的研发服务、技术交易、知识产权和科技成果转化等服务都处于起步阶段，复合型技术人才极度缺乏，对产业整体发展的支撑能力有待加强。与国际发展趋势相比，我国已经具备了 AVS2 传输编码标准，但是 HDR 和 3D Audio 标准制定工作略为滞后，目前仍未出台。由于缺乏技术标准指导，目前我国还没有成型的HDR、3D Audio 解决方案及相关产品。2018 年 3 月和 4 月，HDR 和3D Audio 两项标准的草案制定工作已相继完成，并提交国家广播电视总局审批，预计 2019 年将正式发布，这将会有效解决 4K 发展瓶颈，大幅加速中国超高清产业的应用和普及。

3. 重大行动计划目标

下一代数字内容传播体系的建立，将把信息获取的手段和用户体验提升到一个全新的高度。面向内容前端，建立起跨越互联网、广播网的融合媒体平台，构建出覆盖内容制作、传输、分发的媒体传播体系，有效支撑4K超高清、VR等沉浸式内容的生产传播。通过内容提供者和终端用户间双向通道的建立，下一代传播体系能够实现"随需而变"的智能传播服务模式，为用户参与内容生产与传播提供途径，并立足传媒产业与关联行业进行联动，推动衍生产品的发展。

面向用户内容消费能够提供"量身定制"的个性化服务，并将分别建立面向家庭和移动环境的使用平台。针对家庭场景，重点打造用户高端体验，建立起基于光纤到户（fiber to the home，FTTH）的家庭交互娱乐中心，使观众足不出户即可享受智能式、互动式、沉浸式服务。面向移动场景重点解决内容高质量接入问题，建立基于 4G、5G 的移动媒体平台，保证用户能在任意时间、任意地点、任意设备享受内容服务，特别是要保证火车、飞机、轮船等特定场景下的内容接入能力。

4. 主要内容

下一代媒体传播体系的构建要依托于三个层面技术的突破，即使能技术、应用技术及终端设备技术，对这三方面内容应分别制定针对性的实现方法。

1）使能技术

我国已经对使能技术投入了大量人力物力进行研究，并已经取得一定成果，如我国目前正在大力推动的人工智能 2.0 项目，不但将以更接近人类智能的形态存在，而且以提高人类智力活动能力为主要目标，紧密融入我们的生活，可以阅读、管理、重组人类知识，为生活、生产、资源、环境等社会发展问题提出建议，从而为我国未来的发展提供新的动力。而在网络技术方面，我国主导的未来网络和 5G 网络建设居于世界领先水平，将建成一个开放、易使用、可持续发展的大规模通用网络平台，为数字创意产业各项应用提供基础条件。

对于数字创意产业来说，使能技术是提供各种应用的平台，目前国内这些积极的科研与产业成果也为数字创意产业的发展提供了良好支撑，要在重点研究使能技术的应用方式的基础上，积极思考最新使能技术在数字创意领域中的应用方法。

2）应用技术

应用技术是传媒行业各专业领域提升内容质量和创新服务模式的核心工具，只有在应用技术层面形成突破，才能完成内容产品真正质的提升。我国目前以超高清技术为突破点，积极尝试 4K 产业部署，推进 4K 产业链上下游有关单位、企业和试点积极参与 4K 工作，深化媒体供给侧结构性改革，引领信息网络技术和信息消费升级，积极开展科技创新并推进国有自主知识产业的标准应用，实现了 4K 超高清产业链的进一步繁荣发展，并已取得了积极的成果。在 4K 所需的配套技术中，我国自主知识产权的 AVS2 编码标准已于2016年底颁布，目前 HDR 和 3D Audio 标准制定工作已基本完成。在产业应用方面，2017年广东电视台率先开通国内首个4K频道，2018年10月1日，中央电视台 4K 超高清频道正式开播，并计划在2021年底前实现全台频道由 HD 向超高清的转换，这将极大地带动国内数字内容制作业和消费电子行业的快速发展。总体而言，我国已经为4K产业的发展做好了所有的技术准备，2018 年已成为我国超高清产业呈现井喷式发展的一年。

3）终端设备技术

我国目前超高清产业发展战略直接带动了下游终端设备产业的蓬勃发展。海思公司已经具备支持 China DRM 的芯片，华为已经发布支持中国 HDR 标准的芯片。以京东方、华星光电为代表的制屏企业已经突破了韩国对液晶屏幕的垄断，包括 8.5 代、10.5 代等多条 LCD 生产线已在国内陆续部署，这将进一步释放我国的超高清液晶屏制作能力，进而协助电视机终端企业加大超高清电视机的生产力度，拉动超高清产业整体发展。

5. 实施途径

下一代媒体传播体系的构建要根据使能技术、应用技术及终端设备技术的不同特点，分别制定针对性的行动对策，最终达到推动产业发展的目的。

1）使能技术行动对策

我国已经对各类使能技术投入了大量人力物力进行研究，并已经取得一定成果，对于数字创意项目来说，不需要对技术实现方法进行研究，而应将精力放在使能技术的应用方式上，组织团队密切跟踪国际及国内使能技术的最新研究成果，并积极思考在数字创意领域中的应用方法。

2）应用技术行动对策

应用技术部分是数字创意项目要进行重点攻坚的对象，应对各类应用技术组织成立专项技术团队进行立项研究，重点培育一批骨干创新型技术研发企业，"十三五"期间，力争在沉浸式内容生产、观众交互娱乐以及数字内容处理等重点技术领域达到国际领先水平。

3）终端设备技术行动对策

数字创意产业应集中力量关注终端设备在安全性、舒适性、可靠性、智能性等方面的发展，争取国家在政策层面予以扶持，制定产业发展规划，创建产业联盟，选取合适的区域建设生产基地，针对 4K 电视机（支持 HDR 功能）、沉浸式音频设备（3D Audio）及 VR 头戴装备等重点设备领域，要在"十三五"期间形成规模化自主生产能力。

（二）数字内容创新发展工程

1. 战略意义

数字内容产业是信息时代文化、创意、信息多内容融合的交叉领域。实施数字内容创新发展工程，对于国家经济、社会、文化持续健康发展具有重大的战略意义。

在经济层面，创新发展数字内容领域是国家供给侧结构改革的重要抓手，将为国家经济发展提供新动力。2016 年数字内容产业对经济的直接贡献达到了 3 800 多亿元，是第三产业中最具有活力和潜力的部分之一。数字内容不仅对经济的直接贡献不小，对经济的辐射价值更是巨大。

在文化层面，数字内容产业与文化产业具有天然的联系，一方面，通过对传统文化的挖掘、提炼，有助于传统文化的进一步开发和利用；另一方面，通过创新创意对科技和文化进行有效融合，形成新时代背景下的文化创新。

在社会层面，数字内容是群众娱乐生活的主要构成，与人们的生活具有紧密的联系。优质的数字内容供给能够很好地引导人们的审美、趣味，形成良好的社会氛围，具有十分重大的社会价值。

2. 现状分析

1）技术产业现状

数字内容的生产模式从单一的 PGC 模式转变为 PGC 和 UGC 模式并存，同时也产生了完全不同的两种商业模式。高质、大型但耗时较长、数量较少的 PGC 作品，更多地被用作 IP 的生产，一部优秀的作品，能跨越多个内容领域，拥有多领域的受众人群。而相对数量众多、小型、轻质、即时的 UGC 作品，则能通过相应的平台实现快速传播与变现。

2）与国际的比较

在"互联网+"的大背景下，中国数字内容产业呈现蓬勃发展的态势。2016 年数字内容产业的产值突破 5 600 亿元，其中直接创造的产值超过 3 800 亿元，数字内容产业已经成为社会经济发展中的重要组成部分，也已经形成十分严密、庞大的产业链群。数字内容是全民创新最活跃的领域，核心用户庞大，参与人群更多。据统计，直接参与过内容创造的用户超过 1.4 亿人，而为内容消费过的用户超过了 5 亿人，可以说，几乎每个人每天都会接触数字内容产品。

3）瓶颈和问题

然而，数字内容产业快速发展的同时依然存在很多的问题。例如，国内创新的环境不佳，UGC 的大部分作品质量偏低，优秀人才匮乏，相对应的政策机制还不是很完善，等等。这些问题依然需要政府、企业和个人的共同努力来克服。

3. 重大行动计划目标

通过实施数字内容创新发展工程，数字创意内容产品原创能力不断提升，文化品位和市场价值不断提高，不同内容形式之间的融合程度和转换效率不断提高，数字内容消费更加活跃，成为扩大文化消费的主力军。建设中华文明大数据平台，实现文化创意资源的智能检索、开发利用和推广普及，形成基于中华文明大数据与全民创意的数字出版与传播新业态。推广一批优秀的数字文化遗产精品，打造一批优秀的数字文化创意产品，培育若干社会效益和经济效益突出、具有较强创新能力和核心竞争力的数字内容领军企业，以及一批各具特色的创新型中小微数字内容企业。网络文学、网络游戏、网络动漫、数字视频、数字音乐、数字出版等重点领域实力明显增强，数字内容产业生态体系更加完善，产业支撑平台更加成熟，市场秩序更加有序，政策保障体系更加完备。计划到 2020 年，形成具有世界影响力的数字内容创意品牌，在数字内容创新领域处于国际领先地位。

4. 主要内容

在创新发展数字内容方面，力争到"十三五"期末，初步形成连接全国主要文博单位的中华文明大数据网络；建立一批数字内容创新集聚区和数字内容产业集群，推动数字创意产业多业态发展，带动新生业态及业态联动发展。建议重点建设10个代表性的智慧博物馆和智慧文化遗产地，创新互动体验和虚拟布展；建设300家"数字内容创新示范企业"，建立200个面向数字内容创新企业的国家数字创意中心，形成一大批具有鲜明区域特点和民族特色的优秀数字文化创意产品；面向网络文学、网络游戏、网络动漫、数字视频、数字音乐、数字出版等产业领域，建设100个以数字内容创新为特色的国家级数字创意特色小镇；依托数字内容领域的差异定位和优势资源，打造 3个有国际知名度的"数字创意之都"。在国际舞台上保持和发扬自身的文化特色，彰显城市文化魅力；设立国家数字创意发展基金，主要用于鼓励和支持中小型企业及个人从事数字内容创作和创新；制定政策，鼓励全民创意，扶持草根群创，引导建立社会化内容生产公司，建设若干 UGC 展示云平台、PGC 生产云平台，建立 200 个国家级数字内容创意"双创"空间；完善版权登记制度，构建版权公示制度，通过创新性举措建成合理的数字内容出版交易平台和第三方信用认证平台。

5. 实施途径

数字内容创新发展工程的具体实施路径主要有以下四个方面。

首先，要加强数字内容平台建设，加快传统文化的数字化进程和提升对数字化内容的再利用和再创造，推动网络文学、数字视频、网络动漫、网络游戏、数字音乐、数字出版等产业门类发展，完善数字内容产业体系。

其次，要加强数字内容技术装备的研发，研发一系列具有自主知识产权、能推动数字内容发展的硬件和软件，提升技术研发成果对数字内容的利用率，从而实现技术对数字内容的驱动和助推。同时加大对数字内容技术装备企业的扶持力度，扶植和培育一大批具有竞争力的技术装备特色企业。

再次，鼓励原创作品培育原创人才，完善原创作品的鼓励机制，在数字内容作品创作初期，给予创作人员一定的鼓励，提升优秀人才对创造作品的积极性。

最后，进一步完善数字内容领域的政策和体制机制，引导和培育国内良好的创新氛围，促进更加公平的版权交易。

（三）创新设计发展工程

1. 战略意义

创新设计是面向知识网络时代的设计。设计是将知识、技术、信息和创意转化为产品、工艺、装备及经营服务的先导，决定制造服务的品质和价值。创新设计是对设计的综合和拓展，涵盖工业设计、材料设计、产品设计、工艺设计、工程设计、服务业态设计创新等。它以知识网络时代为背景，以绿色低碳、网络智能、开放融合、共创分享等主要特征，为产品、产业的全过程提供系统性服务，融技术创新、产品创新和服务创新为一体，是实现科技成果转化、创造市场新需求的核心环节。

在数字创意产业领域，强化创新设计的引领作用。它既是数字创意产业的主要构成内容，又为数字创意产业核心技术及基础装备的创新发展提供方法与流程，也是数字内容与其他产业开展深度融合的推动力。因此，强化和提升创新设计能力具有重大战略意义。推动建设贯穿产业链的研发设计服务体系，探索发展众包设计、用户参与设计、云设计、协同设计等新型模式。推动创新设计在产品、系统、工艺流程和服务等领域的应用。引导数字创意企业加大对创新设计的投入和应用，带动产学研用协同创新。加快培育第三方设计企业，面向制造业、服务业、城乡建设等领域开展专业化、高端化服务。

2. 现状分析

1）技术产业现状

我国在装备制造、文化创意等领域的创新设计能力已经取得重大突破。涌现出一批具有世界先进水平的创新设计成果。专利申请量和授权量多年位居世界前列。目前共有国家级工业设计中心 64 家、国家工程中心 308 家、国家级企业技术中心 1 187 家。我国已形成一批具有国际影响力的设计创新型企业。企业研发设计投入持续增长，我国R&D经费支出有2/3以上来自企业。设计产业的区域集聚和辐射效应基本形成，深圳、上海、北京相继被联合国教科文组织命名为"设计之都"。设计园区示范效应逐步显现，有利于设计人才交流、成果交易，设计创新的环境正在形成。设计服务企业加速成长，一批专业设计公司逐步承接高端综合设计业务，为企业提供全流程、全产业链设计服务。设计服务外包深入发展，国际化水平不断提高。

2）与国际的比较

创新设计对一个国家经济增长的贡献率随着科技水平的提高呈现递增趋势。目前，世界主要国家都在寻找科技创新的突破口，抢占未来经济、科技发展的先机。根据世界经济论坛发布的《全球竞争力报告》，瑞士已连续 6 年位列榜首，强大的创新设计能力被认为是瑞士长期保持竞争力排名领先的关键因素。瑞士的创新设计能力得益于其与时俱进的创新设计政策、高效的研发资金投入和优良的人才培养环境。处于全球竞争力排名前列的芬兰、德国、日本、美国也无一不将提升创新设计能力作为提升国家竞争力的重要手段。因此，这些世界竞争力强国都建立了创新设计发展战略体系，并将之上升到国家战略。根据世界经济论坛《全球竞争力报告》（2009/2010）、《全球设计观察》（2010）的报告，我国现有的设计竞争力还弱于国家竞争力，且两者都还落后于第一阵营的国家与地区。因此，提升创新设计能力将是我国提升国家竞争力的主要路径。

3）瓶颈和问题

我国的创新设计面临以下发展的瓶颈与问题：设计与产业的融合度不够；企业缺乏原创设计和核心专利，多数企业重制造、轻研发设计的思想依然严重；设计服务企业竞争力弱；设计服务体系不健全，服务平台、数据库不完善，资源分割、难以共享，设计成果转化和交易机制不完善；设计教育改革滞后，学科知识融合不够，高端设计人才缺乏；知识产权保护力度不够，全社会尊重设计创新的环境还没有形成。

3. 重大行动计划目标

总体目标：到 2020 年，形成文化引领、技术先进、链条完整的数字创意产业发展格局，相关行业产值规模达到 8 万亿元。为"一带一路"倡议的实施提供实质内容：数字文化创意产品、内容产品出口，输出文化、经济效益，创造文化大数据应用新模式。以上目标具体体现在以下五点。

（1）在数字创意产业重点领域，强化创新设计的引领作用。推动建设贯穿产业链的研发设计服务体系，不断深化创新设计在企业战略、产品合规、品牌策划、绿色发展等方面的作用。

（2）探索发展众包设计、用户参与设计、云设计、协同设计等新型模式，增强自主创新设计能力。

（3）推动创新设计在产品、系统、工艺流程和服务等领域的应用，强化创新设计对于数字创意产业的服务支撑。

（4）引导数字创意企业加大对创新设计的投入和应用，带动产学研用协同创新。

（5）鼓励竞争性领域优势企业建立独立的设计机构，加快培育第三方设计企业，面向制造业、服务业、城乡建设等领域开展专业化、高端化服务。

4. 主要内容

1）制定实施制造业创新设计行动纲要

完成《制造业创新设计十年行动纲要》编制研究工作，贯彻落实《中国制造2025》，研究分析制造业创新设计的发展现状和发展环境，规划未来创新设计发展的方向目标和重点任务，支撑国家创新驱动发展战略实施，强化对制造业转型升级的支撑和服务能力。该任务已由中国工程院创新设计战略研究项目组完成研究报告，在 2017 年初提交至工业和信息化部。

2）建设一批国家级工业设计中心，建设一批具有国际影响力的设计产业集聚区

国家级工业设计中心的评定工作已由工业和信息化部主导展开，计划继续加强国家级工业设计中心的发展建设，优化完善国家级工业设计中心的评价指标、管理及激励体制建设，提高中心服务企业的能力。在总量和产业布局上综合考虑，保证传统产业、战略性新兴产业和现代服务业相关产业和领域的典型中心示范作用的实现。

建设国家创新设计研究院，建议采用市场机制牵引的产学研深度融合的联盟型网络化模式。国家创新设计研究院设立总体部，由国家发展和改革委员会（以下简称国家发改委）领导，并从专业技术、重点行业、重点区域、成果转化、人才培养五个维度，依托具有创新设计基础及优势的高等院校、科研机构、龙头企业、地方政府以及其他社会机构共建网格化联盟型创新设计研究院，同时构建一批具有行业和区域特色，依托龙头企业，为中小企业提供基础共性技术，为行业提供共享数据和设计工具平台的设计研究院或支持平台等，为现有的工业设计园区、集聚区赋予实质性内容，力争相关领域在三年内达到国际先进水平。

发展知识密集型数字创意产业集群，打造若干具有全球影响力、引领我国数字创意产业发展的标志性产业集聚区，培育和认定一批具

有国际影响力的数字创意示范园区，发挥其辐射和带动作用。

3）建设增材制造等领域设计大数据平台与知识库，促进数据共享和供需对接

面向数字创意各个细分领域建设创新设计大数据，依托数字化设计领先企业、科研院所现有基础分领域分产业建立数据库，如增材制造模型库、中华文明数据库等，并在此基础上建立通用大数据平台与知识库，如依托重点博物馆建立中华文明大数据网络等。

建设创新设计大数据公共服务平台，支持设计领域共性关键技术研发，为企业提供可持续创新的数据平台基础，为科技成果转化到产业及企业实践提供渠道。探索大数据平台及知识库的产业化应用模式，通过服务设计、商业模式设计，有效地建立数据库资源与数字创意产业发展需求的连接与转化新模式。

4）通过发展创业投资、政府购买服务、众筹试点等多种模式促进创新设计成果转化

多种模式促进创新设计成果转化。对传统文化产业进行数字化创意、创作、生产过程、服务及品牌化发展。探索现有文化创意产业的数字化商业模式。集成应用 VR 等使能技术、新一代媒体等应用技术、终端装备，综合文化大数据、文博、影视与传媒、动漫与游戏等核心领域，探索其在旅游业、体育健康、智能家居等产业中融合发展的新模式。

组织引导社会资本，建立 10 亿元的数字创意产业创新创业基金，为数字创意领域创业企业提供种子投资和天使投资。通过举办数字创意创业大赛等活动选拔优秀项目，并由数字创意产业联盟担负创业辅导，以提高创业成功率，并有效地利用公关服务平台为创业企业提供数据、知识等服务。

通过政府购买服务、众筹试点等打造中国文化产品。积极引导现有数字创意企业发展基于我国国情与文化特征的数字文化内容与创意产品。提升当代文化内容的塑造能力，鼓励数字创意文化产品与内容

产品出口。

5）加大创新设计教育

高校设置"数字创意"专业。鼓励高校设立"数字创意"本科专业方向，培育数字创意产业发展的应用型人才。设立"数字创意"应用型硕士方向，与文化创意、工业设计、商业管理等开展跨学科的合作，为产业提供所需的高层次人才队伍。

鼓励企业与社会培养"创新设计"人才。加大培养创新设计人员运用科学技术、经济社会、人文艺术、生态环境等新知识，应用大数据数学计算方法的综合能力。培育善于跨界融合的人才，构建共创分享的设计平台网络。建立以企业、社会化力量为主体的，面向企业在职人员的创新设计知识、工具、方法的培训课程。

数字创意国际高校联盟。发动高校、职高等组织成立"数字创意国际高校联盟"。建立多层次的数字创意人才梯队，并展开广泛的国际交流与合作。

6）培育设计文化与设计品牌

打造中国设计品牌示范工程。创新设计引领数字创意产业的发展，在设计业、人居环境设计业、影视传媒业、数字出版业、玩具业、时尚服饰业等领域，以中华文化为内容，以产品为载体，打造高端数字创意产品及服务，建设一批具有中华文化特色与国际影响力的设计品牌示范。在"十三五"期间挖掘或打造100个具备国际影响力的产业融合发展企业案例，并宣传成功案例与模式，以期对各数字创意核心产业发展起到带头示范作用，并激发企业的创新动力。通过评定1 000家"数字创意示范企业"鼓励一部分企业先行先试，并引导产业实践方向。

评定国家数字创意中心。对于已经建成实体、在产业界取得广泛影响并实际产生可观效益的创新设计机构，可以将其认定为"国家数字创意中心"，包括"国家数字创意设计中心"和"国家数字创意技术中心"两类。"十三五"期间共建成500个面向企业的国家数字创意中心。

5. 实施途径

建立国家数字创意产业研究院，由国家发改委作为指导单位，经费采取国家财政投入和企业经费相结合的方式。国家数字创意产业研究院具体负责落实重大行动计划，并承担共性关键技术、基础设施平台建设等工作。针对数字创意产业使能技术、共性关键技术展开技术攻关，为核心产业领域的装备制造发展提供技术支持，探索创新设计引领的新服务、新商业模式，建立数字创意产业技术与装备的标准。结合各地已有的优势与基础，分重点、分主题地开展数字创意技术、设备的研发，以及数字内容创新。

由国家发改委、工业和信息化部、文化部牵头，指导成立数字创意产业联盟。凝聚产学研、媒用金的力量，助力数字创意产业的品牌化发展、国际化发展。以创新设计的工具与方法为手段，促进数字创意在旅游、文博、健康、体育等产业中的融合发展。充分发挥企业的实践主体作用以及地方政府的积极性，建立向大众开放的数字创意平台，提升全民数字创意意识和文化养成。依托各地数字创意产业联盟建立"双创"服务平台，支持从创意到产品、到商品、到品牌的孵化。

1）《制造业创新设计十年行动纲要》

已由中国工程院创新设计战略项目组完成，提交工业和信息化部。

2）国家创新设计研究院与数字创业产业集聚区建设

国家创新设计研究院。由国家发改委与工业和信息化部牵头，相关建设标准及内容已进入调研推进阶段。

数字创意产业集聚区。建议由国家数字创意产业研究院作为指导单位，数字创意产业联盟作为执行单位。

3）大数据平台与知识库

由数字创意研究院负责数据平台与知识库的建立与运营，依托有基础的企业及科研机构建设专业数据库。

4）成果转化

由数字创意产业联盟整合社会力量建立数字创意创新创业基金，并负责相关活动、企业孵化等。

5）创新设计教育

由教育部与数字创意产业研究院共同制定新的专业大纲与指南，指导高校设立相关专业。

数字创意产业研究院为指导单位，数字创意产业联盟为运营单位，以多种渠道与形式发展社会化的创新设计教育，提升专业人员的创新设计能力。

数字创意国际高校联盟由国内知名高校牵头，高等职业教育参与，邀请联合国教科文组织指导。

6）培育设计品牌

由工业和信息化部、文化部共同指导，数字创意产业联盟作为执行单位，选择并打造一批具有世界影响力的国际知名设计品牌。

由数字创意产业研究院挖掘研究案例并推荐，工业和信息化部负责评定"数字创意示范企业"。

由数字创意产业研究院推选企业，工业和信息化部负责认定"国家数字创意中心"。

国际数字创意产业发展大会由数字创意产业联盟主办，各地政府根据特色轮流承办。前期政府资金支持、政策引导，后期由联盟独立运作。

三、数字创意产业发展重大行动计划实施情况

（一）数字文化创意技术装备创新提升与应用情况

在数字文化创意产业发展进程中，文化与科技的关系越来越密

切，科技为文化产业发展提供了支撑，并且不断催生出数字文化创意产业的新业态。加强内容和技术装备协同创新，提升创作生产技术装备水平，增强传播服务技术装备水平，将对数字创意产业的发展起到极大的促进作用。国家信息中心数据显示，数字化处理技术、VR/AR、影视娱乐设备、创意软件开发等数字创意技术和装备的投资旗鼓相当，都有不错的发展。其中对 VR/AR 的投资在 2017 上半年有所下降，融资轮次也主要集中在 A 轮、B 轮，可见投资市场对 VR/AR 的发展仍处于观望状态（图 4.3）。

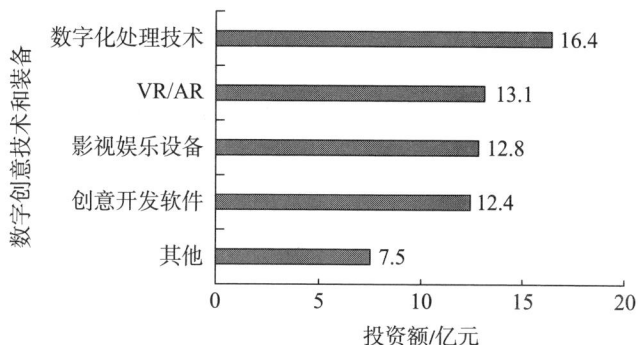

（a）数字创意技术和装备投资额

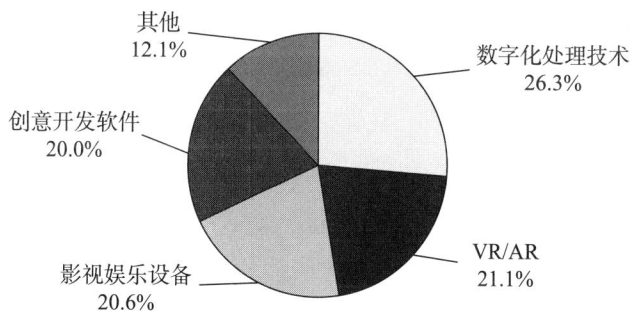

（b）数字创意技术和装备投资额分布

图 4.3　数字创意技术和装备投资额及其分布

资料来源：根据国家信息中心《数字创意产业投资热点分析报告》重新生成

1. G20 杭州峰会文艺演出 3D 全息投影技术创新应用

全息投影是一种虚拟成像技术，第一步是利用干涉原理记录物体光波信息，此即拍摄过程；第二步是利用衍射原理再现物体光波信息，这是成像过程，通过这两项过程，它能再现物体真实的三维图像，不仅可以产生立体的空中幻像，还可以使幻像与表演者产生互动，一起完成表演，产生令人震撼的演出效果。G20 杭州峰会文艺演出《最忆是杭州》，通过大量 3D 全息投影技术创新应用，展现出如诗如画的壮观视觉效果。

2. VR/AR 技术不断发展

自 2014 年 Facebook 以 20 亿美元收购 Oculus 开启全球 VR 时代以来，Oculus、索尼、HTC 已成为 VR 三大巨头厂商，中国市场也紧随其后，在众多产业资本积极涌入的情况下，国内 VR 产业热度已仅次于美国。目前国内暴风魔镜、乐相科技、3Glasses 等均有代表产品发售，其中 2016 年 1 月 21 日暴风魔镜宣布 2.3 亿元 B 轮融资，融资完成后估值已达 14.3 亿元，成为国内目前估值最高的 VR 公司。在 2017 年的国际消费类电子产品展览会（International Consumer Electronics Show，CES）上，国内 VR/AR 产品联想第二代 AR 眼镜、华为 VR 产品、0glass Pro 开发者版、HTC Vive 无线套件 TPcast 一并亮相，引发业界关注。

2016 年 8 月，工业和信息化部电子科学技术情报研究所发布的《2016 全球虚拟现实产业研究报告》显示，当前 VR 产业技术发展存在 5 个问题：①屏幕清晰度不够产生的颗粒感、画面延迟导致的眩晕感等问题直接影响用户的实际体验；②VR 内容制作缓慢严重阻碍了 VR 的全面普及；③VR 设备对配套终端性能要求较高，限制了 VR 技术的规模化应用；④VR 相关标准缺失增加了产品适配难度；⑤在大量关键技术难题尚未攻克的前提下，由于行业过度鼓吹，在一定程度上透支了产业的生命力。当前 VR/AR 产业三维引擎技术快速发展，图形图像处理工具日益丰富，开放平台和操作系统也在逐步发力。在硬件逐渐成熟的基础上，VR 内容创作和 AI 技术研发将是未来的发力点。

而从政策层面，国家也对 VR/AR 新技术给予了极大的支持和认可。2017 年 1 月 15 日，中共中央办公厅和国务院办公厅印发《关于促进移动互联网健康有序发展的意见》，将 AR 列入中国实现核心技术系统性突破的重要目标之一，要求加紧 VR/AR 在内的关键技术布局，尽快实现部分前沿技术、颠覆性技术在全球率先取得突破。

3.4K 超高清行业技术标准即将颁布

4K 超高清行业主要涉及 HDR、3D Audio 两项核心技术。HDR 技术目前已针对非线性变换曲线、元数据定义、传输编码方法和终端接口及参数定义等核心内容形成了国际标准，并且一些国际知名厂商已经推出了商用设备，已有国家开始试运行相关系统，但总体而言尚未形成成熟完备的产业链。3D Audio 技术发展情况针对渲染算法、元数据、制作环境部署方式、编解码算法等核心技术已形成国际标准，此外，已有系统级商用产品推出，已有国家开始试点运行，但总体而言尚未形成成熟完备的产业链。

我国 HDR 和 3D Audio 技术标准已经开始制定，但是尚未有 4K 超高清商用产品投入市场。超高清技术的应用前期需投入较大成本进行研发等工作，由于目前国内在 HDR、3D Audio 方面尚无技术标准和成型解决方案，因此国内市场规模较低，整体处于技术准备阶段。随着 2017 年国内 HDR 和 3D Audio 标准制定工作和产业技术准备的陆续完成，超高清在 2017~2018 年迎来了大规模的发展机会，这成为我国传媒行业"十三五"期间的重要增长点。

4. 文化科技融合项目顺利实施

"文化+科技"已成为当前文化建设的一大亮点和重要前进方

向，促进文化与科技融合发展也成为文化创意和内容生产的新途径。2017 年，国家文化科技提升计划、国家文化创新工程两大类共 18 个项目通过文化部文化科技司验收，一批具有前瞻性、全局性和引领性的重大文化科技融合项目的科研工作已经基本完成，即将进入落地阶段，为支撑、提升和引领文化发展提供新的典范和样本。例如，国家文化创新工程项目"丝绸织锦文化创意与工艺创新及示范推广"，力图搭建一个现代织锦文化创意产品的研发平台，在织锦的工艺技术、形式内容、传播手段与商业模式方面进行创新实践。改进了传统织锦工艺，运用现代数码仿真彩色丝织技术，丰富了织锦艺术的表现力。利用互联网技术手段，改变了传统的织锦商业模式，将生产既定规格和题材产品，转变为为客户提供个性化定制、数字化制造的现代文化商品创作平台。该项目首次实现了中国传统织锦的数字化设计与制作，使传统工艺在新的社会历史环境与数字创意技术手段下获得有效发展，织锦工艺的技术水平也达到甚至超过了国际先进水平，为弘扬我国优秀传统工艺、实现传统工艺美术设计转型和升级探索了有效的路径。

（二）数字内容创新发展实施情况

数字内容是信息时代文化、创意、信息多内容融合的交叉领域。实施数字内容创新发展工程，对于国家经济、社会及文化的持续健康发展具有重大的战略意义。在经济层面，创新发展数字内容领域是国家供给侧结构改革的重要抓手，将为国家经济发展提供新动力。数字内容产业不仅为社会经济发展做出了直接贡献，其对周边产业的融合渗透形成的价值更是巨大。在文化层面，数字内容产业与文化产业具有天然的联系，一方面，通过对传统文化的挖掘、提炼，有助于传统文化的进一步开发和利用；另一方面，通过创新创意对科技和文化进行有效融合，形成新时代背景下的文化创新。在社会层面，数字内容是群众娱乐生活的主要构成，与人们的生活具有紧密的联系。优质的数字内容供给能够很好地引导人们的审美、趣味，形成良好的社会氛围，具有十分重要的社会价值。

国家信息中心数据显示，在数字内容的所有细分领域中，直播、内容资讯和媒体、影视制作分别以 167.2 亿元、93.1 亿元、69.8 亿元成为获得投资金额最高的三个领域。而在所有投资领域中，对直播的平均投资额遥遥领先，达到了 4.5 亿元，并且主要集中在 B、C 轮，可以说直播行业已经进入一个比较成熟的阶段（图 4.4）。

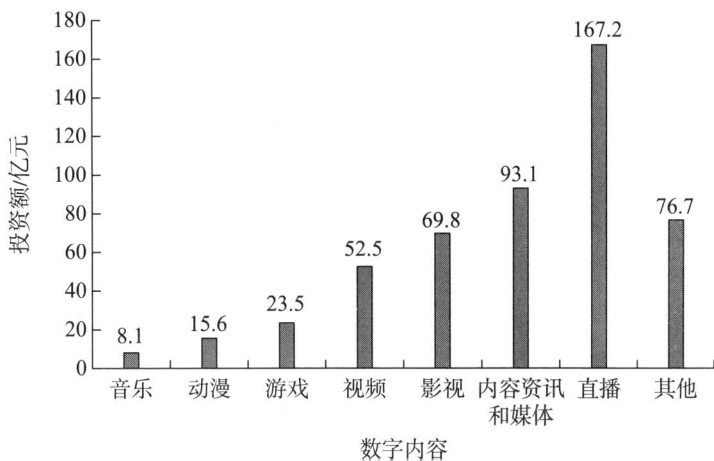

图 4.4　数字内容创作投资额
资料来源：根据国家信息中心《数字创意产业投资热点分析报告》重新生成

在国家政策层面，国家出台了一系列基金和工程，支持文化内容创作，包括国家出版基金、国家艺术基金以及《中国历代绘画大系》编撰出版工程、故宫端门数字博物馆工程等。

国家出版基金设立于 2007 年，是继国家自然科学基金、国家社会科学基金之后的第三大国家设立的基金。国家出版基金由国家出版基金管理委员会负责管理。自 2008 年实施以来，国家出版基金投资逐年增加，2014年规模已达4.5亿元，累计投入达19亿元，资助出版具有文化传承与积淀价值的图书 1 200 余项。

国家艺术基金于 2013 年 12 月 30 日正式成立，是中央财政拨款，同时依法接受自然人、法人或者其他组织的捐赠的一项公益性基金。文化部原部长蔡武任国家艺术基金理事会首任理事长。国家艺术基金旨在繁荣艺术创作，培养艺术人才，打造和推广精品力作，推进艺术事业健康发展。

《中国历代绘画大系》编撰出版工程作为国家重大文化工程、国家出版基金项目和浙江省文化研究工程，其收录国内外 210 余家文博机构收藏的自战国至清代共 11 600 余件绘画作品，是现当代海内外中国历代名画收集最全面、制作最精美、规模最浩大，集鉴赏性、学术性、收藏性于一体的高端艺术出版物。《中国历代绘画大系》项目已先后出版了《宋画全集》和《元画全集》，取得了一流的社会效益和经济效益（图 4.5）。

图 4.5 《中国历代绘画大系》编撰出版工程

故宫端门数字博物馆已于 2015 年 12 月 22 日开馆运行，公众可登录故宫博物院官方网站预约报名，不用"进宫"也能欣赏紫禁城全貌。故宫端门数字馆位于端门城楼展厅，是古代建筑、馆藏文物与数字创意技术相结合的新型数字展厅。

数字内容产业同样是企业追逐的热点和风口。百度、腾讯、阿里巴巴也纷纷布局内容产业，瓜分市场。

百度提出2017年累计向内容生产者分成100亿元，所有个人和机构内容生产者都可以入驻百家号，参与百亿元分润。个人和机构都可以成为百家号作者，百亿分润计划中的100亿元分润将完全分配给百家号作者，已经开始的分成方式包括两种：第一种是原生广告分成，目前在手机百度资讯流以及百家号内容页中都有不少原生广告，百家号作者生产的内容将会根据其分发量以及阅读量等流量数据获得原生广告分成；第二种是联盟广告分成，这部分广告模式也是百度非常成熟的变现模式。

阿里巴巴旗下 UC 在北京召开 UC 订阅号"W+"量子计划发布会，宣布投入 10 亿元专项扶优基金，以创作奖金、广告分成两种形式对平台订阅号予以扶持，总体人数不设上限。每个自然月内，优秀创作者将获得"万元创作奖金"；并以星级评定为基础，创作者有机会获得最高达 3 倍的广告分成。

腾讯发布芒种计划 2.0，宣布给自媒体内容创作者提供 12 亿元的资金扶持，其中包括 10 亿元的现金补贴和首期 2 亿元的内容投资资金。2016 年，腾讯正式启动"芒种计划"，对那些坚守原创、深耕优质内容的媒体、自媒体给予 2 亿元的资金扶持，为媒体和自媒体营造良好的内容创作生态圈。

（三）创新设计发展实施情况

在数字创意产业各个领域，正逐步强化创新设计的引领作用。推动建设贯穿产业链的研发设计服务体系，不断深化创新设计在企业战略、产品合规、品牌策划、绿色发展等方面的作用。探索发展众包设计、用户参与设计、云设计、协同设计等新型模式，增强自主创新设计能力。推动创新设计在产品、系统、工艺流程和服务等领域的应用，强化创新设计对数字创意产业的服务支撑。引导数字创意企业加大对创新设计的投入和应用，带动产学研用协同创新。鼓励竞争性领域优势企业建立独立设计机构，加快培育第三方设计企业，面向制造业、服务业、城乡建设等领域开展专业化、高端化服务。

1. 中国创新设计产业战略联盟成立

为了汇聚全国产学研、媒用金各方力量，提升中国创新设计能力，2014年10月11日，中国创新设计产业战略联盟在杭州成立，联盟依托浙江大学，两院院士路甬祥任会长，中国工程院院士潘云鹤任理事长兼副会长。联盟下设中国创新设计大会工作委员会、中国好设计工作委员会、中国创新设计大数据工作委员会、中国设计教育工作委员会、中国设计竞争力工作委员会等专家工作委员会。近年来，相继成立了海上丝绸之路创新设计产业联盟、丝绸之路创新设计产业联盟、长江经济带创新设计产业联盟、京津冀经济区创新设计产业联盟等区域及行业联盟。联盟成立后积极促进以企业为主体、市场为导向，产学研结合、媒用金协同，适应全球知识网络时代的中国创新设计体系与人才队伍建设；促进交流合作，激发提升中国人的想象力和创造力，吸纳汇聚全球创新设计资源，激励创造更好更多的"中国好设计"，促进形成若干各具特色的"创新设计之都"；促进支持中国制造向中国创造转变，提升中国制造的质量和效益，为传统产业、新兴产业、现代农业、现代服务业、公共和国防安全提供知识网络时代的绿色智能装备和优质服务；提升资源能源利用率，优化资源能源和材料产业结构，从源头保护生态环境，提升可持续发展能力；提升适应和引领全球市场多样化、个性化、定制式设计制造服务的能力，提升中国制造、中国品牌在全球产业链中的地位、竞争力和附加值。

2. 服务型制造三年行动计划开始实施

服务型制造，是制造与服务融合共生发展的新型产业形态，是制造业转型升级的重要方向。制造企业通过创新优化生产组织形式、运营管理方式和商业发展模式，不断增加服务要素在投入和产出中的比重，从以加工组装为主向"服务+制造"转型，从单纯出售产品向出售"产品+服务"转变，有利于延伸和提升价值链，提高全要素生产率、产品附加值和市场占有率。

2016 年 7 月 26 日，工业和信息化部联合国家发改委和中国工程院共同发布《发展服务型制造专项行动指南》，该指南提出了四大行动，分别是设计服务提升行动、制造效能提升行动、客户价值提升行动、服务模式创新行动。其中，设计服务提升行动聚焦前端的研发设计等环节，主要包括创新设计和定制化服务；服务模式创新行动则是一项开放式的行动，着力引导制造业企业以其核心生产要素为基础，创新服务模式，在更大范围整合金融、人才和技术资本，提供更加系统、更加专业的"产品+服务"，打造市场竞争新优势。创新设计能力的提升，已经成为发展服务型制造的重中之重（图 4.6）。

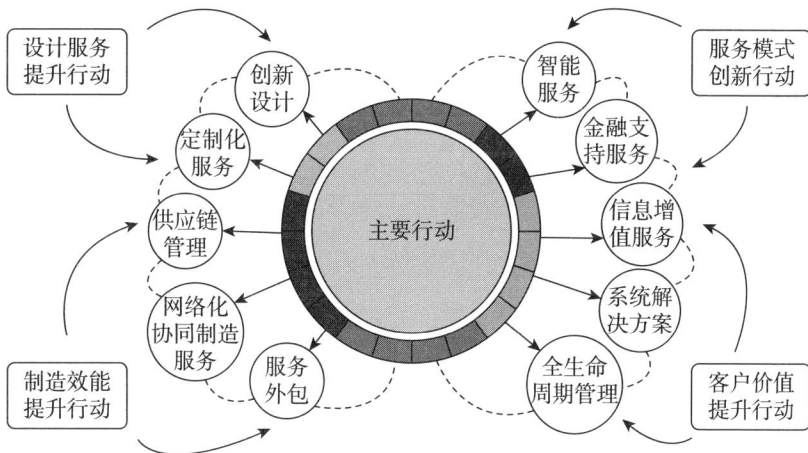

图 4.6　《发展服务型制造专项行动指南》主要行动

资料来源：http://www.miit.gov.cn/n1146290/n4388791/c5166428/content.html

《发展服务型制造专项行动指南》提出，到 2018 年基本实现与制造强国战略进程相适应的服务型制造发展格局，这一格局意味着创新设计引领作用进一步增强、协同融合发展水平进一步提高、网络化服务支撑能力进一步拓展。具体来看，有一系列量化指标，包括要培育 50 家服务能力强、行业影响大的示范企业；支持 100 项服务水平高、带动作用好的示范项目；建设 50 个功能完备、运转高效的公共服务平台；遴选 5 个服务特色鲜明、配套体系健全的示范城市。

3. 国家级工业设计中心认定

为加快我国工业设计发展，推动生产性服务业与现代制造业融合，促进工业转型升级，提升我国企业的创新设计能力，工业和信息化部自 2013 年起开展国家级工业设计中心认定工作。经认定的国家工业设计中心，拥有较强的创新能力和较高的研究开发投入，工业设计人才队伍素质较高，工业设计服务水平在行业中处于领先地位。截至 2017 年底，共有国家级工业设计中心 110 家，包括 92 家企业工业设计中心和 18 家工业设计企业。

4. 全国特色小镇建设及城市设计

2016 年，住房和城乡建设部、国家发改委、财政部联合下发《关于开展特色小镇培育工作的通知》，要求到 2020 年，培育 1 000 个左右各具特色、富有活力的休闲旅游、商贸物流、现代制造、教育科技、传统文化、美丽宜居等特色小镇。目前，已经公布和认定了第一批和第二批共计 403 个全国特色小镇，其中，有许多特色小镇与数字创意产业直接相关。

2017 年 7 月，住房和城乡建设部印发《关于将上海等 37 个城市列为第二批城市设计试点城市的通知》，继北京等第一批 20 个试点城市之后，又将上海等 37 个城市列为第二批城市设计试点城市。住房和城乡建设部在通知中，要求试点城市探索建立有利于塑造城市特色的管理制度，因地制宜开展城市设计；坚持问题导向，使用信息化等新技术，做有用实用的城市设计；划定城市成长坐标，保护城市历史格局，延续城市文脉；结合"城市双修"，开展城市设计，推动城市转型发展。

第五章 发展数字创意产业的机遇与挑战

　　数字创意产业是科技和文化相互融合的高端产业。普华永道分析显示，2015 年，中国互联网企业吸收的风险投资达到了 200 亿美元，首次超过了美国互联网企业吸收的投资（160 亿美元）。在中国互联网企业的带动下，全球数字化经济的中心正在逐渐转移。如今领跑的数字化企业已经成长为世界一流的大企业，引领着电子商务、移动与社交技术行业的发展潮流。国内最大的企业——百度、阿里巴巴及腾讯均为数字化巨头，以广泛的生态系统、颠覆性的业务模式以及独特的服务为特征，彻底改变了客户期望与行业动态。我国网络信息产业的发展紧紧追踪甚至引领国际步伐，在技术与人才上，有着自身独特的优势，这就为我国数字创意产业奠定了跨越式发展的科学基础、技术保障和人才储备。

　　2015 年 3 月 28 日，国家发改委、外交部、商务部联合发布《推动共建丝绸之路经济带和 21 世纪海上丝绸之路的愿景与行动》，在合作重点中提出了加强与沿线各国的文化交流、积极开展文化产业合作、塑造和谐友好的文化生态的新要求。在同年的全国两会上，"互联网+"首次在政府工作报告中亮相。"一带一路"倡议和"互联网+"的布局，以及我国如此高的互联网普及率，必将为我国数字创意产业的发展带来无限的发展空间。

一、面临的主要挑战与发展瓶颈

1. 中国传统文化资源数字化程度较低

20 世纪 90 年代以来，随着数字创意技术的突飞猛进，中国优秀传统文化的数字化储备、保护和传播逐步升温。当前，中国传统文化资源数字化程度还处于一个较低的水平。作为一个古老的文明古国，我国具有丰富的传统文化资源，这些传统文化资源已成为文化创意和内容生产的优良土壤。利用数字化技术使传统文化资源"活起来"，将是建设当下中国文化"软实力"的根基，更是实现中华民族伟大复兴的动力源泉之一。

2. 科技研发和应用水平与产业发展需求尚有较大差距

一些新兴的 AI、VR/AR 等技术已有一定发展，在部分领域也有不错的应用，但在数字创意产业领域的应用相对不足。

3. 数字内容文化品位不高

文化市场和大众传媒的新发展给我们的文化生活带来了很多可喜的变化。但有些新媒体在经济利益的驱动下，生产、销售品味低下的文化产品，自媒体内容质量良莠不齐，需要提升内容品质和品味。数字出版产品内容整体水平有待提升，数字教育出版精品内容资源匮乏、网络文学精品原创内容整体水平偏低，核心竞争力有待进一步加强。

4. 数字版权保护不力

随着互联网的发展，版权中数字版权的占比逐渐提升。在海量的互联网信息中，数字产品确权难、发现侵权难、维权难，这成为数字版权面临的三大难题，并会对数字版权的发展产生破坏性影响。数字出版是我国出版行业的发展趋势，在数字化的背景下，如何保护我国数字出版版权是亟待解决的问题。

5. 文化产业发展体制机制障碍

近十年来，文化产业的发展势头很好，取得了显著成绩，但是也存在着小、散、弱的突出问题，问题的背后是制约文化产业发展的观念和体制机制性障碍。具体而言，这些障碍主要有七个方面：一是各级领导对文化产业发展重视不够造成的观念性障碍；二是政策和法规体系不完善带来的保障性障碍；三是人才培养引进使用方面的制约造成的人才空缺性障碍；四是创新意识缺乏导致的创新性障碍；五是融资渠道不通畅导致的资金供应性障碍；六是文化管理体制方面存在的体制性障碍；七是文化资源利用方面存在的僵化性障碍。

就具体产业来讲，VR产业存在内容短板：VR内容稀缺，制作成本过高，内容呈现方式多样，没有统一标准，各类 VR 设备之间还无法实现互联互通，这成为制约 VR 大规模产业应用的关键因素；同时 VR 内容数据量庞大，给实时网络传输带来新的挑战。动漫游戏产业高质量、高水准 IP 创意作品与高层次创意人才缺乏；高校动漫游戏复合型创意人才培养规格缺位、复合型毕业生缺乏；动漫游戏开发硬件技术与软件技术、终端消费硬件技术与系统软件、主流应用软件技术掌握在国外企业手中，国内只能实施跟随式迈进；数字版权缺失，数字内容创意盗版问题比较严重；内容付费消费市场有待进一步培育、扶持和引导。

6. 市场运营能力仍有较大提升空间，复合型人才相对短缺

以数字出版业为例，数字出版产业是随着信息技术的发展而新兴起的行业领域，但其行业本质仍然是内容的出版。然而，很多出版企

业都是相对传统的企业，在当今信息化的大背景下，诸多传统出版领域的企业表现出数字化转型升级和市场运营能力不足。为使数字出版行业健康有序发展，既要发挥传统出版业内容方面的优势，又要加强信息时代复合型人才的培育，以提升数字出版业的市场运营能力。

二、数字创意产业发展的机遇

　　数字创意产业能够有效促进应用技术和终端设备的优化更新，为创作者提供更加优越的创作环境和使用工具，借助数字创意技术手段挖掘我国优秀文化资源，有效帮助我国媒体行业进一步向移动化、内容化、智能化、融合化的方向发展，并与动漫、游戏、VR/AR、玩具、服饰等其他行业形成有效联动，为我国打造泛娱乐产业链，加速产业融合发展，起到不可或缺的推动作用。

　　产业政策驱动：数字创意产业是绿色、环保、低碳、科技的战略性新兴产业，具有经济价值高、带动就业的能力突出等特点，近年来国家越来越重视数字创意产业的发展，并持续出台了一系列支持鼓励数字创意产业发展的产业政策，从国家和政策角度，提高了数字创意产业发展的积极性。当前，我国正处于经济结构转型和社会主义文化强国建设的关键时期，数字创意产业的发展前景非常广阔。

　　经济社会发展的新趋势：信息技术的发展，为经济发展和社会生活模式的发展和转变奠定了基础。近年来，数字经济和共享经济的快速发展，为广大人民群众的学习、工作、生活等各个方面创造了越来越便捷的环境和条件，包括网络购物、外卖餐饮、共享单车、共享汽车、数字阅读、数字教育、网络文学等，可以说数字化、信息化已成为当下经济社会发展的大势所趋，必然为数字创意产业的发展带来持续的活力。

　　传统产业转型升级：经过近几十年的发展，传统产业在国民经济中已占有举足轻重的地位和份额。然而随着经济和技术的持续发展，很多传统产业发展遇到瓶颈，难以适应当今社会发展的新潮流和新需求，面临着产业转型升级。而这也为数字创意产业诸多领域带来了新的发展机遇，如创意设计服务与传统制造业融合创新、传统出版向数字出版转型升级、传统影视等内容由线下向线上创新发展等均为数字创意产业带来了新的发展机会。

居民文化消费持续提升：经济的发展带来了我国居民收入的不断增加，居民消费水平大幅提升，物质消费已无法满足当前我国广大居民的生活需求，文化娱乐在今天显得越来越不可或缺。文化消费在居民消费中所占份额持续增加，这为创意设计、影视、动漫游戏、数字出版、数字教育、网络文学、VR/AR 等诸多数字创意产业的发展提供了持续的消费动力。

因此，数字创意产业的发展需要在技术、内容、设计、融合等方面进行重点创新。

技术创新：针对数字创意软硬件技术的原始创新和集成创新。鼓励地方和企业组建数字创意研究院，攻关关键技术和技术标准。

内容创新：针对优质 IP 内容与二次元跨界联动的创新。激活优质创意个体和机构，以政府政策和资金扶持培育，以市场机制推动其产业化运作。

设计创新：以设计方法推动数字创意科技、文化、艺术等多元要素的集成创新，整合产业资源，推动创意与素材通过设计平台又快又好地转化为产业成果。

融合创新：构建产学研合作平台，实施产学研协同创新项目政策与资金扶持，激励数字科技、数字内容创新成果产业化，强化数字创意产业服务平台建设。

第六章　当前发展数字创意产业的重点举措

党的十九大提出了新时代中国特色社会主义思想，指明了我国经济已由高速增长阶段转向高质量发展阶段，我国正处在转变发展方式、优化经济结构、转换增长动力的攻关期，明确了新时代我国社会的主要矛盾是人民日益增长的美好生活需要和不平衡不充分的发展之间的矛盾。数字创意产业是数字经济的重要组成部分，大力发展数字创意产业，全面落实经济建设、政治建设、文化建设、社会建设、生态文明建设五位一体的总体布局，是深化供给侧结构性改革、为人民日益增长的美好生活需要提供优质供给的重要抓手，有助于增强我国经济创新力和竞争力，同时有助于大幅提升国家文化软实力和中华文化的影响力。

（一）建立数字创意国家重点实验室

立足于国家层面的战略谋划，建议成立数字创意国家重点实验室。主要面向数字文化创意技术装备创新提升、数字内容创新发展、创新设计发展三大层面，瞄准世界数字创意科技前沿，实现前瞻性基础研究、引领性原创成果重大突破；针对创新设计和数字创意技术应用基础研究，设计研发关键共性技术、前沿引领技术和装备，形成颠覆性创新；突出以文化创意、内容生产和版权利用作为核心的研究和开发；研究和布局"科技+设计+文化"的深度融合，引领周边产业领域协调发展。最终为国家创新体系建设、强化战略科技力量提供有力支撑。

（二）引导数字创意产业集聚发展

建议成立数字创意产业（战略）联盟以及面向数字创意相关产业领域的子联盟，整合协调政产学研、媒用金等各方力量和资源，助力数字创意产业的集聚发展。依托数字创意资源富集、产业基础深厚的城市，建设数字文化创意技术装备、创新设计、数字内容创新和融合渗透等方面的数字创意产业发展策源地。结合"一带一路"建设、京津冀协同发展、长江经济带发展等区域发展策略，以要素禀赋、产业配套为基础，加强数字创意资源联动。在现有数字创意产业资源密集区域，培育若干各具特色、各有侧重的数字创意优势产业集群和产业集聚区，培育和认定一批具有国际影响力的数字创意示范园区，发挥辐射和带动作用。

（三）推进数字创意特色小镇建设与示范

贯彻落实创新、协调、绿色、开放、共享的发展理念，根据各地的特色和基础条件，建议在北京、杭州、深圳等城市建设一批以数字创意为特色的示范小镇。充分发挥政府在产业发展、空间布局、资源配置等方面的引导作用，科学进行规划，挖掘数字创意产业特色、人文底蕴和生态禀赋，实现人才、资源及创新要素的整合集聚与优化重组，不断推进数字创意特色小镇的建设，为全国特色小镇建设和新型城镇化建设提供示范和借鉴。

（四）加大数字创意人才培养

数字创意产业具有跨领域和交叉性的特点，当前存在较大的人才缺口。建议实施一流数字创意学院建设示范项目，在全国遴选具有条件的 10 所综合性大学，如清华大学、北京大学、浙江大学等，建设面向新时代的数字创意学院，培养具有国际水平的数字创意战略科技人才和高水平创新人才。通过实施一流数字创意学院建设示范项目，探索数字创意人才培养新思路、新体制、新机制等，带动和促进更多的高校、企业和社会各方面关心和参与数字创意人才培养工作。

数字创意产业作为一个新生的业态，在内容生产、分发、传播和消费各个环节将会带来彻底的变革。在发展数字创意产业的同时，还应注意提高认识，充分开放发展，跨界融合。立足国际国内两个市场，加强国际交流合作，加快与相关产业的多向深度融合，走开放式创新和国际化发展道路，不断提高我国数字创意产业发展的整体实力和国际竞争力。同时，由于数字创意产业具有多向交互融合以及无边界渗透的特点，建议建立跨部门的合作交流机制，以避免重复建设和浪费资源，同时可以有效推动数字创意产业的繁荣发展，为我国经济发展提供新动能，为实现文化自信提供新的动力。

参 考 文 献

"创新设计竞争力研究"综合组. 2017. 创新设计竞争力战略研究[J]. 中国工程科学，19（3）：100-110.

崔保国. 2016. 中国传媒产业发展报告（2016）[M]. 北京：社会科学文献出版社.

工业和信息化部. 2016-07-26. 三部门关于印发《发展服务型制造专项行动指南》的通知[EB/OL]. http://www.miit.gov.cn.

国家旅游局. 2017-01-13. 2017 年全国旅游工作报告[EB/OL]. http://www.cnta.gov.cn.

国家统计局设管司. 2012-07-31. 文化及相关产业分类（2012）[EB/OL]. http://www.stats.gov.cn/tjsj/tjbz/201207/t20120731_8672.html.

国家信息中心. 2017. 数字创意产业投资热点[R]. 北京.

韩洁平. 2010. 数字内容产业成长机理及发展策略研究[D]. 吉林大学博士学位论文.

杭州市统计局. 2017-03-10. 2016 年杭州市国民经济和社会发展统计公报[N]. 杭州日报.

贺小花. 2015. 深圳创新求变，力争成为国家新型智慧城市标杆市[J]. 中国公共安全（综合版），（Z1）：50-52.

杰夕. 2013-11-07. 欧盟委员会于 2011 年开始提出"创意欧洲"大型文化基金项目[N]. 中国文化报.

李景. 2017-03-31. 消费升级拓宽发展空间——工业设计掘金千亿市场[N]. 经济日报.

梁建生. 2016-03-08. UNESCO 报告：文化创意产业正在成为各国战略性资产[EB/OL]. http://www.ce.cn/culture/gd/201603/07/t20160307_9315690.

shtml.

路甬祥. 2014. 设计的进化与面向未来的中国创新设计[J]. 全球化，（6）：5-13.

路甬祥. 2017. 论创新设计[M]. 北京：中国科学技术出版社.

倪鹏飞，卡米亚 M，王海波. 2017. 全球城市竞争力报告 2017-2018[R]. 北京.

潘云鹤. 2017. "人工智能 2.0"五大重点方向[J]. 浙商，（13）：44-46.

普华永道数字化体验中心. 2016-05-01. 中国的互联网独角兽[EB/OL]. http://www.pwccn.com/home/chi/rise_of_china_silicon_dragon_jun2016_chi.html.

沙晓岚. 2016. G20 峰会情景交响音乐会《最忆是杭州》的制作特点[J]. 演艺科技，（10）：1-6.

上海市文化创意产业推进领导小组办公室. 2016-05-30. 上海市文化创意产业发展三年行动计划（2016—2018 年）[EB/OL]. http://www.shcia.org/ xiehuidongtai/2016/0530/452.html.

深圳市统计局. 2017-04-28. 2016 年深圳市国民经济和社会发展统计公报[EB/OL]. http://www.sztj.gov.cn.

司晴川. 2014. 文化创意产业在美国发展的路径及经验[J]. 学习月刊，（8）：30-31.

谭小平. 2011. 英国创意产业的现状、批评与反思[J]. 经济导刊，（4）：92-93.

王信章，傅卫权. 2017. 数据资源集成共享为旅游改革创新发展添助力杭州旅游大数据应用的探索和实践[J]. 信息化建设，（3）：17-18.

王学琴，陈雅. 2014. 国内外数字文化产业内涵比较及现状研究[J]. 数字图书馆论坛，（5）：39.

吴德群. 2017-03-28. 深圳 iF 设计大奖连续 6 年居全国首位[N]. 深圳特区报.

吴唯佳，吴良镛. 2017. 人居科学与乡村治理[J]. 城市规划，41（3）：103-108.

谢湘南. 2017-12-29. 深圳工业设计已建立超越式发展格局[N]. 南方都市报.

新华社. 2016-03-17. 2016 年国务院政府工作报告[EB/OL]. http://www.gov.cn/guowuyuan/2016-03/17/content_5054901.htm.

曾福泉. 2016-12-03. 《中国历代绘画大系》工程即将"合龙"[N]. 浙

江日报.

中国工程科技发展战略研究院. 2016. 中国战略性新兴产业发展报告 2017[M]. 北京：科学出版社.

中国工程科技发展战略研究院. 2017. 中国战略性新兴产业发展报告 2018[M]. 北京：科学出版社.

中国政府网. 2016-11-29. 国务院关于印发"十三五"国家战略性新兴产 业发展规划的通知[EB/OL]. http://www.mofcom.gov.cn/article/b/g/ 201704/20170402558088.shtml.

周济, 李培根, 周艳红, 等. 2018. 走向新一代智能制造[J]. 工程, 4（1）： 11-20.

住房和城乡建设部. 2017-07-25. 住房城乡建设部公布城市设计新试 点名单[EB/OL]. http://www.mohurd.gov.cn/zxydt/201707/t20170725_ 232719.html.

邹宁, 张克俊, 孙守迁, 等. 2017. 城市设计竞争力评价体系研究[J]. 中 国工程科学, 19（3）： 111-116.

Strategy Analytics. 2017-03-08. 2016 年全球智能手机利润 537 亿美元苹果独占 79.2%[EB/OL]. http://www.199it.com/archives/570704.html.

Acker O，Gröne F，Kropiunigg L，et al. 2015-05-21. The digital future of creative Europe：the impact of digitization and the internet on the creative industries in Europe[EB/OL]. http://www.strategyand.pwc.com/ reports/the-digital-future-creative-europe.

Bagwell S. 2008. Creative clusters and city growth[J]. Creative Industries Journal，1（1）： 31-46.

Flew T，Cunningham S. 2010. Creative industries after the first decade of debate[J]. The Information Society，26（2）： 113-123.

Foord J. 2009. Strategies for creative industries：an international review[J]. Creative Industries Journal，1（2）： 91-113.

Gouvea R，Vora G. 2016. Global trade in creative services：an empirical exploration[J]. Creative Industries Journal，9（1）： 66-93.

Granados C，Bernardo M，Pareja M. 2017. How do creative industries innovate? A model proposal[J]. Creative Industries Journal，10（3）： 211-225.

Harper G. 2017. Virtually reality，augmenting creative industries[J]. Creative Industries Journal，10（3）： 189-190.

Higgs P, Cunningham S. 2008. Creative industries mapping: where have we come from and where are we going? [J]. Creative Industries Journal, 1（1）: 7-30.

Kerrigan S, Hutchinson S. 2016. Regional creative industries: transforming the steel city into a creative city in Newcastle, Australia[J]. Creative Industries Journal, 9（2）: 116-129.

Marcolin F, Vezzetti E, Montagna F. 2017. How to practise open innovation today: what, where, how and why[J]. Creative Industries Journal, 10（3）: 258-291.

Matulionyte R, Paton E, McIntyre P, et al. 2017. The system of book creation: intellectual property and the self-publishing sector of the creative industries[J]. Creative Industries Journal, 10（3）: 191-210.

McKinsey Company. 2015-09-01. Global Media Report 2015[EB/OL]. http://www.mckinsey.com/industries/media-and-entertainment/our-insights/the- state-of-global-media-spending.

O'Connor J. 2009. Creative industries: a new direction? [J]. International Journal of Cultural Policy, 15（4）: 387-402.

O'Connor J. 2015. Intermediaries and imaginaries in the cultural and creative industries[J]. Regional Studies, 49（3）: 374-387.

Potts J, Cunningham S. 2008. Four models of the creative industries[J]. International Journal of Cultural Policy, 14（3）: 233-247.

U. S. Bureau of Economic Analysis. 2015-02-15. Spending on arts and cultural production continues to increase[EB/OL]. http://www.bea.gov/newsreleases/general/acpsa/acpsa0115.pdf.

Walzer D A. 2017. Independent music production: how individuality, technology and creative entrepreneurship influence contemporary music industry practices[J]. Creative Industries Journal, 10（1）: 21-39.

Zhou J, Li P G, Zhou Y H, et al. 2018. Toward new-generation intelligent manufacturing[J]. Engineering, 4（1）: 11-20.